Processi decisionali e Pianificazione dei trasporti

Armando Cartenì

2016

Copyright © 2016 by Armando Cartenì

All rights reserved. This book or any portion thereof may not be reproduced or used in any manner whatsoever without the express written permission of the publisher except for the use of brief quotations in a book review or scholarly journal.

Prima edizione: febbraio, 2016.

Seconda edizione: settembre, 2016.

Terza edizione: marzo, 2017.

ISBN: 978-1-326-46240-6

Lulu Enterprises, Inc. - U.S.A.

Indice

1 Introduzione alla pianificazione dei trasporti _____2

1.1 *Planning fallacy* **e fallimenti della pianificazione** _____8

1.2 L'evoluzione del concetto di pianificazione: la Pianificazione dei Sistemi di Trasporto 3.0 di terza generazione _____12

2. Componenti e relazioni che caratterizzano un sistema di trasporto _____18

   2.1 Infrastrutture, servizi, regole, tariffe, veicoli e tecnologie di trasporto _____22

   2.2 Capacità, congestione e caratteristiche dell'offerta di trasporto _____30

   2.3 Il sistema della domanda di mobilità: il livello, la distribuzione spaziale, i modi di trasporto e i flussi sulle reti di trasporto _____34

   2.4 Il concetto di accessibilità _____42

3. Processi decisionali per i sistemi di trasporto _____48

   3.1 Le componenti dei processi decisionali _____49

      3.1.1 Il contesto di riferimento _____49
      3.1.2 I portatori di interesse: gli stakeholders _____52
      3.1.3 Le barriere e le coalizioni _____53
      3.1.4 Tipologie di decisioni, prospettiva territoriale e temporale _____56

3.2 Modelli interpretativi dei processi decisionali _____ 61
    3.2.1 I modelli decisionali a-razionali _____ 62
    3.2.2 I modelli decisionali razionali _____ 65
        3.2.2.1 Modelli a razionalità forte _____ 67
        3.2.2.2 Modelli a razionalità limitata _____ 71

4. Il dibattito pubblico per le scelte sui sistemi di trasporto _____ 76

    4.1 Le fasi del dibattito pubblico _____ 80

    4.2 Le interazioni tra Public Engagement e processo decisionale a razionalità limitata _____ 92

    4.3 Il quadro normativo nazionale sul dibattito pubblico _____ 95

    4.4 Il quadro normativo europeo sul dibattito pubblico _____ 97

5. Attività e competenze tecniche nel processo di pianificazione _____ 101

    5.1 Le interazioni con il processo decisionale ed il dibattito pubblico _____ 101

    5.2 Attività funzionali alla redazione dei piani e dei progetti di trasporto _____ 103
        5.2.1 Analisi della situazione attuale ed individuazione delle criticità del sistema _____ 103
        5.2.2 Individuazione ed analisi delle alternative di piano/progetto _____ 114

    5.3 Metodi e modelli per la simulazione dei sistemi di trasporto _____ 117
        5.3.1 Il modello di offerta di trasporto _____ 117
        5.3.2 La stima della domanda di mobilità _____ 127
            5.3.2.1 La stima diretta della domanda di mobilità _____ 128
            5.3.2.2 La stima da modello della domanda di mobilità _____ 133
            5.3.2.3 Sistemi di modelli per la domanda di mobilità _____ 138

5.3.2.4 La stima della domanda tendenziale (di progetto) _____153
5.3.2.5 Un esempio numerico _____162

5.4 Metodi e modelli per la stima degli impatti degli interventi sul sistema di trasporto _____170
5.4.1 La stima degli impatti sul sistema dei trasporti _____176
5.4.2 La stima degli impatti sull'ambientale e sulla salute umana (inquinamento) _____181
5.4.2.1 Emissioni inquinanti e qualità dell'aria _____181
5.4.2.2 Modelli di emissione e modelli di dispersione _____188
5.4.2.3 Carbon footprint e Life cycle assessment _____196
5.4.2.4 Un esempio numerico _____199
5.4.3 La stima degli impatti sull'incidentalità stradale _____202
5.4.4 La stima degli impatti sul sistema delle attività e sul sistema economico _____206

6. Regole e documenti nella pianificazione dei trasporti_210

6.1 Caratterizzazione spaziale e temporale dei Piani di trasporto _____212

6.2 Il recente quadro normativo di riferimento in materia di pianificazione dei trasporti _____219
6.2.1 L'Allegato Strategie per le infrastrutture di trasporto e logistica al Documento di Economia e Finanza (DEF, 2016) _____219
6.2.2 Il Nuovo Codice degli Appalti (D.lgs. n. 50/2016) _____221
6.2.2.1 Il progetto di fattibilità tecnica ed economica _____222
6.2.2.2 Il dibattito pubblico _____225

6.3 Il Piano Urbano della Mobilità Sostenibile (PUMS) ___227

6.4 Il Partenariato Pubblico Privato (PPP) _____234

6.5 Il Piano Urbano del Traffico (PUT) _____238

6.6 Il Piano Urbano dei Parcheggi (PUP) _____240

7. Metodi per la valutazione ed il confronto di interventi sul sistema dei trasporti _____241

7.1 Le attività preliminari: periodo di analisi, alternative progettuali, stime di traffico, tasso di sconto ed indicatori di redditività _____244

7.2 L'analisi costi-ricavi _____260
7.2.1 La stima dei costi _____261
7.2.2 La stima dei ricavi _____262
7.2.3 Gli indicatori di redditività finanziaria _____264

7.3 L'analisi costi-benefici _____270
7.3.1 La stima dei costi _____272
7.3.2 La stima dei benefici _____276
    7.3.2.1 I benefici per gli utenti _____276
    7.3.2.2 I benefici per i non utenti _____283
7.3.3 Gli indicatori di redditività economico-sociale _____299
7.3.4 I limiti dell'analisi costi-benefici _____303

7.4 L'analisi Multicriteri _____304
7.4.1 Il contesto decisionale: obiettivi, alternative e criteri di valutazione _____306
7.4.2 La matrice di valutazione _____308
7.4.3 Analisi di dominanza _____309
7.4.4 Normalizzazione della matrice di valutazione _____310
7.4.5 L'assegnazione dei "pesi" _____311
7.4.6 L'ordinamento delle alternative e la scelta _____314
7.4.7 I limiti dell'analisi Multicriteri _____317

7.5 L'analisi di sensitività e del rischio _____318

8. Logistica e trasporto delle merci _____ 325

8.1 I principi della logistica _____ 326

8.2 Gli obiettivi della logistica _____ 333
8.2.1 La minimizzazione dei costi logistici _____ 335
8.2.2 La soddisfazione del cliente _____ 338

8.3 Approccio sistemico e componenti della logistica aziendale _____ 339
8.3.1 Gli elementi del flusso informativo _____ 341
8.3.2 Gli elementi del flusso fisico _____ 342

8.4 Il trasporto delle merci e l'intermodalità _____ 346
8.4.1 Alcune definizioni nel trasporto delle merci _____ 349
    8.4.1.1 Pallet _____ 350
    8.4.1.2 Unità di carico intermodale _____ 350
    8.4.1.3 Unità di trasporto _____ 353
    8.4.1.4 Unità di movimentazione _____ 356
    8.4.1.5 Tipologie di trasporto _____ 360
    8.4.1.6 Ulteriori definizioni _____ 363
8.4.2 Il mercato dei servizi di logistica e di trasporto _____ 368

Bibliografia _____ 374

Premessa

Il testo descrive i principi, le strategie e le metodologie alla base dei processi decisionali e della pianificazione dei sistemi di trasporti. Al lettore viene fornita una nuova visione della pianificazione dei sistemi di trasporto (di terza generazione), intesa non più come finalizzata alla sola realizzazione di nuove infrastrutture ma anche come disciplina volta a soddisfare le attuali esigenze di gestione, manutenzione e controllo dei sistemi e delle infrastrutture di trasporto.

Il volume va inteso sia come materiale didattico rivolto agli studenti universitari e di master post-universitari, sia come delle linee guida rivolte ai tecnici del settore che vogliano applicare le recenti prescrizioni in materia di pianificazione e progettazione dei sistemi di trasporti nonché di finanziamenti pubblici.

Il testo è inoltre <u>aggiornato secondo la recente normativa in materia di pianificazione dei trasporti</u> (Allegato Documento di Economia e Finanza del 2016; Nuovo Codice degli Appalti - D.lgs. 18 aprile 2016 n. 50; Linee guida EU per la redazione dei Piani Urbani della Mobilità Sostenibile).

La redazione di questo volume è stata possibile grazie ai numerosi e proficui anni di collaborazione con il prof. Ennio Cascetta, insostituibile maestro e solida guida sia scientifica che professionale. Un particolare ringraziamento va anche ai colleghi (in ordine alfabetico): Luigi Biggiero, Armando Carbone, Ilaria Henke, Marcello Montanino e Francesca Pagliara, che hanno contribuito a raccogliere il materiale e sviluppare alcuni dei concetti che sono alla base di questo volume. Ovviamente l'autore resta il solo eventuale responsabile di errori o omissioni.

Il testo si compone di nove Capitoli. Il Capitolo 1 introduce e definisce i concetti alla base della nuova pianificazione dei sistemi di trasporto 3.0. Nel Capitolo 2 vengono descritti i principali elementi costitutivi e le relazioni che caratterizzano un sistema di trasporto. Nel Capitolo 3 vengono introdotti i modelli interpretativi dei processi decisionali nel settore dei trasporti. L'importanza e le caratteristiche del dibattito pubblico come utile strumento per giungere a decisioni condivise sono descritte nel Capitolo 4. Nel Capitolo 5 vengono descritte le attività tecniche nel processo decisionale funzionali a progettare, pianificare e valutare interventi su di un sistema di trasporto. Nel Capitolo 6 vengo riassunte le principali regole nonché i documenti (i piani) della pianificazione dei trasporti. Nel Capitolo 7 vengono affrontati i metodi per la valutazione ed il confronto di interventi sul sistema dei trasporti. Infine, nel Capitolo 8, vengono riportati alcuni richiami su logistica e trasporto delle merci.

1. Introduzione alla pianificazione dei trasporti

Negli ultimi decenni, nel settore dei trasporti, si è assistito ad una progressiva ed inesorabile contrazione dei fondi pubblici stanziati per realizzare infrastrutture e servizi di trasporto. Inoltre, si è riscontrata talvolta anche una criticità nella capacità di spesa dei fondi pubblici, in termini di bassa qualità dei progetti prodotti ed elevati tempi e costi di realizzazione, oltre ad uno scarso consenso pubblico che spesso ostacola le nuove realizzazioni.

Parallelamente, si riscontra come il settore dei trasporti incide per il 30-50% sulla qualità della vita (es. la congestione stradale che fa "perdere" molte ore produttive al giorno; l'inquinamento, acustico ed ambientale, dannoso per la salute umana) e sugli impatti ambientati (es. gas climalteranti responsabili dell'effetto serra) soprattutto nelle città.

Tutto questo in un mondo sempre più globalizzato e frenetico che richiede competenze tecniche qualificate e specializzate, nonché capacità sia di lavorare in condizioni di grande stress che di massima flessibilità (tempestività, efficacia ed efficienza) in ragione delle nuove esigenze del mercato che via via si manifestano.

A partire da queste considerazioni, si sta affermando (anche in ragione del mutato quadro normativo di settore) una nuova visione della pianificazione dei sistemi di trasporto (3.0, ovvero di terza generazione), caratterizzata da decisioni razionali prese tramite l'utilizzo di metodi quantitativi per la scelta degli interventi da realizzare, nonché una maggiore condivisione delle scelte tra tutti i soggetti coinvolti nel processo (decisori e portatori di interesse). Inoltre, le nuove esigenze del mercato dei trasporti richiedono sempre più una nuova figura tecnica nella pianificazione dei sistemi di trasporto finalizzata più alla gestione, manutenzione e controllo del sistema di trasporto che non alla realizzazione di nuove infrastrutture.

Per **pianificazione dei sistemi di trasporto** si intende quella sequenza di fasi attraverso le quali individuare gli interventi (prendere delle decisioni) sul sistema dei trasporti o su sue componenti, al fine di conseguire gli obiettivi prefissati (es. ridurre la congestione o l'inquinamento) e nel rispetto dei vincoli esistenti (es. finanziamenti limitati; limiti di inquinamento fissati dalla normativa)[1]. Pianificare un sistema dei trasporti significa quindi definire e caratterizzare il processo da seguire per giungere alle decisioni (compreso "*decidere di non decidere*"), considerando gli effetti (impatti) che queste decisioni potrebbero avere sulla collettività, sul paesaggio e sull'ambiente. Gli **interventi** da individuare su di un **sistema di trasporto** sono finalizzati al conseguimento degli **obiettivi** prefissati, dei **vincoli** e dei punti di vista dei decisori e dei portatori di interesse coinvolti (**decidere nel modo migliore**). Ogni decisione può essere presa sia nell'ottica della collettività (es. migliorare la qualità della vita; ridurre le diseguaglianze sociali), ovvero nell'ottica di un privato o di un'azienda (es. massimizzare il profitto).

Dalla definizione di pianificazione dei trasporti emergono specifiche "*parole chiave*" che caratterizzano questo processo decisionale: sistema di trasporto, interventi, obiettivi e vincoli e decidere nel modo migliore. Un sistema di trasporto è per sua natura un "sistema", ovvero un insieme di elementi interconnessi da relazioni. Tali elementi interagiscono tra di loro e ciascun elemento dipende dagli altri, e le relazioni che li connettono sono comprensibili. Tutti gli elementi interagiscono tra loro in modo da raggiungere un fine comune, non ottenibile dai singoli elementi presi separatamente. Un sistema di trasporto si compone in genere di due sotto-sistemi interconnessi ed interagenti tra di loro:
   a) il sistema dell'offerta di trasporto, a sua volto composto dall'insieme di regole, infrastrutture, servizi, tariffe e tecnologie di trasporto;

---

[1] Per un'altra definizione di pianificazione dei trasporti si veda anche Cascetta et al., 2015

b) il sistema della domanda di trasporto, rappresentato dalle persone (utenti del sistema) e dalle merci che *"chiedono"* di utilizzare l'offerta di trasporto, ovvero muoversi sul territorio da luoghi prefissati di origine verso delle destinazioni finali, al fine di svolgere delle attività (la domanda di mobilità di per sé non produce utilità);

Gli interventi che è possibile implementare su di un sistema di trasporto (indipendentemente dal processo decisionale che è stato seguito per definirli) possono, in generale, riguardare:

- **il sotto-sistema dell'offerta di trasporto**, e tra questi si possono individuare:
  a. le infrastrutture (es. strade, ferrovie, aeroporti, porti, interporti);
  b. i servizi (es. linee di trasporto collettivo, frequenze, orari, sensi di marcia);
  c. le tariffe (es. prezzi del trasporto pubblico, pedaggi autostradali);
  d. le informazioni ed il controllo (es. sistemi di informazione all'utenza, sistemi di gestione e controllo del traffico, sistemi di controllo delle flotte di veicoli, sistemi di navigazione satellitare);
  e. i veicoli (es. acquisto/noleggio di nuovi veicoli per effettuare un certo servizio, rinnovo/promozione del parco veicolare);
  f. le tecnologie (es. sistemi di ausilio alla guida, GPS, varchi di accesso telematici;

- **il sotto-sistema della domanda di mobilità**, attraverso politiche di gestione della domanda di mobilità di tipo:
  g. *"pull"*, ovvero attirare utenza verso modi di trasporto più sostenibili (es. politiche tariffarie, introduzione/incentivazione del *"park and ride"*, del *"car-sharing"*, del *"car-pooling"*, di corsie preferenziali

per veicoli ad elevata occupazione, corsie preferenziali, servizi a chiamata, flessibilità di orari);
h. *"push"*, ovvero spingere utenza lontano dai modi di trasporto individuali e meno sostenibili (es. tariffazione della sosta, pedaggiamento dell'accesso in certe aree della città, *road pricing*, tasse sulla benzina e/o sulle assicurazioni);
i. *"marketing"* dei servizi (es. nuove linee più confortevoli, belle e frequenti) o dei comportamenti (es. infrastrutture più sicure);

- **il sistema delle attività e/o delle residenze** (pianificazione integrata trasporti-territorio), che, benché non interventi diretti sul sistema dei trasporti, possono avere impatti significativi su di esso:
  j. attività economiche (es. localizzazione, delocalizzazione, modifica degli orari di apertura, e-commerce);
  k. attività di servizio (es. localizzazione di ospedali, università, tribunali);
  l. attività residenziali (localizzazione, delocalizzazione di residenze);

- **il sistema ambiente e/o paesaggistico**; decisioni prese sul sistema dei trasporti possono impattare su questi altri sistemi esterni tramite, ad esempio, azioni come:
  m. vincoli su soglie e limiti di emissione (es. concentrazione di sostanze inquinanti);
  n. rinnovo del parco veicolare (es. tramite incentivi o marketing);
  o. restrizione degli accessi a veicoli a basso impatto ambientale (es. Euro 6, veicoli ibridi o elettrici);
  p. delocalizzazione delle attività inquinanti (es. industrie, porti);
  q. vincoli di impatto ambientale;

r. riqualificazione e recupero dei paesaggi.

Come detto, gli interventi su un sistema di trasporto sono funzionali al raggiungimento di certi <u>obiettivi</u>, tenendo conto dei <u>vincoli</u> e dei punti di vista dei soggetti coinvolti. Gli obiettivi possono riguardare la collettività in generale o operatori economici singoli. Nel primo caso gli obiettivi della pianificazione possono essere:
- funzionali (es. ridurre la congestione stradale; garantire un livello di accessibilità minimo alle diverse aree del territorio; garantire servizio di trasporto essenziali);
- ambientali (es. ridurre le emissioni e i consumi energetici);
- sociali (es. aumentare il welfare, ridurre gli incidenti, aumentare il consenso, migliorare l'equità sociale);
- economici (es. ridurre i costi d'investimento).

Tra gli obiettivi degli operatori economici rientrano invece, ad esempio: l'aumento dei ricavi, il contenimento dei costi di investimento e di gestione, l'aumento della redditività di un investimento.

Per quanto riguarda i vincoli, questi possono essere:
a) tecnici (es. rispetto di limiti tecnici come pendenza min/max; raggio di curvatura; larghezza min/max di una carreggiata stradale);
b) economici (es. finanziamento disponibile per un progetto o un'opera);
c) normativi (es. rispetto di limiti normativi su urbanistica, ambiente; progettazione; appalti; Codice della Strada).

Ovviamente, obiettivi e vincoli saranno diversi a seconda dei diversi soggetti che prenderanno le decisioni (*decisori* - pubblici o privati) o che ne saranno interessati (portatori di interesse - *stakeholders*):

<u>Decidere nel modo migliore</u>, infine, significa osservare e (cercare di) risolvere le **criticità attuali** del sistema di trasporto oggetto di pianificazione, imparando dagli **errori del passato**, mantenendo uno **sguardo al futuro**, ovvero tenendo presente degli

effetti degli interventi già pianificati e non ancora realizzati (evoluzione tendenziale del sistema), dello sviluppo tecnologico e dell'evoluzione del sistema territoriale ed economico.
"*Agire nel modo migliore possibile rispetto a un fine*" (Jon Elster) significa compiere una scelta razionale (razionalità). Affinché una scelta possa essere definita razionale, occorre che siano stati eseguiti alcuni "***requisiti minimi di razionalità***", tra cui:
- **comparatività**, ovvero che la scelta sia stata presa considerando più alternative (es. non decidere, opzioni disponibili, ricerca di altre opzioni);
- **consapevolezza**, ovvero occorre disporre del maggior numero di informazioni sulle diverse alternative (es. caratteristiche), sul contesto in cui andranno realizzati gli interventi (es. ambiente fisico) e sui possibili impatti che le diverse alternative potrebbero produrre (es. costi, benefici, rischi ed opportunità);
- **coerenza**, ovvero il decisore deve essere stato coerente sia internamente fra le scelte (es. non prendere decisioni in contrasto con altre scelte già prese) che esternamente con altre scelte di pianificazione (coerenza orizzontale e verticale);
- **flessibilità**, ossia occorre tener in conto dei limiti cognitivi dei decisori e dei tecnici (informazioni limitate ed effetti considerati/stimati) e dei possibili cambiamenti del contesto (non prevedibili a priori).

Il risultato del processo decisionale sui sistemi di trasporto è la stesura di un Piano (o un Progetto) che rappresenta l'atto finale prima della fase di implementativa/realizzativa. Un **Piano dei Trasporti** rappresenta un insieme razionale di progetti (o di possibili progetti), finalizzati al raggiungimento di obiettivi condivisi nel rispetto dei vincoli prefissati. Lo elaborano sia le pubbliche amministrazioni alle differenti scale territoriali (es. per lo sviluppo territoriale e del sistema dei trasporti), sia le aziende private o pubbliche (es. per la pianificazione gli investimenti o per la loro gestione).

1.1 *Planning fallacy* e fallimenti della pianificazione

Prima di affrontare nel dettaglio le caratteristiche della nuova pianificazione dei sistemi di trasporti 3.0 è bene precisare che non sempre un processo decisionale sui sistemi di trasporto porta a scelte razionali che risolvono o migliorano il sistema di trasporto. Esiste infatti una "*sindrome*[2]" nota come "***planning fallacy***" (Kahneman e Tversky, 1979), secondo la quale i tecnici della pianificazione sono portati a sovrastimare i benefici che produrrà un intervento/progetto (es. minori costi di realizzazione, maggiori ricavi, maggiore domanda di utenti che userà un nuovo servizio di trasporto), al fine di legittimarne la scelta, indipendentemente da eventuali esperienze passate di analoghi processi decisionali rivelatisi fallimentari. La conseguenza diretta di questa sindrome è quella di spingere per il finanziamento di opere "non necessarie" o "non condivise" e di sottovalutare gli impatti dell'intervento su alcune componenti del sistema (es. ricadute ambientali, impatti sui non utenti).

Il fallimento dei processi di pianificazione non è una prerogativa tutta italiana; esistono, infatti, numerosi esempi in Europa e nel mondo. Emblematico è l'esempio del ponte di Øresund, che collega le città di Copenaghen (Danimarca) con quella di Malmö (Svezia), inaugurato nell'estate del 2000 e

---

[2] La scelta di utilizzare il termine "sindrome" è legata alle numerose analogie di significato che vi sono con il termine riferito alle scienze mediche. Il vocabolario Treccani infatti definisce "*sìndrome s.f., dal greco συνδρομή [...] nel linguaggio medico, termine che, di per sé stesso, ossia senza ulteriori specificazioni, indica un complesso più o meno caratteristico di sintomi, senza però un preciso riferimento alle sue cause e al meccanismo di comparsa, e che può quindi essere espressione di una determinata malattia [...]*".

realizzato tramite il più lungo ponte strallato d'Europa adibito al traffico stradale e ferroviario. Secondo le previsioni di traffico sviluppate in sede di studio di fattibilità, il collegamento dell'Øresund avrebbe permesso a 3 milioni e mezzo di abitanti dell'area Copenaghen-Malmö, le cui attività commerciali soffrivano per i lunghi tempi di attraversamento dello stretto imposti dai traghetti, di sviluppare un grande centro nordeuropeo per gli affari, i trasporti, la ricerca e l'educazione. Nell'inverno del 2000, a pochi mesi dall'entrata in esercizio, dopo la curiosità generale, il traffico veicolare risultò inferiore del 50% rispetto alle stime di traffico (sovrastima della reale utilità nel breve periodo) probabilmente imputabile all'elevato pedaggio per l'attraversamento (in auto circa 40 euro per 16 km di tracciato, ovvero oltre i 2 €/km). Nel 2008 i dati sul traffico registrarono però un'inversione di tendenza, superando del 33% le stime previste (sottostima degli effetti di lungo periodo). La spiegazione di tale fenomeno risiede negli effetti prodotti dal progetto sul sistema delle attività (sottostimati nello studio) che hanno portato ad una delocalizzazione delle attività residenziali da Copenaghen (molto più costosa) verso Malmö a cui è seguito un flusso di pendolari che ogni giorno si reca a lavoro in Danimarca utilizzando il nuovo collegamento (il pedaggio elevato incide meno del risparmio per l'affitto o l'acquisto di un'abitazione in Svezia).

Altro esempio di *planning fallacy* è stato il completamento delle due maggiori infrastrutture autostradali che collegano Budapest (Ungheria) a Vienna (Austria), tramite l'autostrada M1 (42,4 km), e a Bratislava (Slovacchia), tramite l'autostrada M15 (14,5 km). Queste due autostrade sono costate complessivamente circa 210 milioni di dollari, e hanno rappresentato il primo grande progetto autostradale dell'Europa dell'Est, realizzato in *project financing*, ovvero tramite il finanziamento da parte di privati (senza quindi rischio per il Governo ungherese, né aumento del debito pubblico del Paese). La concessione fu fissata in 35 anni con una sola possibilità di proroga per un massimo di altri 17 anni e venne conferita nel 1993. I ricavi da traffico furono vincolati a precise tariffe di pedaggio fissate dal Ministero dei Trasporti ungherese, indicizzate secondo uno schema riportato nell'atto di concessione a partire da una serie di studi approfonditi sulle previsioni di traffico redatti dallo stesso Ministero. A pochi anni dall'entrata in esercizio si osservò una domanda catturata dalle nuove infrastrutture del 55% inferiore alle previsioni di traffico che di fatto costrinsero ad aumentare il pedaggio autostradale a 0,15 €/km per compensare i mancati ricavi per il soggetto gestore delle infrastrutture. Il risultato complessivo fu una causa indetta dalla società concessionaria ed il Ministero ungherese che portò prima al calmieramento delle tariffe e poi al fallimento dell'ente gestore.

Emblematico è anche l'esempio dello SkyTrain di Bangkok (Tailandia), una ferrovia sopraelevata realizzata nel 1999 per un costo complessivo di 2 miliardi di dollari, composta da due linee con un unico nodo di interscambio (la stazione Siam) per una lunghezza complessiva di quasi 30 km. Attualmente il sistema è utilizzato da quasi mezzo milione di persone al giorno, battendo nettamente la concorrenza della metropolitana cittadina aperta nel 2004. Tuttavia, le stime di traffico previste sono risultate due volte e mezzo superiori ai flussi di passeggeri oggi trasportati, provocando un enorme sovradimensionamento dell'infrastruttura (es. le piattaforme in stazione sono notevolmente più lunghe delle dimensioni dei treni circolanti sulla linea e gran parte del materiale rotabile non viene attualmente utilizzato).

Interessante è lo studio proposto da Flyvbjerg (2007) che riassume gli costi-extra prodotti da circa 260 progetti di infrastrutture ferroviarie e stradali (es. strade, ferrovie, ponti, tunnel) realizzati in tutto il mondo, arrivando a concludere che per tale opere ci è stato un extra-costo medio del 28%. In un altro studio viene analizzato anche il dettaglio degli extra-costi per le opere realizzate in Europa (si veda la Tabella 1).

Per quanto riguarda l'Italia, da un punto di vista infrastrutturale, il nostro Paese è decisamente in una condizione di arretratezza, con una dotazione di infrastrutture di trasporto che la pongono quasi sempre in ultima posizione rispetto ai paesi dell'EU5 (Francia, Germani, Inghilterra, Italia e Spagna).

Tipo di progetto	Numero di progetti analizzati	Aumento del costo medio	Deviazione standard
Ferrovia	23	34,2%	25,1
Ponte/Tunnel	15	43,4%	52,0
Strada	143	22,4%	24,9
TOTALE	**181**	**25,7%**	**28,7**

Tabella 1 – Confronto dei costi-extra tra progetti di infrastrutture ferroviarie, ponti, tunnel e strade in Europa (fonte: Flyvbjerg et al., 2002)

Analizzando nel dettaglio i dati pubblicati da Legambiente (Rapporto Pendolaria, 2015 e 2016), l'Italia presenta un'estensione di rete autostradale di gran lunga inferiore a quella della Germania (-48%), della Spagna (-45%) e della Francia (-39%) e superiore soltanto a quella britannica (+79%). Lo stesso dicasi per l'estensione della rete ferroviaria AV (-54%, -48% e -33% rispetto a Francia, Spagna e Germania rispettivamente) e quella delle metropolitane
(-73%, -71%, -68% e -53% rispetto a Germania, Spagna, Regno Unito e Francia rispettivamente). Ad aggravare ulteriormente la situazione si aggiungono gli elevati costi per la realizzazione delle reti (es. mediamente 59 milioni €/km a fronte di una media EU5 di 25 milioni €/km per le reti ferroviarie AV), dovuti in parte a tracciati più complessi a causa dell'orografia del territorio nazionale e quindi a progetti in generale più costosi, ma anche ad una prerogativa tutta italiana, fatta di procedure di affidamento dei lavori più lente (e quindi più costose) e di ritardi nella realizzazione delle opere (mediamente 7 anni, secondo i dati dell'Ance).

Infine, vi è la questione delle opere incompiute in Italia: dai dati desunti dall'elenco-anagrafe nazionale del Ministero delle Infrastrutture e dei Trasporti, nel 2015 risultavano ben 864 opere pubbliche di trasporto incompiute (e l'elenco potrebbe non essere esaustivo) per un valore complessivo di circa 4,3 miliardi di euro.

1.2 L'evoluzione del concetto di pianificazione: la Pianificazione dei Sistemi di Trasporto 3.0 di terza generazione

Come detto, per Pianificazione dei Sistemi di Trasporto si intende quella sequenza di fasi attraverso le quali individuare gli interventi (prendere delle decisioni) sul sistema dei trasporti o su sue componenti, al fine di conseguire gli obiettivi prefissati e nel rispetto dei vincoli esistenti. Il concetto di pianificazione dei trasporti, nel corso del tempo, ha subito un'evoluzione, passando per alcune tappe fondamentali:

a) *Pianificazione dei trasporti 1.0* è la prima stagione della pianificazione dove le decisioni venivano prese secondo dei modelli decisionali non per forza razionali (**modelli a-razionali** – Paragrafo 3.2.1) ed in totale (o quasi) assenza di analisi quantitative per valutare gli impatti che le singole decisioni avrebbero prodotto sul sistema dei trasporti;

b) *Pianificazione dei trasporti 2.0* è la seconda stagione della pianificazione, caratterizzata da:
 – un processo decisionale basato sul concetto (requisiti minimi) di razionalità (es. Ortuzar and Willumsen, 2001);
 – una successione di decisioni (piani e progetti) prese in momenti differenti (con coerenza verticale ed orizzontale), in modo che ciascuna decisione tenga in conto gli effetti delle decisioni precedenti ed eventuali fattori esogeni (Cascetta, 2006);

- analisi quantitative per la valutazione degli impatti ed il loro confronto (attività tecniche).
c) *Pianificazione dei trasporti 3.0,* è la terza (più attuale) stagione della pianificazione dei sistemi di trasporto caratterizzata da 3 processi paralleli e mutuamente interagenti (Figura 1):
  1) un **processo decisionale** basato sul concetto di **razionalità limitata** (Paragrafo 3.2.2);
  2) un processo di coinvolgimento dei portatori di interesse (stakeholders) all'interno del processo complessivo (**dibattito pubblico** – Capitolo 4) al fine di giungere a scelte "migliori" (aumentare la qualità dei progetti), più condivise ed evitare anche il formarsi di barriere ed ostruzioni che rallenterebbero le fasi approvative e realizzative del piano/progetto;
  3) un processo di analisi e valutazioni quantitative finalizzate sia alla stima degli impatti e al confronto di più soluzioni progettuali, sia ad agevolare l'interazione tra il processo decisionale e quello di dibattito pubblico (**attività tecniche** – Capitolo 5).

La principale novità della *Pianificazione dei trasporti 3.0* è l'introduzione del dibattito pubblico come attività centrale, al pari di quelle tecniche e decisionali, da svilupparsi sin dalle prime fasi della pianificazione. Questa nuova visione supera quindi l'idea che la pianificazione è un'attività prevalentemente riservata ad operatori e tecnici del settore che si basa quindi sulla sola progettazione e simulazione di più alternative di intervento nonché sulla loro valutazione e definizione delle priorità. Il miglior Piano/Progetto di trasporto senza consenso pubblico può risultare un fallimento (es. si creano delle barriere che impediscono la progetto di venir realizzato, o lo rallentano aumentandone di fatto i costi anche a causa delle opere compensative che spesso è necessario concedere).

Processi decisionali e Pianificazione dei trasporti

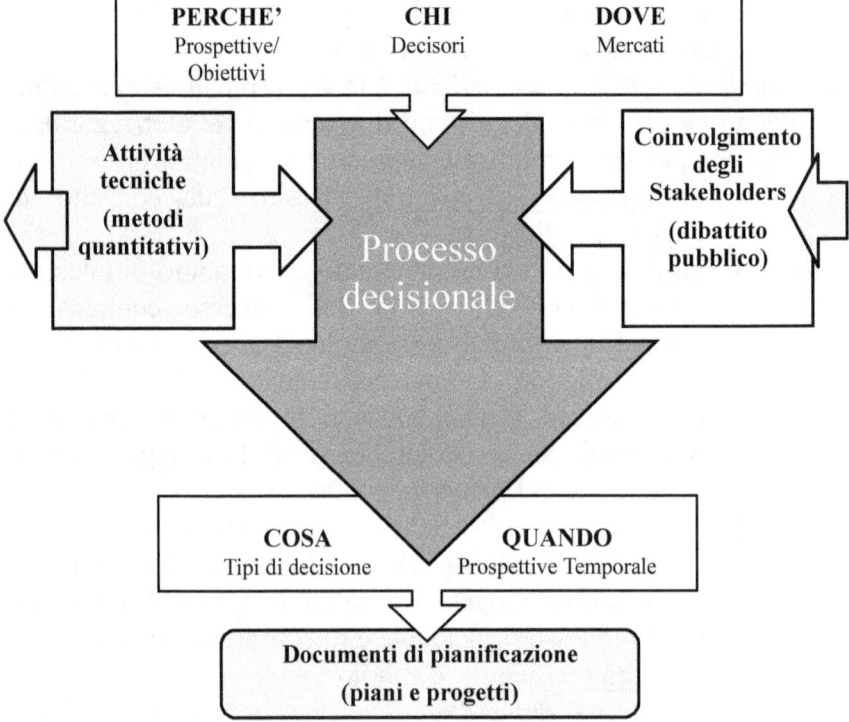

Figura 1 – La Pianificazione dei Sistemi di Trasporto 3.0 di terza generazione

Le caratteristiche della *Pianificazione dei trasporti 3.0*, che la differenziano dalle altre due precedenti versioni, sono:
- tre processi, come detto, interagenti in un unico schema ed integrati da relazioni multiple:
    1) processo decisionale a razionalità limitata;
    2) dibattito pubblico (noto anche come *public engagement*);
    3) analisi e valutazioni tecnico-quantitative;
- le decisioni sono razionali, ovvero si basano sul confronto di più alternative (piani/progetti), in termini di impatti (effetti) esterni ed interni attesi;

- le decisioni vengono generate esplorando un (limitato) numero di alternative fino a quando non si raggiunge una soluzione che soddisfa decisori tecnici e portatori di interesse;
- la fattibilità sociale (consenso) è elemento essenziale e centrale del processo complessivo.

Altra caratteristica che contraddistingue la pianificazione dei trasporti di terza generazione è la ricerca di soluzioni di piano/progetto che siano al tempo stesso **utili** (rispetto agli obiettivi prefissati), **snelle** (costino "il giusto" evitando l'overdesign che spesso contraddistingue le opere pubbliche) e **condivise** dai territori coinvolti. A tal fine occorre che i processi decisionali siano il più possibile trasparenti (e quindi condivisi) e per fare ciò è opportuno che vengano seguite una serie di "buone pratiche", tra cui:

- utilizzare il più possibile procedure e metodi standardizzati (es. linee guida di valenza nazionale o internazionali) al fine di giungere a valutazioni soggettive, riproducibili, trasferibili, comparabili;
- dare la giusta (alta) importanza ai progetti di fattibilità (ex studi di fattibilità), ovvero spendere di più (rispetto a quanto non si faccia oggi - Figura 2) per le prime fasi della progettazione, che sono quelle nelle quali viene deciso gran parte del valore dell'opera finale (es. è nel progetto di fattibilità che si decide la tipologia di opera e quindi il suo valore economico);
- regolamentare le modalità di coinvolgimento degli stakeholders nel processo decisionale (Capitolo 4):
  - i punti di vista degli stakeholders, il loro contributo ed i loro feedback sono essenziali per un buon processo decisionale;
  - l'informazione garantisce l'efficacia del processo di pianificazione, fornendo la necessaria conoscenza di dati e strumenti di analisi al team del progetto. La comunicazione dell'informazione a gruppi di stakeholders

al momento giusto consente al progetto di proseguire riducendo gli eventuali ritardi e rischi di fallimento;
- affidare, quando possibile, a terzi la fase di *"project assessment"*, al fine di:
  - eliminare i conflitti di interessi nella valutazione;
  - ridurre la soggettività delle analisi;
  - aumentare la credibilità dei risultati ed il consenso intorno all'opera da realizzare;
- confrontare le prestazioni dell'alternativa progettuale scelta (es. il costo medio unitario di realizzazione, la variazione dei livelli di inquinamento atmosferico prodotti) con dei valori di riferimento legati ad opere analoghe nel settore dei trasporti (es. la previsione di una riduzione elevata della concentrazione di inquinanti oltre certe soglie, a seguito della realizzazione di una ZTL in città, è poco credibile);
- prevedere degli studi *ex-post*, che possano:
  - fornire indicazioni utili agli stakeholders e ai decisori per le fasi successive del processo decisionale;
  - aumentare la credibilità delle stime (evitare la *planning fallacy*) e stabilire i limiti (ed i campi di applicazione) dei metodi quantitativi impiegati per le analisi;
  - stimare e/o "correggere" i modelli di calcolo utilizzati;
  - aumentare i casi di rifermento per progetti similari, al fine di fornire elementi utili per valutazioni esterne su progetti simili (es. *base rates*).

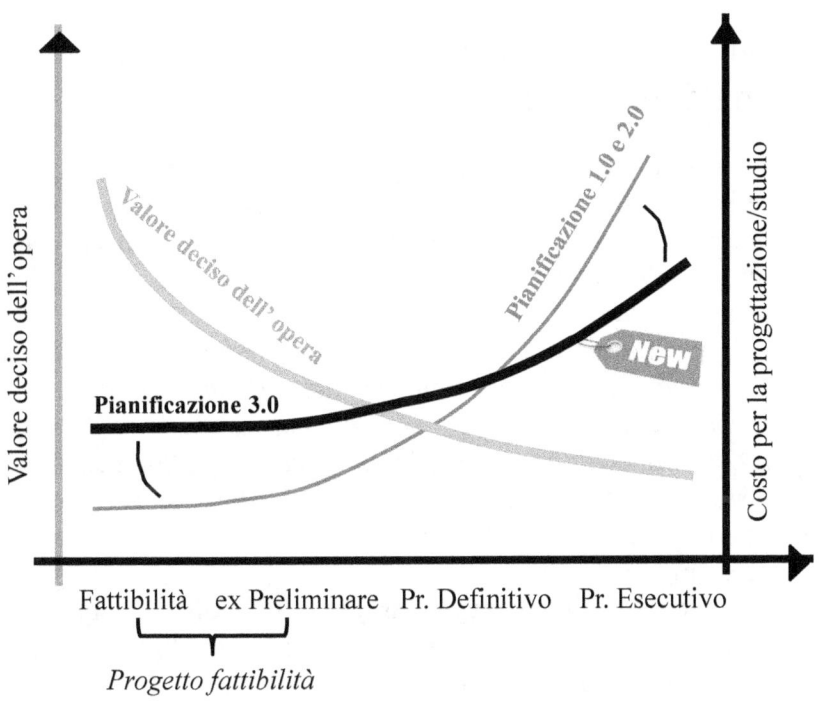

Figura 2 – Legame tra costi di progettazione e valore deciso dell'opera

2. Componenti e relazioni che caratterizzano un sistema di trasporto

Come detto, un sistema di trasporto è per sua natura un "sistema complesso", ovvero *"un'entità organizzativa composta da elementi interdipendenti, che devono essere compresi nelle loro relazioni all'interno dell'entità complessa [...]. Un sistema si definisce complesso quando il suo funzionamento è regolato da leggi e processi non deducibili o derivabili dalle leggi e processi che regolano ogni singola componente del sistema; il livello di complessità aumenta tanto più è chiaro e noto il funzionamento dei singoli componenti e tanto più è oscuro quello dell'intero complesso"* (Fadda, 2002: 77, 95). Un sistema di trasporto si compone in genere di due sotto-sistemi interconnessi ed interagenti tra di loro (Figura 3):
  a) il <u>sistema dell'offerta di trasporto</u>, ossia gli elementi fisici ed organizzativi interagenti tra di loro atti a produrre opportunità di trasporto;
  b) il <u>sistema della domanda di trasporto</u>, ovvero la quantità di persone e merci che usufruisce di tali opportunità per effettuare spostamenti da un luogo all'altro del territorio.

La domanda di mobilità (es. persone che "chiedono" di spostarsi tra punti distinti del territorio verso certe destinazioni finali) influenza le prestazioni dell'offerta di trasporto (freccia "A" in Figura 3). Per comprendere questa affermazione, si consideri ad esempio il caso in cui "molti" utenti (es. automobili) chiedono contemporaneamente di utilizzare un medesimo elemento di offerta (es. una medesima strada). L'effetto complessivo potrebbe essere quello di far diminuire considerevolmente le performance dell'offerta di trasporto (es. aumentano di molto i tempi di attraversamento della strada) producendo quella che in gergo tecnico si chiama "**congestione**". Parallelamente le performance dell'offerta di trasporto possono influenzare la domanda di mobilità (freccia "B" in Figura 3). Questo è l'esempio di alcune strade che, quando congestionate (es. in alcune ore dalla giornata), vengono evitate (scelta del percorso) da alcuni utenti che preferiscono, ad esempio, fare percorsi più lunghi pur di evitare di rimanere in coda con altri veicoli, ovvero partire più tardi attendendo che la rete diventi meno congestionata. L'effetto congiunto di questa doppia dipendenza tra offerta e domanda di trasporto produce un'evoluzione del sistema dei trasporti verso una configurazione di equilibrio domanda-offerta che potrebbe non essere mai raggiunta in modo stabile e permanente per diversi motivi, a partire dal fatto che la domanda di mobilità non è costante nel tempo (es. ore di punta e ore di morbida), ma anche a causa del modificarsi delle condizioni al contorno (es. la domanda di mobilità di domani non è in genere uguale a quella di oggi, così come le esigenze di mobilità di domani potrebbero non essere uguali a quelle di oggi).

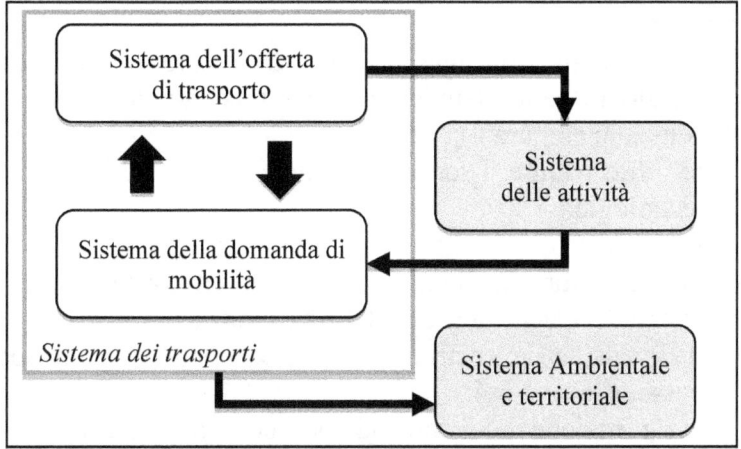

Figura 3 – Componenti e relazioni del sistema dei trasporti

A sua volta, il sistema dei trasporti interagisce con il sistema delle attività che, benché esterno a quello dei trasporti, lo influenza e ne è influenzato. La circostanza secondo cui le residenze sono localizzate in certe aree del territorio (sistema delle attività) influenza (freccia "C" in Figura 3) i luoghi da cui partiranno gli spostamenti (domanda di mobilità) e quindi quali infrastrutture o servizi di trasporto (sistema di offerta) utilizzeranno per raggiungere le destinazioni dove svolgere le attività (sistema delle attività). Esiste però anche una dipendenza "di lungo periodo" (freccia "D" in Figura 3), ovvero quella secondo cui il sistema dei trasporti può influenzare il sistema delle attività. È questo, ad esempio, il caso di un sistema di trasporto molto congestionato che produce come effetto una delocalizzazione delle residenze a/o delle attività produttive (appartenenti al sistema delle attività) in altre aree del territorio (effetto di lungo periodo).

Infine, il sistema dei trasporti influenza anche il sistema ambientale e territoriale. Infatti politiche di mobilità posso significativamente ridurre (ovvero aumentare) le emissioni di sostanze inquinanti al punto tale spesso tra gli obiettivi della pianificazione vengono esplicitati anche quelli ambientali e/o paesaggistici.

Più nel dettaglio, un sistema di trasporto può essere schematizzato in sotto-elementi interconnessi gli uni con gli atri tramite relazioni (Figura 4):

1) le infrastrutture, i servizi, le regole, le tariffe, i veicoli e le tecnologie;
2) la capacità degli elementi di offerta di trasporto;
3) la congestione degli elementi di offerta di trasporto;
4) le caratteristiche dell'offerta di trasporto;
5) il livello e la distribuzione spaziale della domanda di passeggeri e merci;
6) la ripartizione della domanda per modo di trasporto;
7) i flussi sulle reti di trasporto.

Nel seguito si riportano alcune nozioni su questi sotto-elementi del sistema dei trasporti funzionali agli argomenti trattati nel testo. Per una trattazione esaustiva si rimanda a testi specialistici.

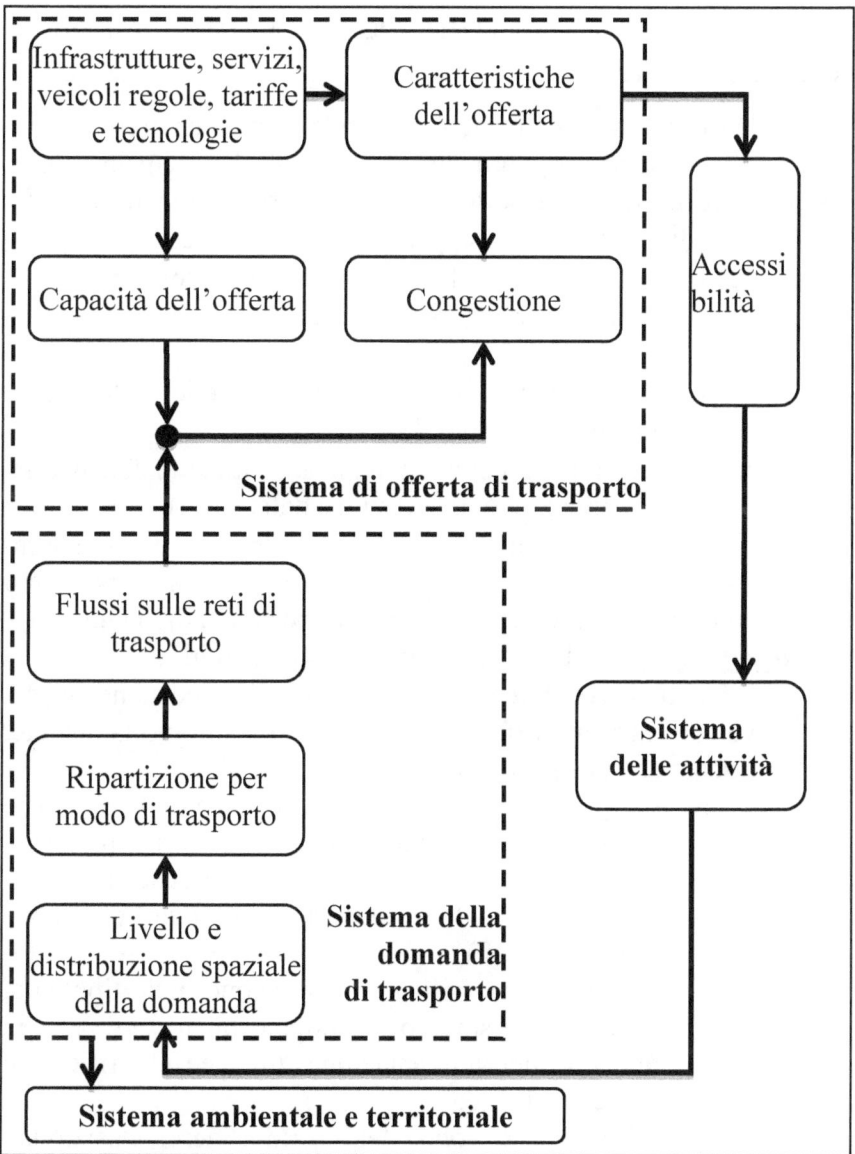

Figura 4 – Componenti e relazioni del sistema dei trasporti

2.1 Infrastrutture, servizi, regole, tariffe, veicoli e tecnologie di trasporto

Come detto, gli interventi che è possibile implementare su di un sistema di trasporto riguardano, in generale, principalmente il sistema dell'offerta di trasporto e possono essere schematizzati in:
- infrastrutture (es. strade, parcheggi, stazioni, ecc.);
- veicoli (es. mezzi di trasporto che consentono lo spostamento di passeggeri e merci);
- servizi (es. linee, orari);
- tecnologie (es. sistemi di miglioramento delle performance del servizio di trasporto offerto);
- regole (es. norme della circolazione stradale, ferroviaria, aerea, marittima; regolamentazione della sosta);
- tariffe (es. biglietti del trasporto collettivo, del trasporto ferroviario/aereo, pedaggio della sosta, pedaggio autostradale) che determinano le opportunità di viaggio.

Le **infrastrutture** (Tabella 2) possono distinguersi in:
- **infrastrutture lineari**, utilizzate per lo spostamento dei veicoli tra punti differenti del territorio, a loro volta distinte, a seconda del sistema di trasporto, in:
  a. strade, classificate secondo il Codice della Strada in autostrade (A), strade extraurbane principali (B), strade extraurbane secondarie (C), strade urbane di scorrimento (D), strade urbane di quartiere (E) e strade locali (F);
  b. vie ferrate, classificate, in funzione della tipologia, in ferrovie a singolo o a doppio binario, ovvero, in funzione dell'alimentazione, in linee elettrificate e non elettrificate;
  c. aerovie, che sono dei corridoi aerei posizionati all'interno di un'area di controllo e delimitati tramite

due punti estremi (detti *way point*) che individuano i punti iniziali e finali del corridoio;
  d. rotte marittime/navali, che definiscono la traccia dei vari punti nei quali è transitata una nave (imbarcazione). Il termine "rotta" è impropriamente utilizzato nella pratica della navigazione al posto del più appropriato termine di "traiettoria". Infatti, la rotta rappresenterebbe l'angolo con il quale la traiettoria incrocia un meridiano terrestre;
- **infrastrutture puntuali**, ovvero i nodi del sistema di offerta di trasporto che, al variare della modalità di trasporto, possono distinguersi in:
  a. parcheggi e autostazioni nel trasporto stradale;
  b. stazioni nel trasporto ferroviario;
  c. aeroporti nel trasporto aereo;
  d. porti nel trasporto marittimo, le cui superfici possono essere caratterizzate e suddivise per tipologia di traffico (es. terminali marittimi di trasporto merci LO-LO e/o RO-RO, terminale di trasporto passeggeri, terminal contenitori, ecc.);
  e. centri merci ed interporti nel trasporto intermodale delle merci; i primi sono infrastrutture che, oltre alle funzioni di trasferimento delle merci da una modalità ad un'altra, svolte nel terminale intermodale, comprendono anche altre funzioni minime di servizio ai mezzi stradali e modeste funzioni logistiche (es. manipolazione e deposito/stoccaggio delle merci). Gli interporti, invece, sono centri merci di grandi dimensioni, nei quali sono presenti tutte le funzioni descritte precedentemente oltre ad uno scalo ferroviario intermodale.

MODALITÀ DI TRASPORTO	INFRASTRUTTURE LINEARI	INFRASTRUTTURE PUNTUALI
Stradale	Strade	Parcheggi, Autostaz.
Ferroviario	Vie ferrate	Stazioni ferroviarie
Aereo	Aerovie	Aeroporti
Marittimo	Rotte marittime	Porti
Intermodale (merci)	Tutte le precedenti	Centri merci, Interporti

Tabella 2 – Tipologie di infrastrutture per differenti modalità di trasporto

Per ogni modalità di trasporto vengono in genere utilizzati specifici veicoli per il trasporto di passeggeri e merci:
  a. nel **trasporto stradale** i veicoli possono essere classificati in relazione a diverse caratteristiche:
    – per soggetto trasportato (persone o merci), distinguendo tra veicoli passeggeri individuali (es. moto, auto), destinati a singoli o gruppi di utenti che utilizzano e gestiscono il veicolo in modo autonomo; veicoli passeggeri collettivi (es. taxi, bus, filobus, tram), in cui la gestione del sistema è demandata ad un gestore che definisce percorsi ed orari di passaggio delle singole corse del servizio; veicoli merci (es. autocarri, autoarticolati), destinati al trasporto delle merci;
    – per numero di assi presenti, distinguendo tra veicoli ad 1 asse (es. carrelli), a 2 assi (es. autovetture, motocicli, bus), a 3 assi (es. autoarticolati, bus snodati) e a 4-5 assi (es. autotreni);
  b. nel **trasporto ferroviario** i veicoli possono essere classificati secondo diversi criteri:
    – in relazione alla struttura, distinguendo tra veicoli ad assi e veicoli a carrelli;
    – in relazione alla capacità di trazione, distinguendo tra veicoli rimorchiati e veicoli motori; questi ultimi,

a loro volta, possono essere suddivisi in veicoli motori veri e propri, con funzioni esclusive di trazione (es. locomotive), e veicoli motori che svolgono anche funzione di trasporto di passeggeri e merci (automotrici, elettromotrici, ecc.);
- in relazione al tipo di energia di alimentazione utilizzata, distinguendo tra veicoli con motori elettrici e veicoli con motori diesel;

c. nel **trasporto aereo** si parla di aeromobili, che è possibile distinguere in base al tipo di sostentazione utilizzata (ovvero al modo in cui questi si sollevano da terra e si mantengono in aria) in:
- aeromobili a sostentazione statica (aerostati), più leggeri dell'aria, che sfruttano prevalentemente la spinta aerostatica (es. mongolfiera, dirigibile);
- aeromobili a sostentazione dinamica (aerodìne), più pesanti dell'aria, che utilizzano prevalentemente la portanza derivante dal movimento relativo fra l'aria e la propria superficie esterna; le aerodìne possono, a loro volta, suddividersi in velivoli ad ala fissa (es. aeroplano, aliante, idrovolante) e rotodìne ad ala rotante (es. elicottero).

d. nel **trasporto marittimo e idroviario** è possibile distinguere navi per il trasporto passeggeri e navi per il trasporto merci (navi cisterna, navi per carichi generali o general cargo, navi per rinfuse, navi portacontainer).

Oltre alle infrastrutture e ai veicoli, è possibile adoperare anche diverse **tecnologie** per migliorare le performance del sistema di offerta di trasporto (es. ridurre la congestione o l'incidentalità, aumentare la qualità percepita di un servizio); tra queste è possibile individuare (in maniera non esaustiva):

a. nel **trasporto stradale**:

- Sistemi Avanzati di Informazione agli Utenti o Advanced Travelers Information Systems (ATIS), tra i quali vi sono, ad esempio, i pannelli a messaggio variabile (VMS), le informazioni su percorsi o disponibilità di parcheggio, le paline informative del trasporto pubblico;
- Sistemi Avanzati di Ausilio alla Guida o Advanced Driver Assistance Systems (ADAS) come, ad esempio, l'Adaptive Cruise Control (controllo adattivo della guida), i sistemi di allerta/preavviso di collisione, l'ABS;
- Sistemi Avanzati di Gestione e Controllo del Traffico o Advanced Traffic Management Systems (ATMS) quali ad esempio, il controllo attuato o coordinato dei semafori, il controllo del flusso veicolare (ramp metering, gestione delle corsie, controllo di velocità, limiti di velocità variabili o VSL);
- Sistemi Avanzati di Gestione della Domanda o Advanced Travel Demand Management (ATDM) come, ad esempio, i sistemi congestion charge, eco-pricing, tolling system, mobility credits;

b. nel **trasporto ferroviario** si possono distinguere, oltre ai sistemi avanzati di informazione agli utenti, anche:
- sistemi di sicurezza della circolazione, ad esempio circuiti di binario, blocco telefonico, blocco elettrico manuale (BEM), blocco elettrico automatico (BA), blocco elettrico conta assi (BCA), blocco elettrico radio;
- sistemi di gestione del traffico ferroviario, quali il Comando Centralizzato del Traffico o Centralized Traffic Control (CTC);

c. **nel sistema di trasporto aereo** possono distinguersi:

- Tecnologie di localizzazione, ad esempio radar, Vessel Traffic Management System (VTMS);
- Tecnologie di connettività in volo, quali il sistema Air-to-Ground, che consentirà di utilizzare il 3G e 4G in volo, il sistema satellitare "Ku-Band";
- Tecnologie volte alla riduzione delle emissioni, ad esempio il sistema Roadmap, per ottimizzare le rotte, nuovi materiali per la struttura degli aeromobili (fibra di carbonio e titanio);
- Sistemi di supporto all'utenza (prenotazione in tempo reale, Check-in online);

d. nel **sistema di trasporto marittimo** possono utilizzarsi:
- sistemi di controllo del traffico, che permettono di aumentare la capacità senza pregiudicare la sicurezza, come ad esempio reti di radiofari, sistemi radio terra/bordo/terra (T/B/T), radar, sistemi di navigazione satellitare globale;
- sistemi di gestione del traffico marittimo, quali ad esempio il sistema Vessel Traffic Management System (VTMS), l'apparato AIS per l'identificazione e la localizzazione automatica del natante.

Infrastrutture, veicoli e tecnologie vanno organizzati in **servizi** di trasporto, ovvero attività di trasporto svolte da un fornitore al fine di soddisfare le esigenze (di mobilità) di uno o più clienti (merci o passeggeri). I servizi di trasporto possono essere classificati in **servizi di linea**, se servono punti limitati del territorio in orari prestabiliti, e non di linea (servizi *sharing* e *pooling*). Elementi caratterizzanti i servizi di linea sono la corsa, ovvero la connessione spazio-temporale data da una sequenza di fermate con determinati orari di partenza/arrivo, e la linea, ossia l'insieme di corse con le stesse caratteristiche (percorso, sequenze di fermate, tempi di viaggio, qualità del servizio, ecc.); i servizi di linea sono in genere caratterizzati da una certa frequenza, che può essere bassa (fino a 3-4 corse/ora) o medio-alta, ed il loro funzionamento può essere regolare oppure irregolare. Tra i **servizi non di linea** è, invece, possibile distinguere tra i servizi *pooling* (es. di auto, moto e biciclette) e i servizi *sharing* (es. di auto o moto, ma anche di veicoli merci). Questi rappresentano una tra le nuove politiche di mobilità sostenibile. La principale differenza tra i due servizi risiede nella proprietà dei veicoli utilizzati per il trasporto che, nel primo caso (*pooling*), appartengono agli utenti del sistema che mettono a disposizione il proprio veicolo (es. auto) e cercano compagni di viaggio con cui dividere le spese del trasporto; nel secondo caso (*sharing*), invece, c'è una società terza che possiede una flotta di veicoli (es. biciclette) e li noleggia per breve tempo (es. poche decine di minuti) a chiunque li voglia utilizzare.

I servizi *pooling* si sono molto diffusi negli ultimi anni anche grazie alla diffusione di internet e dei social network. Esistono svariate piattaforme di terze parti alle quali è possibile iscriversi (spesso gratuitamente) per poi offrire o cercare un passaggio verso la destinazione desiderata, potendo fruire anche di eventuali informazioni aggiuntive sul viaggio o sul viaggiatore (es. affidabilità, sicurezza della guida, ammissibilità di fumatori o animali domestici a bordo, ranking dell'autista). Esistono anche iniziative di servizi di *pooling* per le merci finalizzate prevalentemente a razionalizzare la distribuzione urbana tramite la condivisione di uno stesso veicolo tra più operatori, al fine sia di aumentare il coefficiente di carico dei veicoli, sia di ridurre il numero di veicoli circolanti (meno congestione ed inquinamento prodotto).

Con i servizi di *sharing* (flotte di veicoli condivisi) si rinuncia a possedere un veicolo privato ma non alla flessibilità che esso può offrire in termini di disponibilità nello spazio e nel tempo. In questi servizi, infatti, l'utente, previa iscrizione ad un portale, prenota in anticipo il veicolo presso un parcheggio preferito o anche localizzando un veicolo della flotta posteggiato su strada (a seconda del tipo di servizio offerto), lo utilizza per il tempo necessario e lo riconsegna in un parcheggio convenzionato o lo lascia posteggiato per strada (a seconda dei casi). Gli esempi più diffusi di *sharing* sono di auto e bici utilizzate nel trasporto urbano, ma anche in questo caso diverse sono le esperienze rivolte al trasporto delle merci.

    I servizi di *sharing* (soprattutto il *bike-sharing*) rappresentano quindi un sistema semplice, ecologico ed economico che consente una più ampia fruizione della città e delle aree pedonali, a vantaggio dell'ambiente e della viabilità. Può rappresentare un'ottima *"soluzione per l'ultimo miglio"*, ovvero utilizzare veicoli (es. biciclette condivise) per i viaggi di prossimità, laddove il mezzo pubblico non arriva o non può arrivare, con un auspicabile aumento della domanda di trasporto pubblico grazie all'intermodalità ed alla flessibilità fornita da questa tipologia di servizio.

    In generale, il vantaggio delle politiche di condivisione, e dello *sharing* in particolare, è quello che, incrementando il coefficiente di riempimento ed il grado di utilizzazione di un veicolo, si riducono i consumi e le emissioni, ma anche l'uso di suolo pubblico e la congestione. In termini di emissione di inquinanti, si stima che un'auto condivisa possa assorbire le esigenze di mobilità di circa 5-6 auto private (meno impatti e meno costi per acquisto e gestione). Inoltre, sempre più diffusi sono gli operatori che erogano servizi al 100% eco-friendly (es. tramite l'utilizzo di veicoli elettrici o ibridi - *green mobility*). Altra caratteristica rilevante per le flotte di veicoli di *sharing* è che queste vengono dismesse (rottamate) per usura e non per invecchiamento, con conseguenti minori impatti ambientali per lo smaltimento (meno veicoli da smaltire).

    Per gli utenti del sistema vi sono molti vantaggi non immediatamente percepibili quando si paga per utilizzare questi servizi; tra questi, vi è il vantaggio che è il gestore del servizio a prendersi carico di tutte le incombenze e di tutte le spese relative alla gestione dell'auto (es. assicurazione, manutenzione, bollo e carburante compreso).

2.2 Capacità, congestione e caratteristiche dell'offerta di trasporto

Le infrastrutture e i servizi di trasporto hanno una capacità finita, ovvero sono caratterizzate da un flusso massimo di utenti o veicoli che possono utilizzare un elemento dell'offerta di trasporto in un dato intervallo di tempo (es. ora di punta del mattino). Il concetto di capacità è largamente utilizzato con riferimento alle infrastrutture stradali (ma non solo). Un flusso veicolare prossimo alla capacità di una strada provoca congestione su quella infrastruttura. Nel **trasporto stradale** la capacità di una strada (in una sezione sufficientemente lontana da un'intersezione) è misurata tramite il flusso di saturazione S (veicoli/ora), ovvero il numero massimo di veicoli (equivalenti) che può transitare nell'unità di tempo attraverso la geometria dell'infrastruttura. Una relazione empirica (approssimata) per stimare il flusso di saturazione è:

$$S = 525 \cdot k \cdot Larghezza\ utile\ in\ metri \qquad [veicoli/ora]$$

dove k è un coefficiente correttivo che tiene conto della composizione del parco veicolare che circola sull'infrastruttura considerata

Ciò significa che, ad esempio, una strada con una corsia per senso di marcia larga 3,5 metri, considerando $k=1$, avrà un flusso di saturazione di circa 1.800 veicoli/ora per senso di marcia.

Analogamente è possibile stimare la capacità di una intersezione semaforizzata (ovvero della generica strada che confluisce in una intersezione) attraverso la relazione:

$$cap_{intersezione} = \frac{g}{C} \cdot S$$

dove:
  g è la durata del verde efficace[3] [secondi];
  C la durata del ciclo semaforico[4] [secondi];
  S il flusso di saturazione [veicoli/ora].

Questo significa che per una strada larga 3,5 metri per senso di marcia che converge in un'intersezione semaforizzata con un tempo di ciclo C di 90 secondi ed un verde efficace pari a 45 secondi, la capacità sarà circa 1.800 · 0,5 = 900 veicoli/ora

Nel **trasporto ferroviario** si definisce <u>potenzialità di una linea ferroviaria</u> (P) il numero massimo di convogli che, nell'unità di tempo, può transitare per una determinata sezione; essa è pari all'inverso del distanziamento temporale minimo (DT_{min}):

$$P = \frac{1}{DT_{min}} \quad [convogli/ora]$$

Il distanziamento temporale minimo è pari al distanziamento spaziale minimo (DSP_{min}) diviso per la velocità del convoglio che segue:

$$DT_{min} = \frac{DSP_{min}}{V} \quad [ore]$$

Questo significa che, ad esempio, se si vuole garantire un distanziamento spaziale minimo di 500 metri per treni che viaggiano a 20 km/h, si avrà una potenzialità della linea di 40 convogli/ora.

Nel **trasporto aereo** si definisce <u>capacità di una pista</u> il numero di operazioni di atterraggio/decollo che la pista stessa è in

---

[3] Ai fini del calcolo della capacità di un'intersezione conviene riferirsi ad un tempo di "verde equivalente" a quello reale, in termini di capacità di far defluire i veicoli, detto appunto "verde efficace", e per il quale si assume che il valore del flusso sia costante e pari ad S. Tale valore è superiore al verde reale e comprende parte del "giallo di lanterna". Per approfondimenti si veda: Webster, 1958.

[4] Si definisce ciclo semaforico la sequenza di indicazioni semaforiche (verde, giallo e rosso), alla fine della quale si ripresenta la medesima configurazione di luci di lanterna e che garantisce la "via libera" almeno una volta a tutte le correnti che impegnano l'intersezione.

grado di consentire nell'unità di tempo. La Federal Aviation Administration (FAA) considera il concetto di capacità pratica, intesa come misura empirica riferita ad un tempo di attesa "accettabile" o "tollerabile" per poter effettuare le manovre di atterraggio/decollo.

A titolo di esempio, si riporta che l'aeroporto di Roma Fiumicino ha una capacità oraria di 50 movimenti/ora, entrambi gli aeroporti di Milano (Malpensa e Linate) consentono al massimo 30 movimenti/ora, mentre l'aeroporto di Napoli Capodichino ha una capacità di 18 movimenti/ora.

Anche le aerovie (così come le rotte marittime) hanno una capacità finita che, benché molto elevata rispetto ai traffici attuali, su alcune relazioni potrà nei prossimi anni essere raggiunta e creare fenomeni di congestione.

Le infrastrutture e i servizi di trasporto se sovra-utilizzati possono diventare congestionati. La **congestione** è probabilmente il principale indicatore di misura del "benessere" di un sistema di trasporto. Se il sistema è congestionato, gli spostamenti impiegano più tempo (es. si perdono ore produttive) e la qualità del viaggio si abbassa (es. stress alla guida). Quando i flussi sono prossimi alla capacità di un'infrastruttura le interazioni tra i veicoli aumentano in maniera significativa e si innescano rilevanti fenomeni di congestione (es. veicoli in coda e frequenti *stop and go*). La congestione può modificare in modo significativo le prestazioni dei servizi di trasporto per gli utenti; ad esempio, nel trasporto individuale, la congestione può causare: *i*) un aumento del tempo medio di viaggio (Figura 5); *ii*) una diminuzione dell'affidabilità dei tempi (es. aumento della deviazione standard del tempo di viaggio); *iii*) un aumento dello stress di guida; *iv*) un aumento del consumo di carburante e delle emissioni inquinanti (Figura 6).

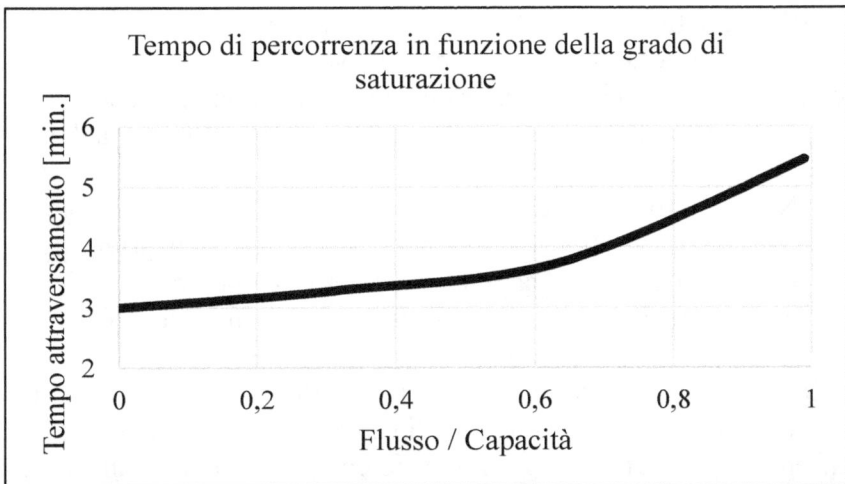

Figura 5 – **Andamento del tempo medio di percorrenza in funzione del grado di saturazione (rapporto flusso/capacità)**

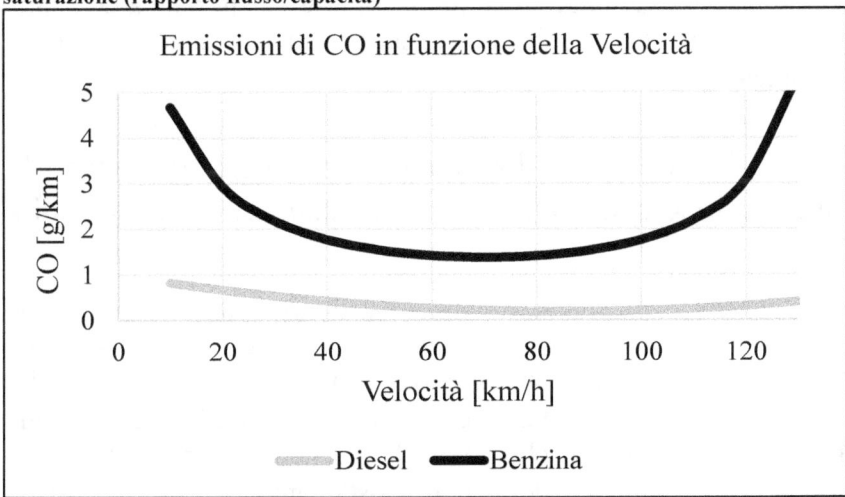

Figura 6 – **Andamento del tipo delle emissioni unitarie in funzione della velocità media di marcia[5]**

---

[5] Un andamento qualitativo analogo è possibile ottenere anche per il consumo medio del carburante in funzione della velocità media di marcia.

Ulteriori effetti negativi della congestione sono ravvisabili anche nel trasporto collettivo, dove possono verificarsi un aumento del tempo medio di viaggio, una riduzione dell'affidabilità degli orari di passaggio delle corse ed una riduzione del comfort a bordo causato da un elevato affollamento.

Note le infrastrutture, i servizi, le tariffe, i veicoli, le tecnologie ed i livelli di congestione, è possibile individuare le **caratteristiche di un servizio di trasporto**, ovvero come quel servizio (infrastruttura) di trasporto è offerto alla domanda di mobilità in termini di qualità e livello di servizio offerto (es. tempi di viaggio, affidabilità e regolarità di un servizio, comfort a bordo offerto). Lo stesso servizio di trasporto (es. linea di bus) in aree territoriali differenti o in ore del giorno differenti (es. ore di punta o di morbida) può avere caratteristiche molto differenti (es. alta regolarità e bassa congestione in un contesto territoriale a domanda debole; bassa qualità in un contesto urbano congestionato a domanda elevata).

2.3 Il sistema della domanda di mobilità: il livello, la distribuzione spaziale, i modi di trasporto e i flussi sulle reti di trasporto

La domanda di trasporto è una domanda derivata, nel senso che "deriva" dalla necessità di svolgere attività in luoghi diversi del territorio. Raramente, infatti, si prova o si genera utilità nell'attività di spostamento. La domanda di mobilità risulta dall'aggregazione di singoli spostamenti, che hanno luogo nell'area di studio e nel periodo di riferimento, definendo spostamento l'atto di recarsi da un luogo/zona di origine ad un altro/a di destinazione. Gli spostamenti possono essere caratterizzati da:
- struttura topologica (ovvero le origini e le destinazioni);
- motivo dello spostamento (es. casa-lavoro, casa-scuola, casa-altri motivi, servizi personali, svago);

- caratteristiche socio-economiche degli utenti (es. età, genere, reddito, possesso di patente, disponibilità di auto);
- caratteristiche delle merci, in termini di tipologia (es. deteriorabilità, infiammabilità, rifiuti speciali) e dimensione.

La domanda di mobilità viene generalmente rappresentata attraverso le cosiddette **matrici Origine/Destinazione (OD)**, tante quanti sono le categorie di utenti (es. studenti, lavoratori), i motivi dello spostamento, le fasce orarie di riferimento ed i modi di trasporto presenti nell'area oggetto di studio. Il generico elemento della matrice OD, $d_{od}{}^6$, rappresenta il numero medio di spostamenti dall'origine o alla destinazione d, per una certa categoria, fascia oraria, motivo e modo di trasporto (es. Tabella 3).

Destin. Origine	1	2	...	d	...	N	Emesso
1							d_1·
2							d_2·
...							...
o				d_{od}			d_o·
...							...
N							d_N·
Attratto	$d·_1$	$d·_2$	...	$d·_d$	...	$d·_N$	Totale

Tabella 3 – Matrice Origine/Destinazione

A partire dalla matrice OD è possibile stimare alcuni macro indicatori che caratterizzano la domanda di mobilità, tra cui:
- il **flusso emesso o generato** della zona o, come somma degli elementi della o-esima riga:

$$d_o. = \sum_d d_{od}$$

---

[6] In una formalizzazione più rigorosa bisognerebbe considerare anche un pedice (o indice) specifico per la categoria di utenti, per il motivo dello spostamento e per il modo di trasporto considerato. Solo per semplicità di notazione tali pedici sono omessi.

- il **flusso attratto** dalla zona d, come somma degli elementi della d-esima colonna:

$$d_{\cdot d} = \sum_o d_{od}$$

- il numero totale di spostamenti, come somma di tutti gli elementi della matrice:

$$d_{\cdot\cdot} = \sum_o \sum_d d_{od}$$

Gli elementi di una matrice OD possono essere classificati, in relazione al tipo di zona di origine e destinazione, in:
- a) **spostamenti interni**, se sia l'origine che la destinazione sono zone interne all'area di studio; in particolare, gli spostamenti che iniziano e terminano nella stessa zona sono detti intrazonali;
- b) **spostamenti di scambio**, se una soltanto tra l'origine e la destinazione è esterna all'area di studio;
- c) **spostamenti di attraversamento**, se sia l'origine che la destinazione sono esterne all'area di studio.

Come detto, la domanda di mobilità deve essere ripartita (rappresentata) anche per modo di trasporto; tra questi possiamo individuare:
- modi individuali:
    - autovetture, motocicli, camion, ecc.;
    - piedi, bicicletta (dette anche modalità "dolci");
- modi collettivi:
    - bus, treno, metropolitana, ecc..

Nota la ripartizione della domanda per modalità di trasporto, è possibile stimare la ripartizione modale caratteristica dell'area oggetto di studio, ovvero le percentuali di utilizzo delle varie modalità di trasporto. Non esiste una ripartizione modale di riferimento (target) per un Piano di trasporti. Esistono numerosi e molto diversi modelli di mobilità in giro per il mondo. Probabilmente i due modelli più estremi sono quelli della città di Los Angeles, dove l'80% degli spostamenti avviene con l'auto privata, e quello della città di Tokyo, dove circa il 75% degli spostamenti avviene ricorrendo al trasporto collettivo e soltanto il 20% degli utenti utilizza l'auto privata. Le città italiane hanno ripartizioni modali differenti e comprese all'interno di questi due esempi internazionali.

Importante è anche la rappresentazione delle matrici OD. Una corretta rappresentazione, infatti, permette di leggere meglio le abitudini di mobilità di un territorio. Tra le più frequentemente utilizzate vi sono le rappresentazioni 3D (Figura 7) e le rappresentazioni tramite percentuali di emissione e distribuzione (Tabella 4). Le prime permettono di visualizzare meglio le relazioni OD a domanda "elevata" o "debole"; le seconde permettono di individuare le zone di traffico che emettono ed attraggono più spostamenti.

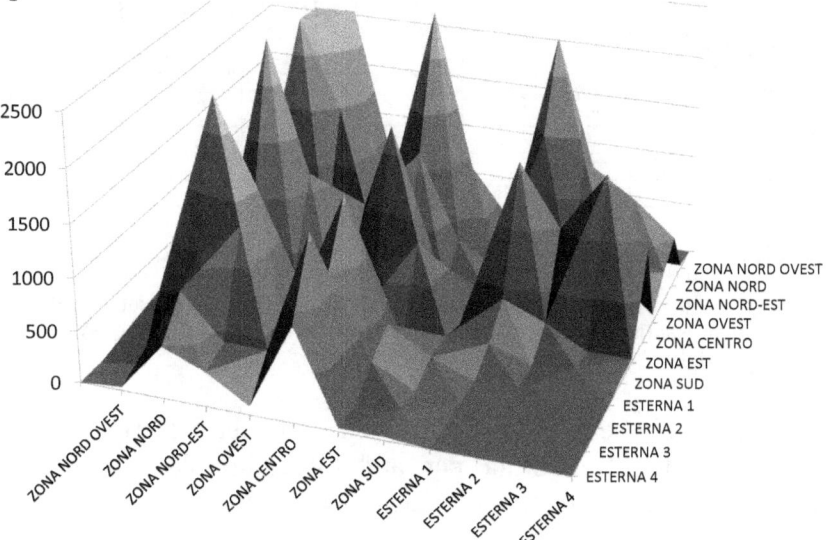

Figura 7 – Una possibile rappresentazione 3D della matrice OD

Processi decisionali e Pianificazione dei trasporti

OD giornaliera	ZONA NORD	ZONA OVEST	ZONA CENTRO	ZONA EST	ZONA SUD	ESTERNA 1	ESTERNA 2	ESTERNA 3	
ZONA NORD	2.961	317	3.088	1.163	211	2.961	1.269	1.057	13.029
ZONA OVEST	317	952	317	42	42	317	529	529	3.045
ZONA CENTRO	3.088	317	2.221	634	317	2.009	1.269	2.009	11.865
ZONA EST	1.163	42	634	1.057	106	529	317	42	3.891
ZONA SUD	211	42	317	106	211	211	42	106	1.247
ESTERNA 1	2.961	317	2.009	529	211	-	-	-	6.028
ESTERNA 2	1.269	529	1.269	317	42	-	-	-	3.426
ESTERNA 3	1.057	529	2.009	42	106	-	-	-	3.743
	13.029	3.045	11.865	3.891	1.247	6.028	3.426	3.743	46.274

OD giornaliera	ZONA NORD	ZONA OVEST	ZONA CENTRO	ZONA EST	ZONA SUD	ESTERNA 1	ESTERNA 2	ESTERNA 3	
ZONA NORD	23%	2%	24%	9%	2%	23%	10%	8%	100%
ZONA OVEST	10%	31%	10%	1%	1%	10%	17%	17%	100%
ZONA CENTRO	26%	3%	19%	5%	3%	17%	11%	17%	100%
ZONA EST	30%	1%	16%	27%	3%	14%	8%	1%	100%
ZONA SUD	17%	3%	25%	8%	17%	17%	3%	8%	100%
ESTERNA 1	49%	5%	33%	9%	4%				100%
ESTERNA 2	37%	15%	37%	9%	1%				100%
ESTERNA 3	28%	14%	54%	1%	3%				100%

OD giornaliera	ZONA NORD	ZONA OVEST	ZONA CENTRO	ZONA EST	ZONA SUD	ESTERNA 1	ESTERNA 2	ESTERNA 3
ZONA NORD	23%	10%	26%	30%	17%	49%	37%	28%
ZONA OVEST	2%	31%	3%	1%	3%	5%	15%	14%
ZONA CENTRO	24%	10%	19%	16%	25%	33%	37%	54%
ZONA EST	9%	1%	5%	27%	8%	9%	9%	1%
ZONA SUD	2%	1%	3%	3%	17%	4%	1%	3%
ESTERNA 1	23%	10%	17%	14%	17%			
ESTERNA 2	10%	17%	11%	8%	3%			
ESTERNA 3	8%	17%	17%	1%	8%			
	100%	100%	100%	100%	100%	100%	100%	100%

Tabella 4 – Una possibile rappresentazione della matrice OD: valori assoluti e ripartizioni percentuali in emissione ed attrazione (rappresentazione condizionata per scale di grigi)

A titolo di esempio, si riporta nella Tabella 5 la ripartizione della domanda di mobilità per ambito territoriale e modo di trasporto riguardante il territorio nazionale italiano.

	Mobilità URBANA	Mobilità EXTRA-URBANA	TOTALE
mezzi pubblici	6.137.822	6.012.146	12.149.968
mezzi privati (auto)	39.282.064	36.406.883	75.688.947
motociclo/ciclomotore	2.231.935	1.113.360	3.345.296
spostamenti non motorizzati	18.147.773	668.016	18.815.789
TOT Spostamenti giorno feriale	65.799.595	44.200.405	110.000.000

	Mobilità URBANA	Mobilità EXTRA-URBANA	TOTALE
mezzi pubblici	9%	14%	11%
mezzi privati (auto)	60%	82%	69%
motociclo/ciclomotore	3%	3%	3%
spostamenti non motorizzati	28%	2%	17%
TOT Spostamenti giorno feriale	60%	40%	100%

Tabella 5 – Ripartizione della domanda di mobilità (milioni di spostamenti/giorno) per ambito territoriale e modo di trasporto (fonte: elaborazione su dati CNIT 2016, ISFORT 2016, ISTAT 2011, ACI 2016)

Nota la domanda di mobilità (le matrici OD) e le caratteristiche dell'offerta di trasporto, al fine di valutare le scelte di percorso/servizio e quindi su quali eventuali elementi dell'offerta di trasporto si verificano fenomeni di congestione, è necessario stimare come si distribuisce la domanda di mobilità (di passeggeri e merci) sull'offerta di infrastrutture e di servizi di trasporto. Si definisce **flusso di spostamenti** il numero medio di utenti con determinate caratteristiche che *"consuma"* un servizio di trasporto in un periodo di tempo prefissato. Il flusso di spostamento si differenzia a seconda della rete modale su cui insiste (es. flussi di autovetture, flussi di utenti sulle linee di autobus o sulle linee ferroviarie, flussi di merci sulla rete marittima). Tali flussi si possono stimare attraverso metodi e modelli tipici della teoria dei sistemi di trasporto ed in particolare tramite i modelli di assegnazione (statica o dinamica) alle reti di trasporto[7].

Stimati i flussi sulle reti modali e nota la capacità del sistema di offerta di trasporto, è possibile valutare se ed in quali aree del territorio si verificano fenomeni di congestione. I flussi sulle reti modali possono essere rappresentati tramite carte tematiche note come "flussogrammi" (Figura 4). La caratteristica di tale rappresentazione è quella di valutare tramite un'unica carta tematica sia le infrastrutture (servizi) impegnate da una domanda elevata (tramite una rappresentazione per spessori direttamente proporzionali alla domanda), sia valutare il grado di saturazione (flusso/capacità) dei singoli elementi dell'offerta (tramite rappresentazione per colori).

---

[7] Tale argomento esula dagli obiettivi del testo. Per una trattazione ci si riferisca ad esempio a: Cascetta (2006).

Figura 8 – Esempio di rappresentazione dei flussi sulla rete stradale: il "flussogramma" rappresentativo del livello di domanda sulle infrastrutture stradali (spessore "Flow" in veicoli/ora) e del grado di saturazione corrispondente (colore "AB_voc" in flusso/capacità arco stradale)

2.4 Il concetto di accessibilità

L'**accessibilità** è il concetto che maggiormente evidenzia la dipendenza esistente tra il sistema delle attività ed il sistema dei trasporti di un certo territorio (Figura 4, pag. 21). L'accessibilità può essere definita come la "*facilità di soddisfare delle esigenze (attività) in luoghi diversi di un territorio per un utente (merce) che si trova in un certo luogo fisico*" (Cascetta et al., 2016). L'accessibilità dipende in generale:
- dal luogo in cui si trova l'utente/la merce;
- dalla distribuzione delle attività sul territorio;
- dal sistema dei trasporti che permette (offre) un collegamento tra la zona di riferimento e le possibili zone di destinazione presenti sul territorio.

Il concetto di accessibilità è fortemente legato sia al concetto di motilità (potenzialità) che a quello di mobilità (spostamento), in particolare:
- **motilità**, ovvero la capacità di un individuo di modificare attivamente e in modo reversibile la propria posizione nello spazio;
- **mobilità**, ossia l'atto di un individuo di effettuare uno spostamento; essa coinvolge due componenti:
  - efficienza del sistema dei trasporti nel connettere spazialmente (e temporalmente) attività localizzate in luoghi differenti (es. performance del sistema rispetto alla posizione dell'utente, alla fascia oraria dello spostamento, alla destinazione dello spostamento);
  - capacità dell'individuo di utilizzare il sistema dei trasporti (es. disponibilità ai vari modi di spostamento, conoscenza delle opzioni di scelta disponibili).

L'accessibilità (Figura 9) può distinguersi in:

a) **accessibilità attiva** o **accessibilità alle opportunità** (Cascetta et al., 2016), che misura la facilità con cui i soggetti (famiglie, imprese) che si trovano in una determinata zona possono raggiungere le diverse funzioni presenti nei diversi punti del territorio;
b) **accessibilità passiva** o **accessibilità agli utenti potenziali** (Cascetta et al., 2016), che misura la facilità con cui le funzioni (produttive, commerciali, sociali) presenti in una determinata zona possono essere raggiunte da utenti localizzati in punti diversi del territorio.

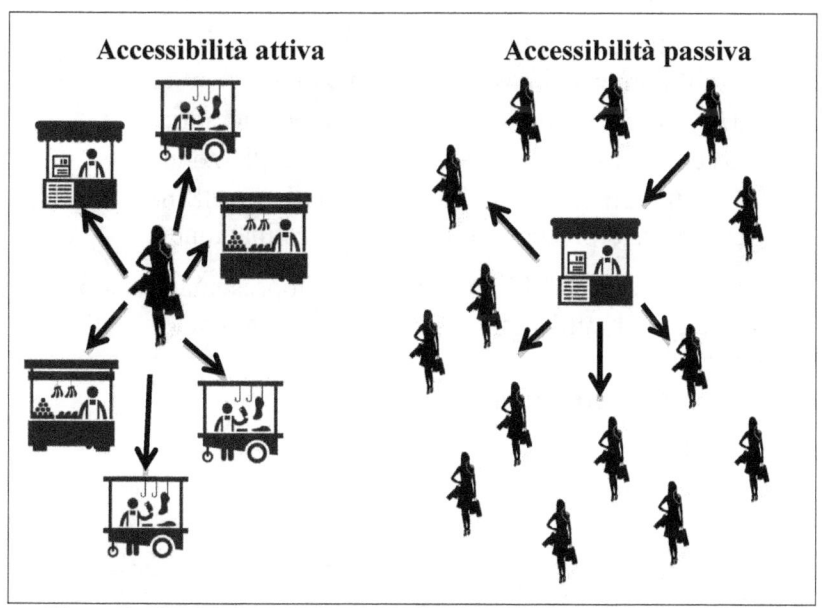

Figura 9 – Rappresentazione schematica dell'accessibilità attiva e passiva

È importante definire misure (indicatori) per tradurre il concetto di accessibilità in valori numerici che tengano conto sia del sistema socio-economico che del sistema dei trasporti. Esiste un'ampia letteratura a riguardo (per alcuni approfondimenti si veda: Cartenì, 2014 e Cascetta et al., 2016). A titolo puramente esemplificativo, nella Tabella 6 si riportano alcuni possibili indicatori di accessibilità attiva e passiva di tipo sia descrittivo che interpretativo (es. stimabili tramite modelli comportamentali). Per comprendere le formule riportate in tabella si faccia riferimento alla seguente simbologia:

- a_{oj}^m è l'accessibilità relativa di una zona di origine o (polo economico) rispetto ad una zona di potenziale destinazione j, con riferimento alla modalità di trasporto m;
- T_{oj}^m il tempo in minuti (sul percorso minimo) che mediamente un veicolo del modo m impiega per spostarsi da o a j;
- n_o è il numero di possibili zone di origine o;
- N è il numero di possibili destinazioni d;
- M è il numero di modi di trasporto considerati;
- D_o è la domanda di mobilità emessa dalla zona o;
- I_j è il numero di unità locali (U.L.) nell'industria e nel commercio presenti nella zona di destinazione j.

Esistono, inoltre, differenti modi di rappresentare le misure di accessibilità; le più utilizzate sono le carte tematiche (
Figura 10 e
Figura 11) e le rappresentazioni tramite istogrammi.

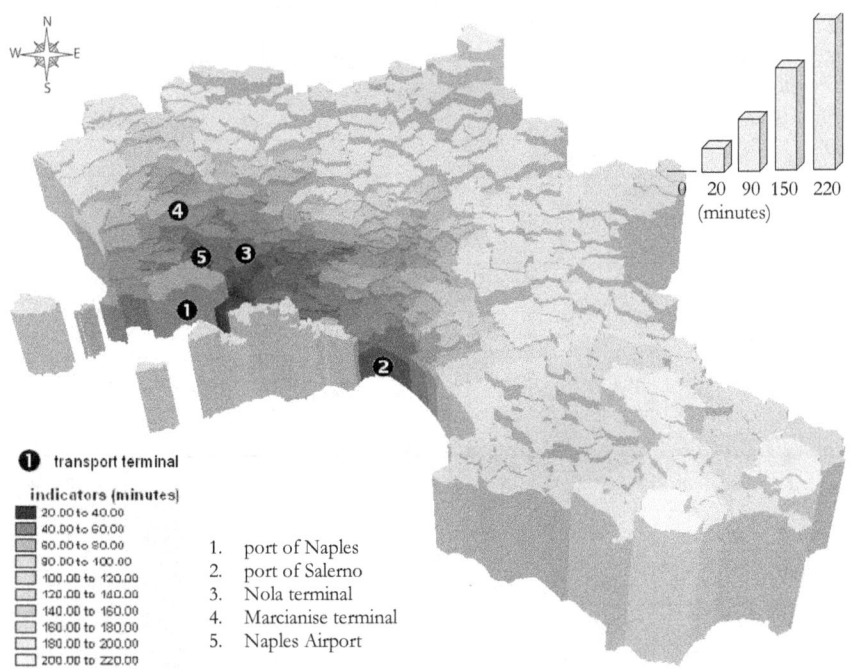

Figura 10 – Accessibilità (in termini di tempo minimo percorso) ai terminali intermodali di trasporto (fonte: Cartenì, 2014)

Processi decisionali e Pianificazione dei trasporti

Denominazione	Tipologia	Formulazione
accessibilità integrale passiva normalizzata per singolo servizio	descrittiva passiva	$A'^m_j = \dfrac{\sum_{o=1}^{no} a^m_{oj}}{n_o} = \dfrac{\sum_{o=1}^{no} T^m_{oj}}{n_o}$
accessibilità integrale attiva normalizzata per singolo servizio	descrittiva attiva	$Ap'^m_o = \dfrac{\sum_{j=1}^{N} a^m_{oj}}{N} = \dfrac{\sum_{j=1}^{N} T^m_{oj}}{N}$
accessibilità integrale passiva normalizzata globale	descrittiva passiva	$A'_j = \dfrac{\sum_{m=1}^{M} A'^m_j}{M} = \dfrac{\sum_{m=1}^{M} \dfrac{\sum_{o=1}^{no} a^m_{oj}}{n_o}}{M} = \dfrac{\sum_{m=1}^{M} \dfrac{\sum_{o=1}^{no} T^m_{oj}}{n_o}}{M}$
accessibilità integrale attiva normalizzata globale	descrittiva attiva	$Ap'_o = \dfrac{\sum_{m=1}^{M} Ap'^m_o}{M} = \dfrac{\sum_{m=1}^{M} \dfrac{\sum_{j=1}^{N} a^m_{oj}}{N}}{M} = \dfrac{\sum_{m=1}^{M} \dfrac{\sum_{j=1}^{N} T^m_{oj}}{N}}{M}$
accessibilità integrale passiva pesata	interpretativa passiva	$A'^w_j = \dfrac{\sum_{m=1}^{M} \dfrac{\sum_{o=1}^{no} a^m_{oj} \cdot D_o}{\sum_{o=1}^{no} D_o}}{M} = \dfrac{\sum_{m=1}^{M} \dfrac{\sum_{o=1}^{no} T^m_{oj} \cdot D_o}{\sum_{o=1}^{no} D_o}}{M}$
accessibilità integrale attiva pesata	interpretativa attiva	$Ap'^w_o = \dfrac{\sum_{m=1}^{M} \dfrac{\sum_{j=1}^{N} a^m_{oj} \cdot I_j}{\sum_{j=1}^{N} I_j}}{M} = \dfrac{\sum_{m=1}^{M} \dfrac{\sum_{j=1}^{N} T^m_{oj} \cdot I_j}{\sum_{j=1}^{N} I_j}}{M}$

Tabella 6 – Alcuni esempi di indicatori di accessibilità attiva e passiva

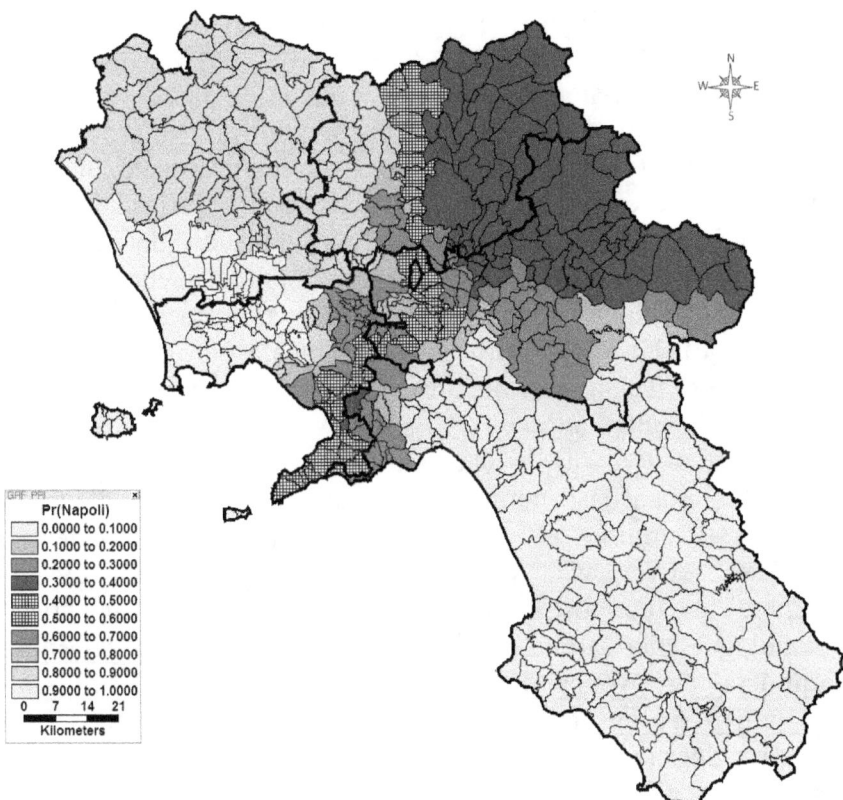

Figura 11 – Analisi di accessibilità: competizione tra i bacini di influenza dei porti di Napoli e Salerno (fonte: Cartenì, 2014)

3. Processi decisionali per i sistemi di trasporto

Per **processo decisionale** si intende quella sequenza di azioni intraprese a partire dal momento in cui si manifesta un problema o un'opportunità (es. superamento limiti di inquinamento in città, congestione eccessiva di un'autostrada, fondi di finanziamento comunitari per il settore dei trasporti) fino a quando si definisce una soluzione o si prende una decisione (inclusa quella di "*non decidere*", che significa decidere di non fare o decidere di rinviare la decisione). Un cattivo processo decisionale può comportare il non decidere, il non fare, oppure può portare a decisioni che non producono i risultati attesi.

A differenza di quello che potrebbe sembrare, prendere una decisione (in qualsiasi settore la si prenda) non è spesso un'attività semplice. Il termine "*decìdere*" deriva dal latino *de-e caedĕre* e significa "*tagliar via*" (fonte: vocabolario Treccani), ovvero scegliere fra più cose o possibilità diverse. Come suggerisce l'etimologia della parola, quindi, l'atto di **prendere una decisione comporta che venga presa in considerazione più di una alternativa tra cui scegliere**. Una scelta si prende a valle di un processo decisionale, seguendo il quale è possibile ridurre la gamma delle alternative disponibili. In genere vi è uno o più eventi che mettono in moto questo processo (es. un nuovo piano dei trasporti a valle di nuove elezioni politiche o a seguito di nuovi finanziamenti statali).

Gli interventi sui sistemi di trasporto riguardano decisioni che sono prese da soggetti pubblici (Stato, Regioni, Province, Comuni) o privati (Aziende, Banche, Imprenditori) e che, a differenza di altri campi dell'ingegneria, hanno impatti diretti sulla collettività. Inoltre, spesso le decisioni che riguardano il sistema dei trasporti catturano l'attenzione dell'opinione pubblica e quindi il loro grado di accettazione (consenso pubblico) può condizionare il successo o l'insuccesso delle azioni intraprese (es. manifestazioni dei No TAV in Val di Susa contro la decisione di realizzare la nuova linea ferroviaria AV/AC Torino–Lione).

Un processo decisionali per i sistemi di trasporto è caratterizzato da:
- **componenti del processo** che definiscono il contesto di riferimento;
- **modelli interpretativi** che definiscono (codificano) le fasi dal momento in cui si mette in moto il processo sino a quando si prende una (o più) decisione.

3.1 Le componenti dei processi decisionali

Le componenti di un processo decisionale rappresentano le condizioni al contorno nelle quali vengono prese le decisioni. Queste possono essere schematizzate in:
- **elementi che caratterizzano il contesto di riferimento** nel quale vengono prese le decisioni, ovvero *perché* (gli obiettivi) si avvia il processo, *chi* (i decisori) lo avvia e *dove* (in quale mercato) vengono prese le scelte;
- **portatori di interesse** (i soggetti coinvolti) e le **possibili barriere/coalizioni**;
- **tipologie di decisioni, prospettiva territoriale e temporale**.

3.1.1 *Il contesto di riferimento*

Rientrano nel contesto di riferimento:
- la prospettiva generale e gli obiettivi (*perché*);
- i decisori (*chi*);
- la regolamentazione dei mercati dove vengono prese le decisioni (*dove*).

La **prospettiva generale e gli obiettivi** (*perché*) riguardano i fattori che mettono in moto il processo decisionale e che influenzano i

comportamenti e quindi le scelte (es. miglioramento della qualità della vita, riduzione dell'inquinamento, riduzione della congestione, miglior uso del territorio). In genere, più di una prospettiva generale (es. miglioramento della qualità della vita e riduzione dell'inquinamento) può riflettere una stessa opportunità/esigenza di decidere (es. nuovi fondi di finanziamento da spendere). Nello specifico, gli obiettivi rappresentano le finalità che i decisori si prefiggono di raggiungere attraverso gli interventi sul sistema di trasporto. Questi possono essere molteplici, differenti e spesso contrastanti, e possono essere sia formali che non formali. Tra gli **obiettivi formali** rientrano, ad esempio quelli di:
- migliorare l'accessibilità territoriale (*partecipazione alle attività*);
- ridurre i costi di produzione del trasporto (*efficienza*);
- ridurre il costo generalizzato per gli utenti del sistema di trasporto (*efficacia*);
- migliorare la qualità della vita attraverso, ad esempio, la riduzione delle emissioni inquinanti o degli incidenti (*qualità*);
- ridurre le disuguaglianze territoriali e le disparità tra gruppi etnici/sociali (*equità*);
- promuovere la crescita economica di un territorio o la massimizzazione del profitto di un'azienda (*produttività*).

Per contro, esistono sempre anche degli **obiettivi non formali**, ovvero quelli che i decisori si prefiggono ma che al contempo non possono essere palesati come finalità delle decisioni. Tra questi rientrano:
- l'allargamento del consenso pubblico/privato, anche per la minimizzazione dei conflitti sulle decisioni;
- la legittimazione del ruolo politico;
- la massimizzazione degli interessi privati;
- l'indebolimento delle aziende concorrenti.

I **decisori**, ovvero i soggetti formalmente incaricati di prendere decisioni, possono essere sia le Pubbliche Amministrazioni (PA) che singole aziende private/pubbliche/compartecipate. Più decisori possono essere coinvolti nello stesso processo decisionale, a differenti livelli territoriali (comunale, regionale, nazionale o sovranazionale) e con differenti obiettivi. Per meglio chiarire questo concetto, si consideri l'esempio della redazione di un Piano Regionale dei Trasporti nel quale è in genere coinvolto, oltre all'Amministrazione Regionale proponente (Assessorato ai Trasporti), che si occupa della programmazione dei fondi regionali da investire nel Trasporto Pubblico Locale (TPL) e della programmazione dei servizi e delle tariffe regionali del TPL, l'Amministrazione dello Stato (Ministero delle Infrastrutture e dei Trasporti), che si occupa dei finanziamenti per le infrastrutture nazionali (es. linee ferroviarie di RFI), l'Amministrazione Regionale, le Amministrazioni Provinciali (soprattutto in passato), che si occupano della programmazione e regolazione (gestione) dei servizi di TPL su gomma extraurbani e le Amministrazioni Comunali (Assessorato ai Trasporti), che si occupano della programmazione e regolazione (gestione) dei servizi di TPL a livello urbano.

I **mercati** rappresentano i contesti in cui vengono prese le decisioni. Con riferimento al settore dei trasporti è possibile avere:
  a) **mercati concorrenziali (competizione nel mercato)**, in cui chiunque ha il diritto di competere per acquisire il diritto di fornire un certo prodotto/servizio (es. compagnie aeree, aziende di trasporto ferroviario AV, terminali di trasporto intermodale/portuali);
  b) **monopoli naturali**, in cui un solo soggetto è autorizzato alla realizzazione/gestione di un'infrastruttura/servizio del sistema dei trasporti (es. il gestore della rete ferroviaria, il gestore della rete stradale autostradale o urbana); in tal caso, si può avere:

- una **gestione diretta** da parte della Pubblica Amministrazione (PA);
- una **competizione per il mercato**, basato su una competizione tra soggetti privati/pubblici per "*conquistarsi*" il monopolio, tramite il sistema delle gare pubbliche attraverso schemi di:
  - contratti in concessione, che permettono ad aziende private/pubbliche la gestione delle infrastrutture per conto della PA;
  - contratti di servizio, che regolano la vendita alla pubblica amministrazione solo dei servizi non remunerativi per un'azienda ma socialmente utili (es. linee di autobus a scarsa domanda di mobilità che la PA ritiene socialmente utile che vengano eserciti).

3.1.2 I portatori di interesse: gli stakeholders

Come detto, le decisioni riguardanti i sistemi di trasporto hanno impatti diretti sulla collettività e quindi spesso catturano l'attenzione dell'opinione pubblica, che può concretamente ostacolare/rallentare, ovvero supportare e promuovere, l'attuazione delle decisioni.

Il termine anglosassone per indicare i portatori di interesse in un processo decisionale è "**stakeholders**", che sta ad indicare tutti coloro che hanno (*hold*) un interesse specifico per una posta in gioco (*stake*), anche se non hanno potere formale di decisione o di un'esplicita competenza giuridica. Il termine è stato storicamente introdotto nell'ambito delle imprese private, allo scopo di mostrare che l'impresa non deve rispondere solo ai gruppi azionisti (*shareholders*), che sul piano giuridico sono gli unici ad avere il potere di deciderne gli indirizzi, ma anche a tutti quegli altri gruppi (*stakeholders*) che, pur essendo esterni all'impresa, possono essere toccati dalle scelte aziendali.

Così come i decisori, anche gli stakeholders hanno specifici obiettivi formali e informali che tentano di perseguire, tra i quali ad esempio:
- accrescere il proprio potere politico;
- ottenere un tornaconto economico e/o professionale;
- perseguire le finalità della categoria a cui appartengono (es. gli ambientalisti voglio perseguire obiettivi di riduzione dell'inquinamento; i pensionati o i genitori hanno obiettivi di maggiore vivibilità delle città).

Data la vasta gamma di possibili stakeholders coinvolti, è molto probabile che alcuni di questi abbiano interessi contrastanti, che devono essere opportunamente tenuti in conto nel processo decisionale. A titolo di esempio, nella Tabella 7 si riposta una possibile (e non esaustiva) schematizzazione dei portatori di interesse suddivisi per categoria di appartenenza.

Utenti del sistema dei trasporti	Passeggeri e merci direttamente o indirettamente coinvolti, ecc.
Non-utenti del sistema	Cittadini, turisti, ecc.
Associazioni di categoria	Associazioni di trasporto, Associazioni ambientalistiche, Pensionati, Famiglie, Associazioni culturali, ecc.
Istituzioni finanziarie	Banche, Assicurazioni, Fondi
Amministrazioni	UE, Governo nazionale, Enti regionali e locali, Partiti politici, ecc.
Opinione pubblica	Tv, Radio, Giornali, Social network, Blog, ecc.

Tabella 7 – Una possibile classificazione degli stakeholders per categoria di appartenenza

3.1.3 Le barriere e le coalizioni

Una **"barriera"** è un elemento che impedisce o ostacola l'attuarsi di una decisione (es. rallenta la costruzione di una nuova autostrada o ne impedisce addirittura il completamento). Le barriere sono spesso il risultato di interessi conflittuali che, se tenuti in conto nel processo decisionale, possono di fatto escludere delle alternative (decisioni) di piano/progetto. Ad esempio, una barriera potrebbe essere legata alla realizzazione di una nuova autostrada che, tra le possibili alternative di tracciato, ne prevede una, quella scelta, che transita in prossimità di una comunità locale che non vuole questa nuova infrastruttura e che quindi ne ostacola la sua realizzazione. Per contro, l'aver esplicitamente tenuto in considerazione le esigenze di questi stakeholders nel processo decisionale avrebbe portato ad una decisione più razionale (queste sono le finalità del dibattito pubblico descritto in dettaglio nel Capitolo 4)

In genere, queste barriere possono essere di contesto o di consenso. Le **barriere di contesto** derivano da elementi *"esterni"* al processo decisionale e si dividono in:

- *barriere istituzionali*, che riguardano le problematiche che nascono dalla distribuzione delle competenze tra le diverse istituzioni e gli enti amministrativi. Queste sono tanto più probabili quanto più il piano/progetto prevede interventi che riguardano le diverse competenze nelle decisioni pubbliche (es. progetto di un'infrastruttura che non è approvato dalla Soprintendenza; proposta di intervento da parte di un'Amministrazione Comunale su un'infrastruttura di competenza di un'altra amministrazione);
- *barriere legali*, che nascono dalla mancanza di potere legale per implementare una particolare misura, o ne vincolano l'attuazione (es. sistemi ITS di controllo e limitazione di accesso non previsti dal Codice della Strada e che quindi non possono essere utilizzati dalla polizia municipale per rilevare contravvenzioni);
- *barriere finanziarie* che nascono quando, ad esempio, si verificano problemi di budget.

Per contro, le **barriere di consenso** sono delle limitazioni *"interne"* al processo decisionale e sono potenzialmente più pericolose se non opportunamente previste e controllate. Queste nascono in conseguenza a problemi levati al grado di accettazione da parte degli stakeholders su opere decise e spesso imposte alla collettività. Non sono relative solo alla realizzazione di nuove infrastrutture ma anche all'adozione di nuovi sistemi di regolazione del traffico, politiche di controllo (es. ZTL, road-pricing) e nuovi servizi di trasporto (es. linee bus, car sharing).

Gli stakeholders locali tendono a mobilitarsi contro progetti di interesse generale che percepiscono come una minaccia per i propri interessi o la propria identità. Esiste una *"sindrome*[8]*"* nota in letteratura come **NIMBY** (es. Susskind e Cruikshank, 1987) - *"Not In My Back Yard"* (ovvero "non nel mio giardino", "non sotto casa mia") che colpisce gli stakeholders (es. i cittadini). Questa riguarda le proteste che nascono contro opere di interesse pubblico che hanno, o si teme possano avere, effetti negativi sui territori in cui verranno costruite. Esempi sono le grandi infrastrutture di trasporto (es. la linea di Alta Velocità ferroviaria Torino-Lione in Val di Susa), ma anche nuovi sviluppi insediativi o industriali, termovalorizzatori, discariche, depositi di sostanze pericolose e centrali elettriche. L'atteggiamento di chi ne è afflitto consiste nel riconoscere come necessaria/utile (o comunque possibile) un'opera, ma contemporaneamente nel non volerla nel proprio territorio a causa degli eventuali possibili impatti negativi che ne potrebbero derivare (es. inquinamento, rumore, traffico). Una facile e semplicistica attribuzione della qualifica di *NIMBY* alle opposizioni legate ad un progetto specifico può squalificare a priori le eventuali valide argomentazioni portate dai portatori di interesse contro il progetto (es. critiche sull'impatto ambientale, perplessità sull'effettiva utilità dell'opera, osservazioni in merito agli interessi economici che supportano il progetto). Oltre alla sindrome NIMBY, ne esistono anche altre come la sindrome *NIABY* (*Not In Anyone's Back Yard,* in nessun giardino) o la sindrome *NAMBI*

---

[8] Anche in questo caso, la scelta di utilizzare il termine "sindrome" è legata alle numerose analogie di significato che vi sono con il termine riferito alle scienze mediche.

(*Not Against My Business or Industry*, non contro la mia attività o industria).

In genere, i portatori di interesse possono essere indotti, sia naturalmente che a seguito di un processo decisionale, a formare delle coalizioni o alleanze. Queste possono nascere principalmente per due motivazioni:
1) gli stakeholders hanno limiti cognitivi e di tempo (razionalità limitata), per cui non dispongono di tutte le risorse (ad esempio informazioni e competenze professionali) per poter delineare in modo sufficiente il problema, le possibili alternative decisionali e gli effetti attesi di tali alternative e, per tale motivo, tendono a coalizzarsi in gruppi numerosi con competenze multidisciplinari;
2) gli obiettivi degli stakeholders coinvolti/interessati da una decisione possono essere convergenti e quindi più soggetti, anche con estrazioni molto differenti, possono essere portati a formare alleanze di scopo (di interesse).

In genere, per evitare (o quantomeno limitare) le barriere, è opportuno coinvolgere attivamente gli stakeholders nel processo decisionale. Questo coinvolgimento è noto come dibattito pubblico ed è descritto in dettaglio nel Capitolo 4.

3.1.4 Tipologie di decisioni, prospettiva territoriale e temporale

In genere, una decisione si caratterizza per l'oggetto della scelta (*cosa*), per la sua prospettiva temporale (*quando*) e per le successive fasi di formalizzazione (redazione di un piano o di un progetto - Capitolo 6), realizzazione e monitoraggio. I tipi di decisione, ovvero le caratteristiche di un piano/progetto, possono in generale riguardare:
- **regole e regolamenti** (es. disposizioni in materia di uso del territorio, localizzazione delle attività, regolamentazione dei

mercati, regolamentazione dei limiti di inquinamento ammissibili nelle città);
- **servizi di trasporto** (es. percorsi, orari, tariffe di servizi su gomma o su ferro; car-sharing; bike-sharing);
- **infrastrutture** (es. costruzione, gestione e manutenzione di strada, ferrovie, porti, interporti, aeroporti);
- **veicoli** (es. nuove tipologie di veicoli a basso impatto ambientale, promozione rinnovo parco veicolare);
- **tecnologie** (soluzioni ITS per la gestione e controllo del traffico, *mobility as a service*, crediti di mobilità, e-pricing).

Le **decisioni** vengono formalizzate in piani o progetti. Queste possono essere finalizzate alla diretta implementazione (es. si decide di realizzare una nuova strada) o richiedere successive decisioni per essere implementate (es. si decide di incentivare l'uso del trasporto collettivo senza specificare come). Nel primo caso, le decisioni (i relativi piani/progetti) contengono già un adeguato livello di dettaglio. Nel secondo caso, invece, i piani possono contenere alcuni o tutti elementi che richiedono successivi processi decisionali per essere implementati (altri piani/progetti di maggior dettaglio). Questi riguardano tipicamente le decisioni di "*lungo termine*", che abbracciano un campo più ampio di obiettivi e azioni, e possono includere sia alcune soluzioni (scelte) già immediatamente implementabili (progetti) sia questioni che devono ancora essere affrontate/approfondite (ulteriori processi decisionali) o sono in fase di progettazione.

Le decisioni possono riguardare scelte che impattano a differenti scale territoriali (Figura 12):
- **nazionale/internazionale** (es. corridoi EU TEN-T; linee ferroviarie nazionali AV),
- **regionale o locale** (es. servizi regionali di TPL per i pendolari, schemi di circolazione stradale urbana);

e, ove possibile, va rispettata la gerarchia nazionale-regionale-locale ovvero, se esistono decisioni sovraordinate, queste vanno recepite e rispettate nei processi decisionali sotto-ordinati.

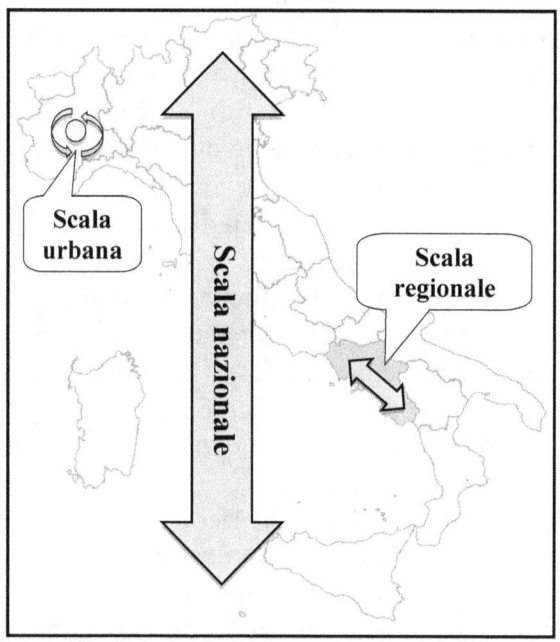

Figura 12 – Il contesto territoriale del processo decisionale

Esiste, inoltre, anche una **prospettiva temporale** da tenere in conto. Più precisamente, se gli obiettivi generali di un processo decisionale tendono a definire *"il perché bisogna prendere decisioni"*, occorre, con successive (e sempre più particolareggiate) decisioni articolate nel tempo, decidere anche *cosa fare* e poi *come farlo* (Figura 13):

- **decisioni strategiche (*cosa*)**: sono le scelte di lungo periodo e riguardano prevalentemente scelte di tipo normativo, di servizi, di infrastrutture e di tecnologie. Sono decisioni più generali che riguardano: *i)* cospicui investimenti (es. da alcuni milioni sino a miliardi di euro);

ii) <u>lunghi tempi di realizzazione</u> (da qualche anno ad alcune decine di anni); *iii*) <u>benefici prolungati nel tempo</u> (es. vita utile delle opere di diverse decine di anni dalla loro entrata in esercizio);

- **decisioni tattiche (*come*)**: sono le scelte di medio periodo e riguardano servizi, infrastrutture, veicoli e tecnologie. Sono decisioni che spesso dettagliano le scelte (sovraordinate) di tipo strategico e che riguardano prevalentemente: *i*) <u>investimenti contenuti</u> (es. sino a poche decine di milioni di euro); *ii*) <u>tempi di realizzazione contenuti</u> (da qualche mese sino a massimo qualche anno); *iii*) <u>benefici medi nel tempo</u> (es. vita utile delle decisioni sino ad una decina di anni dalla loro implementazione);

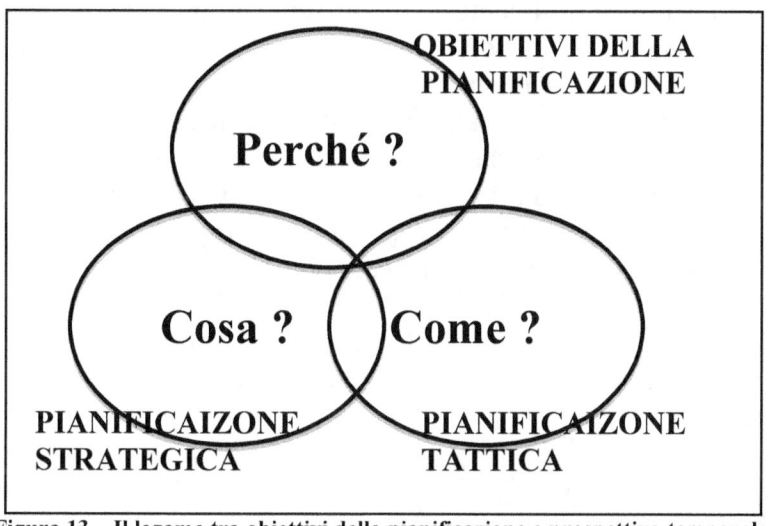

Figura 13 – Il legame tra obiettivi della pianificazione e prospettiva temporale.

- **operative**: sono le scelte di breve periodo e riguardano prevalentemente la manutenzione del sistema tramite piccole variazioni nei servizi, veicoli e tecnologie. Sono decisioni gestionali delle scelte tattiche e riguardano: *i*) investimenti molto contenuti (es. raramente arrivano al milione di euro); *ii*) tempi di realizzazione molto contenuti (da pochi giorni sino a qualche mese); *iii*) benefici limitati nel tempo (es. vita utile delle decisioni sino a pochi anni dalla loro implementazione).

A conclusione di questo paragrafo si riportano alcuni esempi di componenti di processi decisionali riguardanti i trasporti.

ESEMPIO N.1: UN PROGETTO AUTOSTRADALE. La prospettiva generale potrebbe essere costituita dalla programmazione di investimenti Comunitari secondo una prospettiva temporale di lungo periodo (strategica). Il decisore è rappresentato dalla società che dovrebbe realizzare e magari gestire l'autostrada, mentre il contesto in cui vengono prese le decisioni è costituito da un monopolio naturali con, ad esempio, gestione diretta da parte della Pubblica Amministrazione oppure tramite la competizione per il mercato (contratti in concessione). I tipi di decisione, ovvero le variabili di progetto, potrebbero riguardare le caratteristiche geometriche e funzionali (es. classificazione, tracciato plano-altimetrico, integrazione nella rete esistente), le tecnologie ITS (es. sistemi di pedaggio, controllo della velocità, controllo degli accessi, limiti di velocità variabili), le soluzioni di mitigazione degli impatti ambientali (es. barriere anti-rumore, sistemi di ventilazione), le tecnologie costruttive e l'inserimento nel paesaggio.

ESEMPIO N.2: UN PROGETTO DI SERVIZI AV. In un progetto nazionale di servizi ferroviari AV, la prospettiva generale potrebbe essere costituita dalla programmazione degli investimenti di un operatore privato con una prospettiva temporale di lungo periodo (strategica). Il decisore, in questo caso, sarebbe l'operatore privato che decide di fare l'investimento, mentre il contesto in cui vengono prese le decisioni è costituito da un mercato concorrenziale (competizione nel mercato). I tipi di decisione, ovvero le variabili di progetto, riguarderebbero la progettazione delle linee (es. percorsi, fermate, orari per differenti periodi di tempo), i veicoli e la tecnologia (es. materiale rotabile, prestazioni da garantire), i servizi a bordo e alla clientela (es. classi, ristorazione), le politiche tariffarie (es. prezzi, riduzioni, offerte speciali).

ESEMPIO N.3: UN PROGETTO DI SERVIZI METROPOLITANI PENDOLARI REGIONALI. In questo caso la prospettiva generale sarebbe costituita dal miglioramento della mobilità pendolare regionale, con un orizzonte temporale strategico. Il decisore sarebbe l'Assessorato Regionale ai Trasporti, mentre il contesto in cui vengono prese le decisioni sarebbe un monopolio naturale. I tipi di decisione, ovvero le variabili di progetto, riguarderebbero la progettazione delle linee (es. servizi, stazioni, orari, parcheggi di interscambio, affidabilità del servizio), i veicoli e le tecnologie (es. materiale rotabile, prestazioni, sistemi di informazione all'utenza), le politiche tariffarie (es. biglietto unico integrato, abbonamenti).

ESEMPIO N.4: UN PIANO URBANO DEL TRAFFICO. In questo caso, la prospettiva generale sarebbe costituita dal miglioramento della mobilità urbana in una prospettiva temporale di medio periodo (tattica). Il decisore è rappresentato dall'Assessorato Comunale ai Trasporti, mentre il contesto in cui vengono prese le decisioni è costituito da un monopolio naturale. I tipi di decisione, ovvero le variabili di progetto, riguardano gli schemi di circolazione del traffico (es. sensi di marcia, piani semaforici, rotatorie, sensi unici, aree e regolamentazione della sosta, tariffe di sosta), i sistemi ITS (es. controllo della velocità, controllo degli accessi, ZTL, infomobilità e sistemi di informazione all'utenza), le politiche tariffarie (es. congestion charge, eco-pricing, sistemi di pedaggio, mobility credits), i piani di manutenzione e controllo (es. conteggi, previsioni di domanda).

3.2 Modelli interpretativi dei processi decisionali

Come detto, per processo decisionale si intendono tutte quelle azioni che vengono compiute dal momento in cui nasce un problema/opportunità al momento in cui viene definita e attuata una scelta. Nel settore dei trasporti, un processo decisionale è quella sequenza di azioni compiute per individuare degli interventi (prendere delle decisioni) sul sistema dei trasporti o su sue parti al fine di raggiungere degli obiettivi, tenendo conto dei vincoli esistenti. Un modello decisionale può essere schematizzato come un costrutto concettuale che individua quali sono gli aspetti essenziali (le tappe/fasi e le operazioni fondamentali) che permettono di prendere delle decisioni. In quanto "modello" è quindi una rappresentazione semplificata e schematica della realtà che, con sufficiente approssimazione, è possibile schematizzare in due grandi famiglie:
1) **i modelli decisionali a-razionali**;
2) **i modelli decisionali razionali**, che a loro volta possono essere schematizzati in:
   a. **modelli a razionalità forte (o assoluta)**;
   b. **modelli a razionalità limitata** (o modelli cognitivi).

3.2.1 I modelli decisionali a-razionali

In questa categoria ricadono tutti i modelli che non si basano su ipotesi esplicite di razionalità. Il modello decisionale a-razionale più rappresentativo è sicuramente quello del ***garbage can*** o del *"contenitore dei rifiuti"*. Esso fu introdotto da Cohen *et alii*. nel 1972 come modello decisionale di gruppo nell'ambito aziendale e si basa sull'idea di un processo decisionale confuso (come dei rifiuti dentro un bidone della spazzatura), dove problemi e soluzioni vengono prima introdotti casualmente dai partecipati al processo (decisori e portatori di interesse) e poi estratti dal contenitore in totale assenza di regole razionali (Figura 14). Secondo tale modello, quando si verifica un'opportunità di decisione **O** (es. disponibilità di fondi Europei per ridurre l'inquinamento, che occorre giustificare con un progetto ovvero con un problema ed una sua soluzione), rappresentata metaforicamente dal bidone della spazzatura, i differenti partecipati **D** al processo propongono (gettano alla rinfusa), coerentemente con le finalità di **O**, possibili problemi **P** che affliggono il territorio oggetto di analisi (es. elevato inquinamento cittadino, bassa qualità della vita, riscaldamento globale) e possibili soluzioni **S** a tutti i problemi compatibili con **O** (es. restrizione accesso al centro per le auto, promozione dell'uso di veicoli elettrici, bike-sharing, piste ciclabili). La decisione viene presa estraendo, in maniera del tutto casuale, un problema **P** (es. elevato inquinamento cittadino) e una soluzione (la decisione) **S** (es. realizzare piste ciclabili), senza avere alcuna contezza se quella soluzione è in grado di risolvere il problema specifico (sono sufficienti delle piste ciclabili per ridurre l'inquinamento?) e, prima ancora, senza avere alcuna concreta evidenza se quel problema esiste veramente (è veramente inquinata la città a causa del traffico automobilistico?).

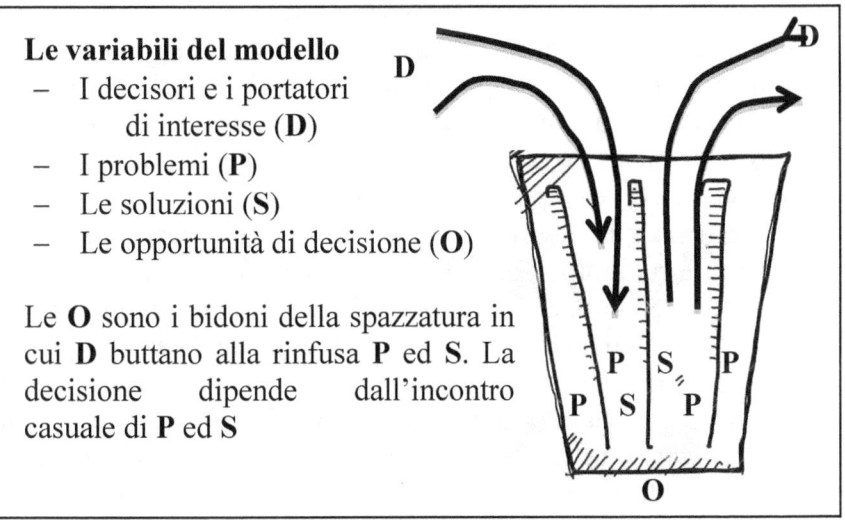

Le variabili del modello
- I decisori e i portatori di interesse (**D**)
- I problemi (**P**)
- Le soluzioni (**S**)
- Le opportunità di decisione (**O**)

Le **O** sono i bidoni della spazzatura in cui **D** buttano alla rinfusa **P** ed **S**. La decisione dipende dall'incontro casuale di **P** ed **S**

Figura 14 – Schematizzazione del modello decisionale del garbage

In questo modello decisionale, i problemi sono percepiti dai partecipanti in modo diverso e soprattutto confuso e le soluzioni sono proposte (gettate nel bidone) dai decisori e dai portatori di interesse indipendentemente dalle analisi dei reali bisogni. Inoltre, seguendo un tale schema decisionale, non è possibile preventivare i tempi necessari per prendere le decisioni, che sono quindi imprevedibili.

Il modello del *garbage can*, per sua natura, è quindi caratterizzato da scelte prese sulla base di idee mal definite e spesso inconsistenti. Una soluzione (una decisione) potrebbe essere presa anche se non c'è un reale problema e, al contrario, un problema potrebbe sussistere senza riuscire a trovare una soluzione capace di risolverlo. La partecipazione al processo è mutevole ed incostante e non è possibile regolamentare a priori l'eventuale coinvolgimento di portatori di interesse. Tutto ciò suggerisce diversi limiti imputabili a questo modello a-razionale, tra cui:

- **instabilità**: non è possibile creare una struttura sequenziale di azioni che porta a prendere le decisioni;
- **non ripercorribilità**: la casualità con cui vengono prese le decisioni fa sì che il processo sia non ripercorribile, ovvero, che qualora si ripresentasse la stessa opportunità, probabilmente verrebbe trovata una soluzione diversa e forse anche un diverso problema da cui partire;
- **mancanza di legittimazione**: un processo decisionale così poco strutturato rende deboli le decisioni, e quindi anche poco difendibili contro gli attacchi dei portatori di interesse.

Per contro, il modello a-razionale trova larga applicazione pratica specialmente quando: *i*) vi è un forte interesse per una specifica soluzione progettuale piuttosto che per la risoluzione di un problema; *ii*) si è in assenza di regolamentazione e/o di procedure formalizzate di valutazione dei progetti; *iii*) vi è un limitato coinvolgimento degli stakeholders nel processo decisionale.

È giusto il caso di evidenziare che, per la casualità con cui viene presa una decisione, esiste una probabilità non nulla che il processo a-razionale arrivi alla definizione del problema più grave possibile e all'individuazione della migliore soluzione possibile per risolvere quel problema. Ovviamente, se ciò dovesse accadere, sarebbe stato il frutto di una semplice casualità, ed è proprio per questa (remota) possibilità che si è deciso di chiamare questi modelli *a*-razionali (ovvero privi di un percorso razionale) piuttosto che *non*-razionali[9].

Un esempio di decisione a-razionale potrebbe essere quella di un candidato politico **P** che propone di realizzare una nuova infrastruttura stradale **S** (es. un'autostrada) proposta come parte del suo programma elettorale (e quindi finalizzata ad ottenere un tornaconto personale **O**) e venduta come soluzione ad un problema qualsiasi **P** potenzialmente anche non reale (es. risolvere problemi di congestione).

3.2.2 I modelli decisionali razionali

Prendere una decisione in maniera razionale significa *"agire nel modo migliore possibile rispetto a un fine"* (Elster, 1986). L'approccio razionale enfatizza la necessità di un'analisi sistematiche del problema, a cui far seguire la scelta di una soluzione utile per risolvere quel problema per poi procedere con la successiva realizzazione di ciò che si è deciso. Un processo razionale è il risultato di una sequenza logica di azioni che prevede:

a) la **definizione del problema** che si intende risolvere;
b) la **formulazione delle alternative** (possibili soluzioni);
c) la **valutazione** (quantitativa) degli impatti prodotti delle alternative (che fornisce ripercorribilità all'intero processo);
d) il **confronto** delle alternative ed il momento di **decisione formale**;

---

[9] Un modello *non*-razionale (o irrazionale), per contro, porterebbe sempre alla scelta di soluzioni differenti da quelle a cui si potrebbe giungere seguendo un processo razionale.

e) l'**attuazione** (parziale o totale) della scelta presa;
f) il **monitoraggio** del sistema (ex-post), per verificare che le decisioni prese stiano portando i benefici attesi (in caso contrario si può porre rimedio con delle retroazioni).

Nella pratica, ogni processo decisionale segue un proprio percorso dovuto alle tante variabili che lo condizionano, ad iniziare dalle persone che partecipano al processo (es. decisori diversi seguiranno percorsi decisionali differenti), sino ai metodi di valutazione e confronto delle alternative. Tuttavia, è possibile individuare dei "*requisiti minimi*" per pervenire a scelte razionali, tra cui:

- **coerenza interna** fra le scelte (es. non prendere decisioni in contrasto con altre scelte già prese o eventualmente modificarle) ed **esterna** con altre scelte di pianificazione, ad esempio di tipo:
  - verticale: scelte gerarchicamente superiori vanno tenute in conto e rispettate (es. scelte prese a livello nazionale devono influenzare le scelte da prendere a livello ragionale);
  - orizzontale: scelte prese in altri settori (es. alla stessa scala territoriale) vanno tenute in conto e rispettate (es. scelte prese sul sistema territoriale e delle attività possono, e devono, influenzare le scelte da prendere sul sistema dei trasporti e viceversa).
- **confrontabilità**, considerando più alternative (non vi è una decisione se non vi sono più alternative tra cui scegliere);
- **consapevolezza**, ovvero essere informati sulle caratteristiche rilevanti delle diverse alternative, sul contesto (fisico e decisionale) e sui possibili impatti (costi, benefici, rischi ed opportunità) che le singole alternative si stima produrranno sul sistema;
- **flessibilità** delle scelte in relazione al fatto che queste devono poter facilmente cambiare, adeguandosi ad eventi non prevedibili legati a limiti cognitivi (es. informazione limitata,

effetti stimati), al contesto di riferimento (non facilmente prevedibile), all'opportunità di rimandare decisioni non necessarie (vantaggi di non prendere una decisione).
Come detto, i modelli razionali possono essere di due tipologie: a razionalità forte (o assoluta) e a razionalità limitata (noti anche come modelli cognitivi).

3.2.2.1 Modelli a razionalità forte

Nei modelli a razionalità forte (o assoluta), l'*homo oeconomicus*[10] è capace sempre di scegliere l'alternativa migliore in assoluto, attribuendo ad ogni alternativa un'utilità e scegliendo quella che ne assume il valore massimo. Un modello a razionalità forte è caratterizzato dall'essere:

- **estensivo e comprensivo**, prevedendo che vengano esplicitate tutte le possibili alternative di piano/progetto;
- **consapevole**, valutando tutti gli effetti (impatti) di ciascuna alternativa;
- **ottimizzatorio**, scegliendo l'alternativa che massimizza gli obiettivi nel rispetto dei vincoli (es. la soluzione che minimizza l'inquinamento stradale);
- **conclusivo**, ovvero terminare senza bisogno di retroazioni.

Le attività da seguire per implementare un modello a razionalità forte sono descritte in Figura 15. La prima attività consiste nell'identificazione del contesto decisionale, ovvero l'identificazione della prospettiva generale (i fattori che mettono in moto il processo, *perché*) e del luogo fisico (e del corrispettivo suo mercato) dove vengono prese le decisioni (*dove*). La seconda attività consiste nell'analisi della situazione attuale e nell'individuazione delle criticità del sistema dei trasporti attuale.

---

[10] L'*homo oeconomicus* è un concetto legato alla teoria economica classica. Con questo termine si indica un uomo le cui principali caratteristiche sono la razionalità ed il cui unico interesse è quello di ottenere il massimo benessere (vantaggio) per sé stesso (es. Zabieglik, 2002).

Questa fase è cruciale perché permette di analizzare lo stato di funzionamento del sistema e risulta propedeutica alla successiva fase di definizione degli obiettivi del processo decisionale, ovvero cosa si intende "risolvere" rispetto alle criticità attuali[11] individuate. Sempre in questa fase andranno individuati i vincoli esistenti (es. normativi o di budget) e le tipologie di intervento che si ritiene possano essere messe in campo per perseguire gli obiettivi definiti (non tutte le tipologie di intervento possono risolvere un problema e viceversa). Con questa attività si completa la fase della definizione del problema, a cui segue la definizione (formulazione) di tutte le possibili alternative di piano/progetto che possono essere implementate per perseguire gli obiettivi prefissati nel rispetto dei vincoli. Questa rappresenta un'attività cruciale per un processo decisionale razionale perché, come si comprenderà meglio nel Capitolo 4, è una delle attività più soggette a critiche da parte dei portatori di interesse.

Le due successive attività sono la valutazione (tramite metodi e modelli quantitativi) degli impatti che ciascuna delle alternative si stima produrrà sul sistema e la successiva scelta della soluzione di piano/progetto che massimizza (ottimizza) gli obiettivi prefissati nel rispetto dei vincoli.

Una volta scelta la soluzione da implementare, si procede poi alla realizzazione dell'intervento (o degli interventi) tramite la progettazione prima e la costruzione/implementazione poi, che, a sua volta, può essere sia totale (intera opera/piano) che parziale (per fasi).

---

[11] In questa fase il termine "attuali" è volutamente utilizzato in maniera non pienamente propria. Nello specifico, come meglio si chiarirà nei successivi capitoli, l'obiettivo della pianificazione non è tanto quello di risolvere i problemi (le criticità) attuali ma bensì quelli che si prevede (caratterizzazione temporale) si avranno all'anno di riferimento di un piano/progetto. Questo verrà definito scenario di Non Progetto (NP), ed è con esso che il Progetto (P) si andrà a confrontare nella sulla capacità di risolverne i problemi attesi.

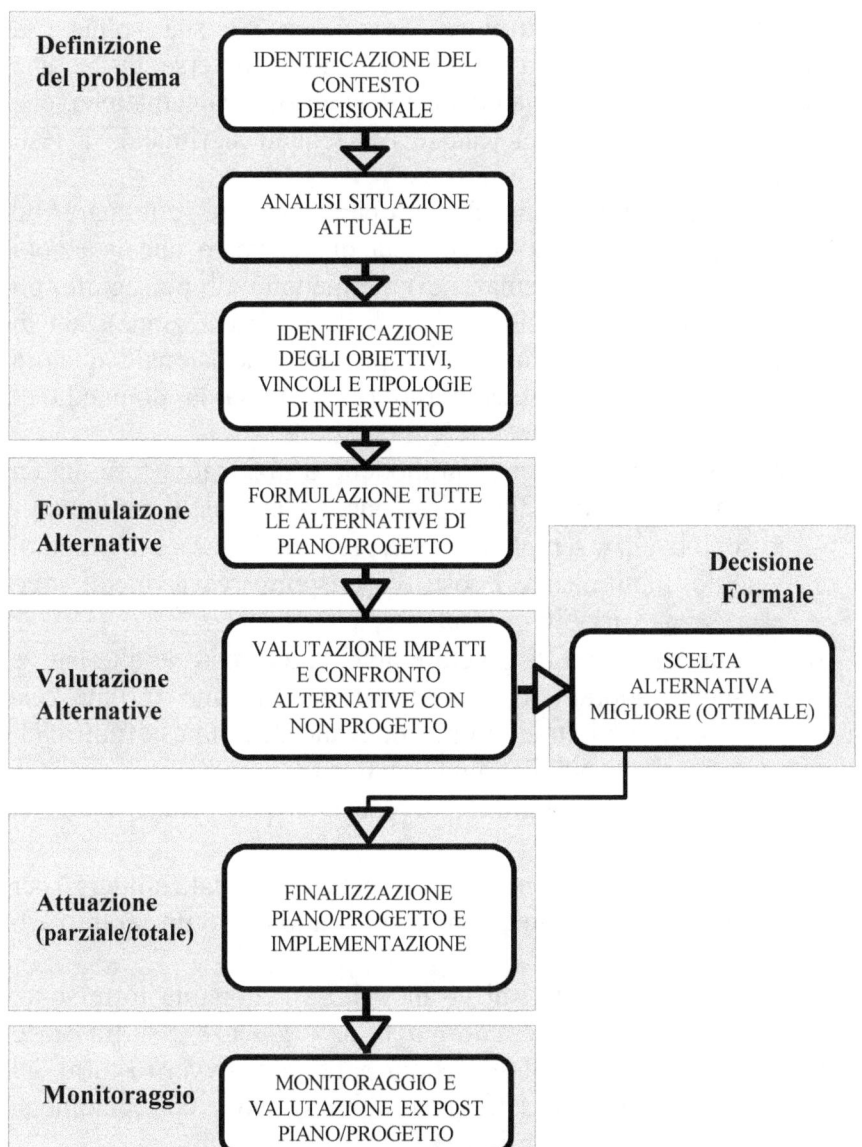

Figura 15 – Schematizzazione del modello decisionale a razionalità forte

La costruzione di infrastrutture, servizi, ecc., a sua volta, è il risultato di più processi che si articolano in diverse fasi e che spesso necessitano della risoluzione di ulteriori problematiche, che esulano dagli obiettivi del testo e per i quali si rimanda a testi specialistici.

Dopo la realizzazione di un'opera, occorre effettuare un monitoraggio del sistema, al fine sia di verificare che le azioni scelte (es. nuovi cicli semaforici) permettano di perseguire gli obiettivi fissati (es. riduzione delle code all'intersezione), sia di riavviare eventualmente un nuovo processo decisionale qualora cambino le condizioni al contorno (es. cambia la domanda di mobilità negli anni che impegna l'intersezione).

Per le sue caratteristiche, un modello a razionalità forte ha un numero limitato di campi di applicazione, ovvero quelli per i quali:
- vi sono pochi e semplici obiettivi (es. minimizzare il tempo di viaggio, minimizzare i costi del trasporto) ed i vincoli sono espressi da variabili quantitative;
- vi è la possibilità di generare automaticamente le alternative di scelta, soprattutto quando queste risultano infinite (es. infiniti tracciati stradali che collegano due città, infiniti cicli semaforici attribuibili ad un semaforo);
- vi è un numero limitato di decisori (per evitare obiettivi contrastanti);
- vi è un impatto limitato o assente degli stakeholders (per evitare criteri di valutazione e confronto non ottimizzatori e/o contrastanti).

Possibili campi applicativi di un modello a razionalità forte sono, ad esempio, un piano semaforico o le frequenze del trasporto pubblico, nel contesto delle decisioni pubbliche, ovvero i turni del personale o le frequenze delle linee di navigazione dei containers, nel campo delle decisioni private.

Da quanto detto, è possibile individuare i principali limiti del modello a razionalità forte:

- incapacità di risolvere problemi complessi, non potendo, ad esempio, valutare tutte le alternative (es. tutti i possibili tracciati stradali che collegano due città);
- i limiti cognitivi dei *decision-makers* di considerare tutte le opzioni possibili li costringono a considerare le alternative in modo selettivo (e quindi non esaustivo);
- non possono essere considerati obiettivi diversi e soprattutto contrastanti fra i diversi decisori e stakeholders (es. ridurre l'inquinamento ed aumentare il numero degli spostamenti);
- quando vi sono obiettivi informali (es. legittimazione politica) è difficile mettere a confronto gli effetti delle diverse possibili soluzioni (conseguenze favorevoli vs. sfavorevoli);
- spesso le limitate risorse economiche e di tempo richiedono modelli decisionali più semplici e veloci, e che quindi non possono essere ottimizzatori (ma soddisfacenti);
- quasi sempre la presenza di stakeholders con diritto di veto rende inapplicabile questo modello (questo accade soprattutto per le decisioni strategiche e per molte di quelle tattiche ed in tutti i casi in cui vi sono in gioco grandi investimenti).

3.2.2.2 Modelli a razionalità limitata

Nei modelli a razionalità limitata (o modelli cognitivi) si ipotizza che la razionalità degli individui risulta "*limitata*" in ragione: *i*) delle informazioni a disposizione (spesso non esaustive su problemi, vincoli, soluzioni); *ii*) dei limiti cognitivi[12] intrisici dell'uomo (es. di percezione dei problemi, di ragionamento e capacità di trovare soluzioni) e della quantità finita di tempo e/o denaro a disposizione per prendere decisioni. In ragione di tutti questi "limiti", il decisore è portato a scegliere l'alternativa più

---

[12] cognitivo: dal latino cognĭtus, che riguarda il conoscere. I processi cognitivi sono i processi implicati nella conoscenza (percezione, immaginazione, memoria, tutte le forme di ragionamento), intesi funzionalmente come guida nel comportamento (fonte: Vocabolario Treccani, 2016).

soddisfacente (e non quella ottima) in base alla informazioni che ha in suo possesso, imparando dalle scelte fatte e quindi alimentando un processo razionale virtuoso (tramite più retroazioni) non conclusivo (come invece risulta quello a razionalità forte). Inoltre, in molti modelli decisionali reali le conseguenze delle scelte non sono sempre omogeneizzabili in una "*utilità scalare*" e quindi non potrebbero essere affrontati tramite modelli a razionalità forte.

Secondo questo modello i limiti cognitivi del decisore fanno sì che non è possibile "vedere" (percepire) contemporaneamente tutte le informazioni (es. tutte le alternative, tutte le conseguenze, tutti gli obiettivi), ma è possibile solo "esplorarle" limitatamente e sequenzialmente. Questo fa sì che il decisore non si pone nell'ottica di ricercare l'ottimo assoluto, ma si "*accontenta*" (*satisfycing*) di una soluzione che sia il più possibile soddisfacente, potendo/dovendo anche talvolta ridimensionare le sue aspettative (es. scoprire che un obiettivo non può essere perseguito e quindi rivederlo).

Per rendere questo processo decisionale virtuoso è quindi necessario che il decisore risulti capace di apprendere a partire dalle scelte fatte e tramite continui aggiustamenti (modelli cognitivi), anche con più tentativi, imparando dai risultati delle osservazioni/simulazioni e, come si vedrà nel Capitolo 4, dai feedback derivanti dal coinvolgimento degli stakeholders nel processo decisionale (dibattito pubblico o Public Engagement).

Un modello a razionalità limitata è quindi caratterizzato per sua natura dall'essere:
- **non estensivo**, esplicitando solo alcune possibili soluzioni;
- **parzialmente consapevole**, potendo valutare solo i principali (alcuni) effetti prodotti dalle alternative considerate;
- **soddisfacente**, arrivando a scegliere l'alternativa migliore possibile rispetto ad alcuni criteri;
- **iterativo**, ovvero non conclusivo bensì migliorativo (apprendimento).

Le attività da seguire per implementare un modello a razionalità forte sono descritte in Figura 16. Rispetto al precedente, molte attività permangono, ma si modifica sostanzialmente la struttura del processo con l'introduzione di numerose retroazioni. Ad esempio, a valle dall'analisi della situazione attuale, potrebbe essere necessario rivedere il contesto decisionale di partenza scoprendo che il luogo fisico (es. area territoriale oggetto del piano) dove vengono prese le decisioni risulta erroneamente definito (es. sottostimato).

Altra differenza con il modello a razionalità forte riguarda la valutazione delle alternative (solo alcune e non tutte) che non risulta ottimizzatorio bensì soddisfacente, introducendo specifici "test minimi di accettazione" (es. riduzione minima della congestione attesa da un progetto) tramite i quali è possibile valutare se una (o più) soluzione può essere ritenuta soddisfacente e quindi implementata, ovvero occorre rivedere i criteri di generazione delle alternative (es. troppo selettivi) o addirittura gli obiettivi del processo decisionale complessivo (es. certi obiettivi non possono essere raggiunti con le informazioni e le capacità disponibili).

Dopo la realizzazione di un'opera, occorre effettuarne un monitoraggio, attività centrale nel processo a razionalità limitata e che serve ad alimentare il processo decisionale (apprendimento) tramite informazioni aggiornate (es. rilievi, misure di traffico, studi *before-after*, per "affinare" i metodi quantitativi utilizzati per le stime) e verificare lo stato di attuazione delle ipotesi di piano/progetto scelte. Il monitoraggio si attua attraverso la misurazione delle variabili caratteristiche del "funzionamento" del sistema di trasporto, nonché tramite l'osservazione dell'evoluzione del territorio. Le attività del monitoraggio possono riguardare:
– le caratteristiche di attuazione delle scelte (es. leggi e regolamenti approvativi, erogazione di finanziamenti necessari, stato di realizzazione di manufatti e interventi);

- le caratteristiche dell'ambiente esterno (es. qualità dell'ambiente, impatti sul territorio, effetti sull'economia);
- le caratteristiche dell'offerta di trasporto (es. geometria delle strade, organizzazione delle aziende, costi di produzione dei servizi, servizi di trasporto erogati);
- le caratteristiche della domanda (es. flussi di domanda per singolo modo di trasporto ed infrastruttura/servizio).

È proprio tramite questo monitoraggio che si alimenta il processo decisionale (apprendimento) e da cui parte un nuovo processo decisionale, per il quale l'analisi dello stato attuale risulta lo stato finale del processo decisionale precedente (linee tratteggiate in Figura 16).

Tipicamente un modello a razionalità limitata si applica laddove:
- vi sono molteplici obiettivi (e magari anche contrastanti) e non sempre misurabili tramite variabili quantitative;
- vi è una conoscenza non esaustiva del contesto decisionale e delle alternative di scelta disponibili;
- vi sono forti interazioni (impatti) con gli stakeholders;
- vi è la presenza di più decisori (magari con obiettivi contrastanti);
- c'è incertezza nella valutazione degli impatti (es. più metodi e modelli di simulazione e confronto).

Un esempio di decisione a razionalità limitata potrebbe essere quella legata alla scelta del tracciato di un'infrastruttura stradale che collega due città. Da un punto di vista teorico, per un siffatto intervento si potrebbero ipotizzare infiniti tracciati; il progettista nella pratica considera invece un numero contenuto (e limitato) di alternative possibili (tre o quattro) e le confronta secondo alcuni criteri, come ad esempio i costi di realizzazione e gestione, i risparmi di tempo, gli impatti ambientali. Sulla base di questi indicatori verrà poi scelta la soluzione progettuale da realizzare.

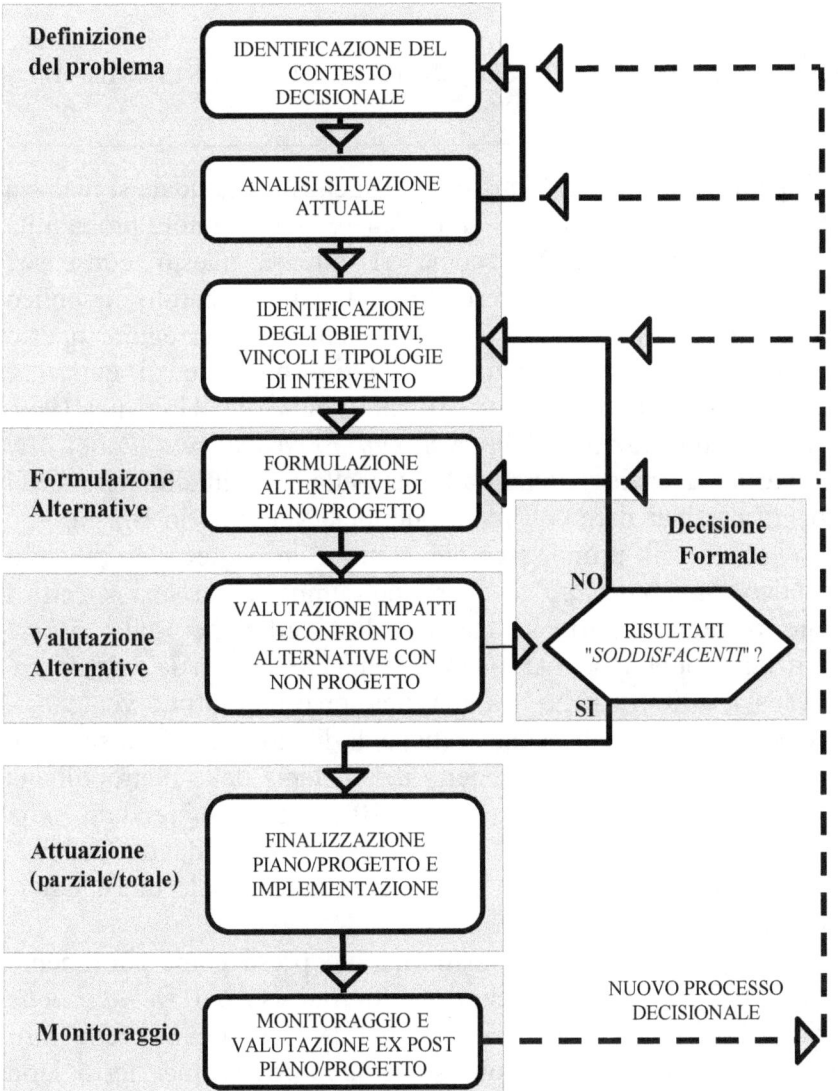

Figura 16 – Schematizzazione del modello decisionale a razionalità limitata (modelli cognitivi)

4. Il dibattito pubblico per le scelte sui sistemi di trasporto

Un'opera (ma anche un Piano o un Progetto) per la quale si realizza un ampio consenso pubblico ha in genere una maggiore probabilità di essere realizzata. Ma come si ottiene questo consenso? Esperienze concrete suggeriscono che un dibattito pubblico partecipato e ben strutturato può permettere di perseguire questo obiettivo. Il primo esempio di dibattito pubblico di cui vi è memoria si è probabilmente verificato negli Stati Uniti nel 1969, quando l'approvazione della *National Environmental Policy Act* obbligò le agenzie federali ad interpellare i cittadini su tutti i progetti da finanziare con fondi pubblici. Nel 1989 in Brasile vi è stato, invece, il primo esempio (tuttora in vigore) di dibattito pubblico *"non normato"*, ovvero non imposto da una specifica legge o regolamento, in materia di ripartizione delle risorse finanziarie pubbliche nel bilancio annuale nazionale (Bobbio e Lewanski, 2007). Anche in Italia, nel corso dell'ultimo ventennio, ci sono stati esempi di buone pratiche di dibattito pubblico su opere di trasporto come: per il progetto del Sistema della metropolitana regionale della Campania (2000-2010), per il referendum sulla linea tramviaria di Firenze (2008), per la "Gronda di Genova" (2009), o recentemente per il "Passante autostradale di Bologna" (2016).

Ad oggi, però, l'esempio normativo preso come riferimento (*best practices*) è sicuramente quello francese del *Débat Public* formalizzato con la legge Barnier nel 1995 a seguito delle forti opposizioni che si verificarono sul progetto della linea ferroviaria AV Lione-Marsiglia.

Il termine anglosassone spesso utilizzato per indicare un **dibattito pubblico** è quello di **Stakeholder Engagement (SE)** o **Public Engagement (PE)**, che definisce **il processo e le modalità** con cui avvengono le "**interazioni**" tra decisori, tecnici progettisti e della pianificazione e stakeholders[13] (ovvero i soggetti che hanno un "*hold*", un interesse specifico, per la posta in gioco "*stake*"). Il dibattito pubblico (SE/PE) definisce quindi il meccanismo con cui avviene lo scambio delle informazioni, nonché la promozione delle interazioni tra le parti coinvolte. Il principio alla base dello Stakeholder Engagement è che i portatori di interesse vanno <u>invitati a riflettere su un problema da risolvere, invece che contestare o contrastare una specifica soluzione progettuale</u>.

Un dibattito pubblico può (deve) portare ad **un miglioramento della qualità della pianificazione/progettazione** con riferimento a tutti i soggetti coinvolti nel processo decisionale:
- per le Amministrazioni (i decisori):
  - aumentando la credibilità e la legittimazione attraverso un processo decisionale più trasparente;
  - aumentando il senso di responsabilità ed incrementando l'equità sociale;
- per gli Stakeholders:
  - incontrando maggiormente i bisogni effettivi della collettività;
  - migliorando la sostenibilità dei progetti e quindi potenzialmente la qualità della vita dei cittadini;
  - riducendo il rischio che singoli "leader oppositori" possano trovare accordi finalizzati ad una legittimazione personale con i decisori (promotori del piano/progetto);
- per il progetto nel suo complesso:

---

[13] Il termine Stakeholder è stato originariamente introdotto nelle discipline economiche ed in particolare nell'ambito delle imprese private allo scopo di tenere in conto del fatto che un'impresa non deve rispondere solo ai gruppi di azionisti (*Shareholders*), che sul piano giuridico sono gli unici ad avere il potere di decisione, ma anche a tutti gli altri gruppi (*Stakeholders*) che, pur non facendo parte dell'impresa, possono essere toccati (influenzati) dalle scelte aziendali.

- le interazioni tra differenti gruppi di soggetti (es. competenze multidisciplinari) nonché i differenti punti di vista (es. obiettivi differenti e reali necessità dei portatori di interesse), che in genere emergono nel dibattito, stimolano la ricerca di soluzioni progettuali di maggiore qualità tecnica;
- le interazioni favoriscono la trasparenza ed aumentano la fiducia della collettività sul progetto;
- si riduce il rischio di fallimento del progetto dovuto a possibili barriere di consenso, nonché al rischio di aumento sia dei costi (es. di progettazione, di realizzazione e per le opere compensative) che dei tempi di realizzazione.

Per contro, esistono anche dei <u>rischi associati ad un dibattito pubblico</u> e che sono sostanzialmente di due tipi: *a*) i possibili portatori di interesse possono essere restii a partecipare al processo perché più facilmente disposti a mobilitarsi contro un progetto ben definito (es. una nuova autostrada), rispetto a partecipare attivamente alla soluzione di un problema (es. come ridurre la congestione stradale?; come aumentare l'accessibilità di un territorio?); *b*) talvolta, vi è il rischio concreto di anticipare le mobilitazioni ad una fase iniziale del progetto, quando ancora questo non è stato compreso e quindi accettato.

Al contrario, il "non fare il dibattito pubblico" può portare a delle **barriere di consenso** (descritte nel Paragrafo 3.1.3) contro il progetto dovute sostanzialmente ad un processo decisionale affetto da quella che in letteratura si chiama *"sindrome" **DAD – Decide, Announce, Defence*** (es. Susskind e Elliot, 1983), ovvero la tendenza secondo cui i decisori (in genere le Amministrazioni) tendono prima a Decidere, poi ad Annunciare il progetto, per poi trovarsi costretti a Difendersi contro gli attacchi per le decisioni prese. Questo significa che anche un progetto di ottima qualità tecnica (al limite il "migliore possibile"), se imposto alla collettività (calato dall'alto), può essere non accettato e quindi rigettato.

In linea di principio, il dibattito pubblico deve essere anticipato il più possibile nel processo decisionale, ed esempio: prevedere il PE prima della definizione delle alternative progettuali è meglio che prevederlo dopo aver scelto la soluzione da realizzare; o meglio ancora svilupparlo prima di aver scelto la tipologia di opera (es. strada vs. ferrovia) è meglio rispetto ad eseguirlo solo per la definizione delle alternative di tracciato per una nuova infrastruttura. Da un punto di vista generale, come si comprenderà meglio anche nel corso del paragrafo, **sarebbe meglio anticipare il dibattito pubblico alla fase di redazione di un Piano dei trasporti**, definendo obiettivi generali, strategie di azione e tipologie di interventi, **piuttosto che limitarlo a singole opere o peggio ancora a semplici ipotesi di tracciato**. In questo caso, infatti, si potrebbe da un lato, come detto, aumentare la qualità complessiva della pianificazione, e dall'altro ridurre i rischi che interessi personali possano influenzare il processo decisionale (es. costruttori che vorrebbero che si realizzassero opere/tracciati costosi, ambientalisti che non vorrebbero che venissero realizzate nuove opere).

È bene precisare che un buon processo di Stakeholder Engagement può anche portare a scegliere una soluzione progettuale che risulta "*la non migliore*", ovvero un'alternativa progettuale "*soddisfacente*" (che quindi persegue comunque gli obiettivi di un processo decisionale razionale e nel rispetto dei vincoli), qualora questa abbia però un miglior grado di accettazione (utilità percepita) per la collettività.

L'approccio *DAD* può a sua volta alimentare altre "sindromi" che possono colpire i portatori di interesse (specialmente le popolazioni direttamente coinvolte dal progetto). La più frequente è nota come sindrome ***NIMBY - Not In My Back Yard*** (Paragrafo 3.1.1), ovvero l'idea secondo cui, benché si valuti utile un progetto (es. una nuova autostrada), si ritiene che questo debba essere realizzato "*non nel mio giardino*", ovvero in qualsiasi luogo diverso dal proprio territorio, per paura di possibili conseguenze negative (es. inquinamento ambientale, rumore, traffico).

Coerentemente con quanto previsto nell'art. 22 del Nuovo Codice degli Appalti è importante che il processo di dibattito pubblico venga realizzato il prima possibile nel processo decisionale ed in particolare venga effettuato già sul progetto di fattibilità, quindi in una fase iniziale della progettazione, così da consentire eventuali modifiche e migliorie al piano/progetto. É opportuno che le Amministrazioni o gli Enti promotori rendano anche pubblici gli studi preliminari, i progetti di pre-fattibilità e quelli di fattibilità (ove disponibili) al fine di meglio chiarire alla cittadinanza l'idea progettuale che si intende sviluppare con il dibattito pubblico.

4.1 Le fasi del dibattito pubblico

Il Public Engagement, a parità di opera (o piano/progetto) e di processo decisionale, può essere condotto con differenti livelli di "*profondità*" e di partecipazione. I principali modelli di PE che si possono avere (Figura 17) sono di due tipi:

1) un PE prima e dopo il processo decisionale funzionale ad ascoltare le esigenze degli stakeholders e creare consenso intorno ad un piano/progetto;
2) un PE durante tutto il processo decisionale che prevede anche il coinvolgimento (partecipazione attiva) degli stakeholders per la definizione delle alternative di piano/progetto.

Il primo schema si applica tutte le volte in cui si ritiene che i portatori di interesse non debbano partecipare alla definizione dell'alternativa progettuale (o di piano) da implementare ma debbano solo essere ascoltati sulle loro esigenze (prima del processo decisionale) e su eventuali piccole modifiche progettuali e/o di opere compensative da integrare nel progetto finale prima della sua realizzazione (es. progettazione definitiva/esecutiva). In genere chi partecipa ai dibattiti pubblici è spesso un non-utente del sistema dei trasporti (es. cittadini o rappresentati di categorie) intenzionato a difendere i propri interessi e a contrastare specifiche ipotesi progettuali (o di piano).

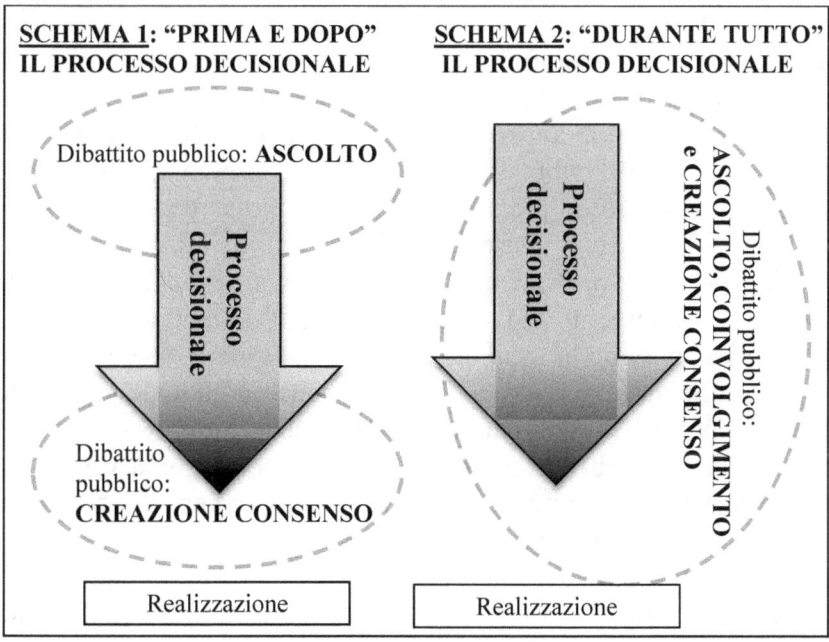

Figura 17 – I possibili schemi di dibattito pubblico

Per contro, gli utenti del sistema non sono sempre disposti a partecipare attivamente a questi eventi pubblici, rischiando di fatto di non avere rappresentanti che portino avanti i loro interessi. Questa circostanza potrebbe addirittura portare al fallimento del processo decisionale razionale. Per meglio comprendere questa affermazione, si pensi ad esempio alla riqualificazione di un tracciato autostradale (es. che collega il nord al sud dell'Italia ed attraversato quindi prevalentemente da spostamenti di lunga percorrenza) che potrebbe essere realizzato secondo tre distinti soluzioni progettuali: due ipotesi di tracciato urbani e che impattano più negativamente (es. inquinamento, impatto paesaggistico) sui cittadini (non-utenti) delle aree coinvolte ma che, per contro, produrrebbero i maggiori benefici per gli utenti dell'autostrada (es. maggiori risparmi di tempo e consumo di carburante), ed un terzo che, sviluppandosi su un'area non urbanizzata, non produrrebbe impatti negativi per i cittadini ma porterebbe a minori vantaggi per gli utenti del sistema. In un esempio come quello appena descritto, sarebbe probabile attendersi che ad un dibattito pubblico si presentino rappresentanti di tutte le categorie di cittadini pronti ad attaccare i due tracciati urbani, mentre difficilmente parteciperebbero gli utenti del sistema soprattutto perché provenienti e/o destinati in aree lontane da quelle oggetto dell'intervento. Il risultato di un siffatto dibattito, con molta probabilità, porterebbe quindi a scartare le prime due ipotesi di tracciato urbano favorendo la terza soluzione progettuale per il solo fatto che per questa alternativa non ci sarebbero oppositori (scelta non razionale). Ebbene, tutte le volte che si teme possa verificarsi una circostanza come quella appena descritta, ovvero si ritiene che il dibattito pubblico possa non portare ad una scelta pienamente razionale della soluzione da implementare, al fine di non inficiare il processo decisionale complessivo, sarà bene limitare il dibattito pubblico alle sole fasi (o livelli) di ascolto e creazione del consenso.

<u>SCHEMA 1</u>: DIBATTITO PUBBLICO "PRIMA E DOPO" IL PROCESSO DECISIONALE

1. **<u>ascolto delle esigenze e delle proposte</u>** degli stakeholders per la definizione di obiettivi e strategie del piano/progetto;
2. **<u>creazione del consenso sul piano/progetto attraverso:</u>**

- **la divulgazione delle informazioni** riguardanti prima le idee di piano/progetto e poi la soluzione progettuale (di piano) scelta;
- **l'ascolto delle reazioni e consultazione** con gli stakeholders per la definizione di eventuali variazioni all'idea progettuale di base e/o successivamente piccole modifiche alla soluzione progettuale (di piano) scelta.

Per contro, nel caso in cui si ritiene di poter ottenere una partecipazione equilibrata e proficua dei portatori di interesse per tutte le categorie di utenti coinvolti in un piano/progetto (utenti e non-utenti) si potrà procedere applicando il secondo schema di PE (questo è il caso di decisioni riguardanti interi piani dei trasporti e non singole opere infrastrutturali o singoli servizi di trasporto), ovvero quello nel quale viene chiesto ai portatori di interesse di partecipare attivamente anche alla definizione delle alternative di piano/progetto. In questo caso è possibile individuare le seguenti fasi, o livelli di PE (elaborati a partire dalla classificazione proposta da Edelenbos e Monnikhof, 2001):

SCHEMA 2: DIBATTITO PUBBLICO "DURANTE TUTTO" IL PROCESSO DECISIONALE

1. **ascolto delle esigenze e delle proposte** degli stakeholders per la definizione di obiettivi e strategie del piano/progetto;
2. **creazione del consenso sul piano/progetto attraverso:**
   - **la divulgazione delle informazioni** riguardanti prima le idee di piano/progetto e poi la soluzione progettuale (di piano) scelta;
   - **l'ascolto delle reazioni e consultazione** con gli stakeholders per la definizione di eventuali variazioni all'idea progettuale di base e/o successivamente piccole modifiche alla soluzione progettuale (di piano) scelta;
3. **partecipazione** degli stakeholders **alla definizione, valutazione e confronto di più alternative** di piano/progetto tra cui scegliere.

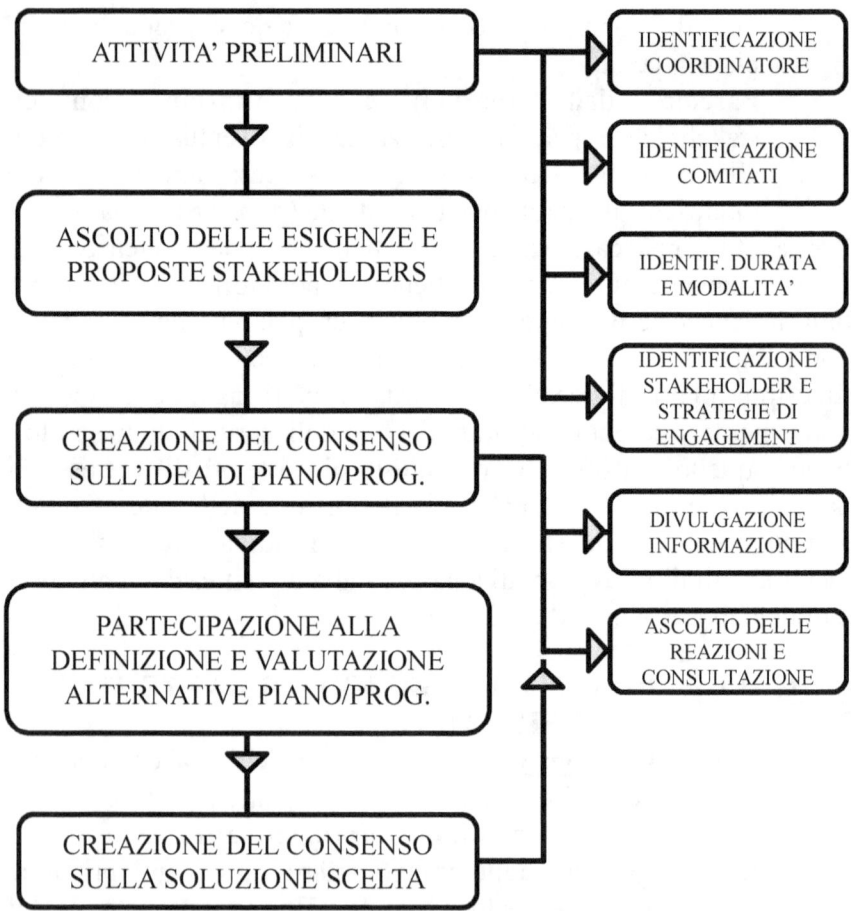

Figura 18 – Le fasi del dibattito pubblico

Per entrambi gli schemi di PE è opportuno far precedere le fasi precedentemente individuate da alcune:
1. **attività preliminari** propedeutiche al dibattito pubblico:
    - individuazione di un **coordinatore** (responsabile) del processo;
    - definizione di **comitati tecnici di lavoro**;

- definizione della **durata** e delle modalità del processo;
- **individuazione degli stakeholders** e definizione delle **strategie di engagement**.

Al fine di aumentare la credibilità dei risultati nonché il consenso intorno al piano/progetto da realizzare, attività preliminare al processo di dibattito pubblico è l'individuazione di un *responsabile del confronto*, ovvero un soggetto terzo a cui affidare il coordinamento del processo e che avrà anche il compito di rendere pubblici gli esiti della consultazione, riportando i resoconti degli incontri e dei dibattiti con i soggetti portatori di interesse.

Al fine di rendere tutto il processo di qualità, trasparente ed imparziale, è opportuno, inoltre, definire specifici comitati di lavoro che avranno il compito di partecipare attivamente a tutte le fasi del processo:
- *comitato di indirizzo*, composto dai rappresentati delle istituzioni direttamente interessate (es. tavoli istituzionali tra Ministero dei Trasporti, Presidenti delle Regioni e Sindaci dei Comuni coinvolti);
- *comitato scientifico*, ovvero uno o più soggetti di chiara fama in materia di pianificazione dei trasporti (es. docenti universitari) che avvalorino le metodologie e le attività tecniche proposte;
- *comitato operativo*, composto da tecnici esperti sul piano/progetto che operativamente portino avanti la redazione del piano/progetto (es. tecnici professionisti di settore, studiosi accademici, assessori ai trasporti dei Comuni coinvolti, funzionari comunali, ecc.).

In genere un dibattito pubblico deve durare un tempo congruo con le finalità applicative del piano/progetto. Ed è in questa fase che va definita tale durata temporale che sarà cura del coordinatore del processo fare in modo che venga rispettata. Generalmente per piani/progetti di tipo strategico e tattico, è buona norma che le **consultazioni si chiudano entro 4 mesi**. Per piani/progetti di breve periodo, benché non risulta necessario spesso procedere a consultazioni pubbliche, qualora si ritenga utile procedere con questo processo partecipato, si può ritenere accettabile anche un orizzonte temporale inferiore (es. 2 mesi).

Definiti coordinatore, comitati e durata delle consultazioni, nella successiva fase del dibattito pubblico, in funzione della tipologia di piano/progetto da discutere, saranno individuati i gruppi di stakeholders da coinvolgere nel processo e le differenti modalità con cui coinvolgerli (strategie di "*ingaggio*"). Questa attività sarà svolta congiuntamente tra il coordinatore del processo e i comitati di indirizzo e scientifico individuati. Esistono diverse metodologie per l'individuazione degli stakeholders. Una delle più diffuse e più semplici da implementare prevede di classificare i potenziali portatori di interesse secondo: *i*) la loro capacità di influenzare le scelte (ovvero il "potere" che si ha sul piano/progetto); *ii*) il loro interesse sul piano/progetto (Gardner et al., 1986; Cascetta et al., 2015). Ipotizzando due differenti livelli per ciascuno dei precedenti criteri di classificazione (es. basso e alto) è quindi possibile definire una matrice potere-interesse (Tabella 8) che di fatto permette di classificare tutti gli stakeholders in quattro distinte categorie:
- **gli stakeholders chiave**: coloro che hanno alto interesse e alto potere nei confronti del piano/progetto e che quindi hanno sia la capacità che la volontà di partecipare al processo decisionale. Esempi sono i Sindaci dei Comuni coinvolti da scelte alla scala regionale o nazionale (es. una nuova linea AV o una nuova autostrada che attraversa più Comuni italiani) o anche gli investitori privati (es. le Banche) che, finanziando un'opera, hanno interesse e potere di influenzare le decisioni;
- **gli stakeholders istituzionali**: coloro che hanno basso interesse nei confronti del piano/progetto ma (potenzialmente) alto potere di agevolare (es. influenzando l'opinione pubblica) o ostacolare le decisioni prese. Un esempio sono le

Soprintendenze Archeologia, Belle Arti e Paesaggio che hanno in genere poco interesse in un piano/progetto specifico, ma potenzialmente hanno il potere di "veto" qualora risultassero interventi o ritrovamenti nella sfera dell'archeologia o del paesaggio. Altri esempi sono gli *opinion leader* (es. giornali, media, social networks), ovvero tutti i soggetti che, grazie alla propria notorietà, sono in grado di dominare o guidare (o rappresentare) l'opinione pubblica e quindi, anche se non direttamente interessati al piano/progetto, potrebbero esercitare il loro potere di "veto";
- **gli stakeholders operativi**: coloro che hanno alto interesse ma basso potere. Questa categoria è rappresentata da soggetti che hanno grande interesse in un piano/progetto (es. gli utenti del sistema di trasporto) ma che non hanno i mezzi e gli strumenti (il potere) per far valere i propri interessi;
- **gli stakeholders marginali**: che hanno basso interesse e basso potere e che quindi vengono interessati solo marginalmente dal piano/progetto. Esempi di questi stakeholders potrebbero essere (in alcuni casi) i cittadini di un Comune confinante con quello che sta redigendo un Piano urbano della mobilità sostenibile, che sicuramente non hanno potere di influenzare il piano ma che potrebbero anche non avere alcun interesse a farlo non fruendo dei servizi di trasporto oggetto dell'intervento.

Gli stakeholders possono essere coinvolti nel processo di dibattito pubblico in maniera differente (tecniche differenti) e con differenti livelli (intensità) di coinvolgimento. Alcuni esempi di strategie di engagement sono: *i)* il coinvolgimento diretto; *ii)* l'individuazione e l'informazione; *iii)* l'ascolto attivo; *iv)* l'informazione e la comunicazione. Per ciascuna delle quattro categorie di stakeholders precedentemente definite è possibile utilizzare differenti strategie di "ingaggio" (Tabella 9). Ad esempio, gli stakeholders chiave è opportuno che vengano coinvolti in maniera diretta, ovvero sin dalle prime fasi, dalla definizione degli obiettivi sino alla partecipazione alla scelta delle alternative di piano/progetto da realizzare.

MATRICE POTERE/INTERESSE			
POTERE	**ALTO**	Stakeholders Istituzionali	Stakeholders Chiave
	BASSO	Stakeholders Marginali	Stakeholders Operativi
		BASSO	**ALTO**
		INTERESSE	

Tabella 8 – La matrice potere-interesse per la classificazione ed individuazione degli stakeholders (fonte: elaborazione su classificazione proposta da Gardner et al., 1986)

LE STRATEGIE DI COINVOLGIMENTO			
POTERE	**ALTO**	Individuazione ed informazione	Coinvolgimento diretto
	BASSO	Informazione e comunicazione	Ascolto attivo
		BASSO	**ALTO**
		INTERESSE	

Tabella 9 – Le strategie di coinvolgimento nel dibattito pubblico per le differenti categorie di stakeholders

Gli stakeholders istituzionali, non avendo particolare interesse sul piano/progetto, è bene che vengano individuati nelle fasi iniziali del processo (dimenticarsi di coinvolgere una di queste categorie può portare a delle "*barriere istituzionali*"[14]) e sistematicamente informati sul piano/progetto durante tutto il processo decisionale e di dibattito pubblico. Gli stakeholders operativi è bene che vengano ascoltati in maniera attiva, ovvero prendendo concretamente in considerazione nel processo i lori bisogni e pareri riguardanti il piano/progetto. Questi sono spesso gli utenti del sistema che in parte diventeranno utilizzatori degli interventi previsti nel piano/progetto ed è quindi opportuno tenerli debitamente in conto.

Infine, vi sono gli stakeholders marginali che, come detto, sono quelli meno interessati al piano/progetto e per i quali è sufficiente prevedere un'adeguata informazione e comunicazione degli esiti del processo decisionale e di dibattito pubblico.

La prima fase operativa del dibattito pubblico è l'**ascolto** delle esigenze, dei timori e delle proposte degli stakeholders. L'ascolto può avvenire, ad esempio, tramite delle campagne di indagine o direttamente tramite tavoli di consultazione o tavoli tecnici con i stakeholders individuati. Questa fase, coordinata dal responsabile del processo, è implementata dal comitato operativo sotto la supervisione metodologica del comitato scientifico. È in questa fase che emergono quelli che saranno poi gli obiettivi del piano/progetto volti a risolvere le criticità emerse in questa fase (es. bassa qualità della vita, elevati livelli di inquinamento, congestione stradale, bassa qualità del trasporto collettivo).

Il secondo livello dello Stakeholder Engagement è la **creazione del consenso sul piano/progetto**. Il consenso in genere può essere creato/agevolato tramite tre distinte attività interconnesse: la divulgazione delle informazioni, l'ascolto delle reazioni e le consultazioni con gli stakeholders. Durante la **divulgazione** delle informazioni il comitato operativo si occupa di

---

[14] Una barriera è un elemento che impedisce al processo decisionale di completarsi e quindi di prendere decisioni (o ne limita la portata rallentando il processo). Spesso sono il risultato di interessi conflittuali e derivano da elementi "esterni" al processo decisionale. Tra queste, le barriere istituzionali riguardano problemi che nascono dalla distribuzione delle competenze tra le istituzioni e gli enti amministrativi.

fornire agli stakeholders tutte le informazioni utili relative all'idea di piano/progetto (e quindi non di alternative progettuali già definite/decise) che il decisore intende implementare al fine di fornire tutti gli elementi utili per stimolare reazioni e proposte costruttive. Per divulgare le informazioni è possibile utilizzare differenti strumenti di comunicazione, come le campagne pubblicitarie trasmesse in TV e sul web o tramite riunioni pubbliche aperte alla cittadinanza. **L'ascolto delle reazioni** e la **consultazione** con gli stakeholders risulta un'attività centrale per la creazione del consenso perché permette di individuare eventuali variazioni nell'idea di piano/progetto iniziale, prima di avviare la fase di definizione delle alternative progettuali. Vista l'importanza di questa fase, è opportuno che vi partecipino tutti i comitati di lavoro individuati. È in questa fase che elementi nuovi e differenti punti di vista possono essere tenuti esplicitamente in conto. Ad esempio, con riferimento alla progettazione di una nuova linea metropolitana, un possibile risultato di questa fase potrebbe essere quello di modificare l'idea progettuale di una nuova linea introducendo anche la riqualificazione urbana delle aree direttamente interessate dal progetto e questo prima di individuare le soluzioni progettuali (ipotesi di tracciato e di stazioni) che invece risulterebbero poi vincolanti rispetto a modifiche dell'idea progettuale complessiva. Nello Schema 1 di PE, ovvero quello nel quale i portatori di interesse non partecipano alla definizione delle alternative progettuali, questa attività di <u>ascolto delle reazioni e consultazione con gli stakeholders viene in genere ripetuta anche dopo aver definito la soluzione progettuale (o di piano) ma prima che questa venga implementata</u>, al fine di permettere piccole variazioni progettuali e/o l'aggiunta di opere compensative da integrare nel progetto finale (es. riqualificazioni a verde delle aree di progetto, nuovi percorsi ciclabili lungo il tracciato di una nuova infrastruttura stradale).

L'ultimo livello del dibattito pubblico è la **partecipazione** degli stakeholders alla definizione prima, e alla valutazione e confronto poi, di più alternative di piano/progetto tra cui scegliere. In questa fase vi è un'attiva interazione tra i tecnici della pianificazione (comitato operativo) ed i portatori di interesse. È inoltre prevista anche la partecipazione sia del comitato scientifico, che fornisce il supporto metodologico, sia del comitato di indirizzo, che deve vigilare affinché vengano perseguiti gli obiettivi delle Amministrazioni coinvolte. È in questa fase che i progettisti recepiscono i punti di vista degli stakeholders emersi nei precedenti livelli, al fine di meglio formulare le alternative di piano/progetto prima di una decisione formale e quindi dell'implementazione (realizzazione) del piano/progetto. Questa fase di solito presenta più retroazioni, ovvero le ipotesi di piano/progetto formulate dai tecnici vengono modificate o integrate in tutto o in parte tramite le interazioni con gli stakeholders, per poi essere riprogettate dai tecnici sino a convergere (dopo più iterazioni tecnici-decisori-stakeholders) ad una soluzione *"soddisfacente"* per tutti i soggetti coinvolti. In questa fase, i gruppi direttamente interessati diventano quindi partner nella definizione del piano/progetto e nella sua successiva implementazione, partecipando attivamente al processo decisionale. Le forme con cui può avvenire questa partecipazione possono essere di vario tipo, da tavoli tecnici sino a referendum approvativi di soluzioni progettuali specifiche (un esempio italiano è stato il referendum sulla linea tramviaria di Firenze del 2008). Ovviamente anche questa fase contribuisce (e non poco) alla creazione del consenso intorno ad un piano/progetto.

Per implementare un dibattito pubblico possono essere utilizzati differenti strumenti, quali: materiale informativo, indagini, eventi, tavoli tematici, conferenze e votazioni. Nella Tabella 10 è schematizzata una possibile matrice strumento-fase dello Stakeholder Engagement.

Processi decisionali e Pianificazione dei trasporti

Infine, è giusto il caso di precisare che nella pratica operativa, talvolta, alcuni dei livelli del dibattito pubblico introdotti tendono a sovrapporsi (unirsi). Ad esempio, spesso le fasi di ascolto e divulgazione vengono accorpate in un'unica fase, in cui con un'unica campagna d'indagine si divulgano le informazioni circa l'idea di piano/progetto e si ascoltano le esigenze della collettività.

Strumenti del dibattito pubblico		Fasi del dibattito pubblico				
		Att. preliminari (es. individuazione stakeholders e comitati)	Ascolto	Creazione del consenso		Partecipazione
				Divulgazione	Consultazione	
Materiale informativo	Stampa, TV, Social, Web, forum/chat	■		■		■
Indagini	Questionari, interviste a testimoni privilegiati (chiave)	■	■		■	
Eventi	Mostre, incontri pubblici			■		■
Tavoli tematici	Tavoli di Concertazione, Focus Group				■	■
Conferenze	Convegni, workshop			■		■
Votazioni	Referendum					■

Tabella 10 – I principali strumenti del dibattito pubblico: la matrice strumento-fase

4.2 Le interazioni tra Public Engagement e processo decisionale a razionalità limitata

All'interno di quello che è stato definito il processo di Pianificazione dei trasporti 3.0, il dibattito pubblico rappresenta uno dei tre processi interconnessi che permette di arrivare a prendere decisioni razionali (soddisfacenti) e condivise sui sistemi di trasporto. Affinché ciò possa accadere, con riferimento al PE, è bene che le singole fasi precedentemente descritte interagiscano a "*doppia via*" con quelle del processo decisionale a razionalità limitata. Come si può vedere dalla successiva Figura 19 le attività preliminari del dibattito pubblico, ed in particolare la definizione del Coordinatore del processo, i comitati di lavoro e l'identificazione degli stakeholders, permettono di completare la fase dell'identificazione del contesto decisionale per come è stato definito nel Capitolo 3. La successiva fase di ascolto delle esigenze e delle proposte degli stakeholders permetterà invece di meglio caratterizzare la situazione attuale, definendo i bisogni della collettività e le principali criticità del sistema dei trasporti (e non solo), nonché alimenterà il processo decisionale per una più corretta definizione degli obiettivi, dei vincoli e delle tipologie di intervento.

Le attività di creazione del consenso sul piano/progetto attraverso la divulgazione delle informazioni e l'ascolto delle reazioni degli stakeholders permetterà sia di meglio caratterizzare obiettivi e tipologie di intervento ma soprattutto di fornire elementi essenziali per la definizione delle alternative di piano/progetto che si andranno poi a valutare e confrontare. Quest'ultima interazione risulta centrale nel processo razionale complessivo soprattutto se si intende sviluppare un PE seguendo lo Schema 1, ovvero non coinvolgendo i portatori di interesse nella definizione delle alternative. Infatti in questo caso, è solo a valle di questa attività che è possibile recuperare informazioni sulle esigenze ed aspettative degli stakeholders circa le soluzioni progettuali (di piano) che questi si aspetterebbero venissero valutate e confrontate.

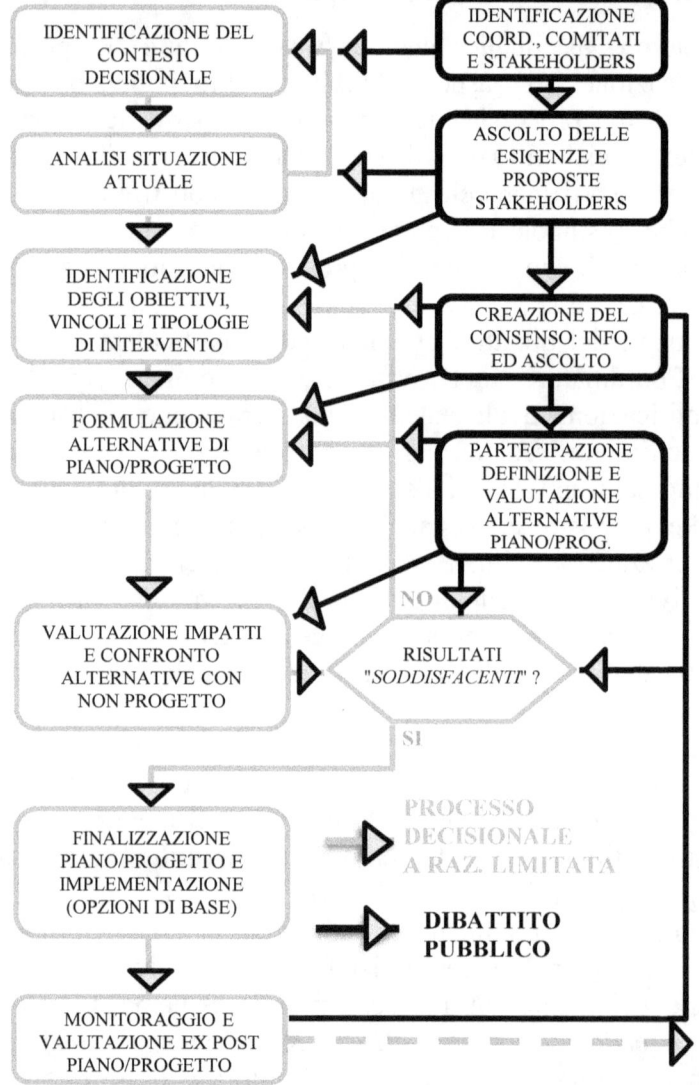

Figura 19 – Le interazioni tra dibattito pubblico (Public Engagement) e processo decisionale a razionalità limitata

Infine, l'ultima fase del PE riguardante la partecipazione degli stakeholders alla definizione, valutazione e confronto di più alternative di piano/progetto (secondo lo schema 2 di PE) interagirà con le tre attività più importanti del processo decisionale a razionalità limitata, ovvero la formulazione delle alternative di piano/progetto, la stima (tramite, ad esempio, la partecipazione di tecnici di parte individuati dagli stakeholders istituzionali e/o chiave nei comitati operativi) dei loro impatti (es. trasportistici, ambientali, territoriali, sociali) e soprattutto la definizione dei criteri di scelta secondo i quali definire se e quale alternativa risulta soddisfacente e quindi pronta per essere implementata.

4.3 Il quadro normativo nazionale sul dibattito pubblico

Il Nuovo Codice degli Appalti (D.lgs. n. 50/2016) approvato ad aprile 2016 introduce per la prima volta in Italia il **dibattito pubblico quale strumento di pianificazione per giungere ad opere condivise** (art. 22 del D.lgs. n. 50 del 2016), e che risulta obbligatorio per le *"grandi opere"* (es. con investimento superiore a 10 milioni di euro o prive di remunerabilità da introiti tariffari). Nell'art. 22 del Nuovo Codice degli Appalti si descrivono inoltre gli elementi essenziali della consultazione pubblica, in particolare:
- le amministrazioni aggiudicatrici e gli enti aggiudicatori devono **rendere pubblici i progetti di fattibilità** per i grandi progetti infrastrutturali e di architettura di rilevanza sociale, aventi impatto sull'ambiente, sulle città o sull'assetto del territorio;
- il **dibattito deve essere effettuato sul progetto di fattibilità**, ovvero quando ancora tutte le scelte possono ancora essere messe in discussione (è infatti in questa fase che si decide il "valore" dell'opera finale);
- le amministrazioni aggiudicatrici e gli enti aggiudicatori devono **rendere pubblici gli esiti della consultazione**

pubblica, riportando i resoconti degli incontri e dei dibattiti con i soggetti portatori di interesse;
- il dibattito deve concludersi **entro 4 mesi**, durante i quali si prevede la convocazione di conferenze, a cui sono invitate le amministrazioni interessate e altri portatori di interesse, compresi i comitati dei cittadini.

Nelle linee guida fornite dal Ministero delle Infrastrutture e dei Trasporti, per le opere definite secondo l'ex Allegato I, (DPCM n. 273 del 3 agosto 2012, punto 2.5) di categoria B^{15}, C^{16} e D^{17}, per le quali si stimano significativi impatti territoriali (es. scelte tra più alternative di tracciato di una nuova infrastruttura stradale), si prevede che già nella fase preliminare del progetto di fattibilità venga condotta un'indagine di *conflict assessement* al fine di individuare potenziali conflitti territoriali connessi all'intervento oggetto di analisi. Seconda finalità di questa indagine preliminare è anche quella di recuperare informazioni utili per stimare i "pesi" da attribuire ai criteri di valutazione per le differenti alternative di intervento da confrontare.

Sempre nelle linee guida del Ministero, vengono esplicitati i criteri e la metodologia per la selezione delle opere da ammettere a finanziamento pubblico e da includere nel DPP. Ad esempio, è elemento di premialità, per le opere di tipo C e D, l'avvenuto dibattito pubblico o altre forme di Public Engagement. Saranno inoltre valutati positivamente:
- la pluralità dei punti di vista emersi nel corso del dibattito (valutando ad esempio la quantità di proposte e richieste di

---

[15] Opere di Categoria B: nuove opere puntuali, con investimenti inferiori ai 10 milioni di euro, prive di introiti tariffari.
[16] Opere di Categoria C: opere, con investimenti superiori ai 10 milioni di euro, prive di introiti tariffari.
[17] Opere di Categoria D: Opere di qualsiasi dimensione, escluse quelle di interventi di rinnovo del capitale (ovvero di tipo A), per le quali è prevista una tariffazione del servizio.

informazioni raccolte via email o con altri strumenti informatici e non);
- la capillarità con cui è stata svolta la partecipazione, l'informazione e la comunicazione;
- gli effetti del dibattito pubblico recepiti nel progetto (come ad esempio la quantità di elementi e/o valutazioni che hanno consentito di migliorare e/o integrare il progetto).

4.4 Il quadro normativo europeo sul dibattito pubblico

Se in Italia solo recentemente si è legiferato in materia di dibattito pubblico, in Europa già da diversi anni si è diffusa questa pratica come elemento migliorativo del processo decisionale e della qualità dei progetti, anche se solo in pochi Paesi, ad oggi, esistono norme specifiche che regolamentano le fasi di un dibattito pubblico. Tra i Paesi europei più all'avanguardia in questo settore ci sono sicuramente la Francia, con il suo *Débat Public*, ed il Regno Unito, con il *Code of Practice on Consultation*, anche se esempi concreti vi sono anche in Spagna, con il *Estudio Informativo*, e in Germania[18].

Il *Débat Public* in Francia è stato formalizzato nel 1995 con la legge Barnier ed ha l'obiettivo di istituire un dibattito pubblico all'inizio delle fasi decisionali (già dagli studi di fattibilità) per i grandi progetti di interesse nazionale. In particolare, è istituita un'autorità amministrativa indipendente, la *Commission Nationale du Débat Public*, composta da 25 membri[19] autorevoli che ricevono

---

[18] Per uno stato dell'arte più dettagliato si faccia riferimento anche a: Cascetta E., Pagliara F. (2015), Le infrastrutture di trasporto in Italia: cosa non ha funzionato e come porvi rimedio, Aracne.

[19] 1 presidente nominato dal Presidente della Repubblica; 2 vice presidenti nominati dal Presidente della Repubblica; 2 parlamentari nominati dai Presidenti di Camera e Senato; 6 rappresentanti locali eletti dai Consigli Dipartimentali; 1 componente del Consiglio di Stato eletto; 1 componente della Corte di Cassazione eletto; 1 componente della Corte dei Conti eletto; 1 componente indicato dal Consiglio Superiore della giustizia amministrativa; 2 componenti indicati dal Ministro delle infrastrutture e dal Ministro

l'incarico dal parlamento di svolgere un dibattito pubblico. I compiti della *Commission* sono:
- analizzare la documentazione del progetto fornita dal proponente;
- fissare un calendario preciso di convocazione di assemblee fissando i temi da dibattere. Il dibattito dura al massimo 4 mesi, solo in alcuni casi si può prolungare di altri 2 (Bobbio, 2006);
- gestire i dibattiti pubblici.

La legge Barnier fornisce l'elenco delle <u>opere per le quali risulta obbligatorio il dibattito pubblico</u> e quelle per cui è solo consigliato. La suddivisione è definita in funzione del costo dell'opera, dell'interesse nazionale, degli impatti socio-economici e territoriali.

    L'esigenza di emanare una legge per regolare il processo decisionale scaturì a seguito alle grandi proteste del 1990 contro la realizzazione della linea ad Alta Velocità del TGV *Méditerranée* tra Lione e Marsiglia. Il tracciato così come era stato definito inizialmente avrebbe portato, secondo la popolazione direttamente interessata, danni ai residenti, agli agricoltori e ai produttori di vino. Nel 1991 venne così istituito un comitato incaricato di raccogliere e valutare informazioni /proposte, ed una commissione di monitoraggio formata da un gruppo di esperti (economisti e geografi). La commissione, i comitati, i rappresentanti delle organizzazioni esistenti, i sindacati degli agricoltori ed i tecnici progettisti si incontrarono in numerose assemblee con cadenza mensile. Durante questi incontri emerse l'esigenza sia di potenziare la rete ferroviaria esistente sia di definire un nuovo tracciato che potesse risolvere i problemi emersi.

---

dell'industria; 2 componenti indicati dal Ministro dell'ambiente, tra le associazioni ambientaliste; 2 componenti indicati dal Ministro dei trasporti e dell'economia, tra le associazioni dei consumatori; 2 rappresentanti dei sindacati dei lavoratori; 2 rappresentanti delle imprese, di cui uno delle imprese agricole.

Elemento di particolare pregio dello schema francese è l'indipendenza economica della procedura di dibattito pubblico. Il contributo di funzionamento è infatti a carico dello Stato, i costi del procedimento a carico dei proponenti ma definiti e gestiti direttamente dalla Commissione e vi è anche la possibilità di prevedere un prefinanziamento del dibattito qualora il proponente non sia stato ancora definito.

Lo schema francese può essere sviluppato secondo due procedure distinte: il *Débat Public* e la *Concertation*. Il *Débat Public* è una procedura più articolata e complessa dove la Commissione nomina una *Commission Particulière* incaricata di condurre quello specifico procedimento. La *Concertation* (consultazione) non ha invece nei fatti lo scopo di trovare un accordo tra le parti ma solo quello di informare sul progetto e creare consenso su di un'opera. È una procedura più snella della prima per la quale la Commissione nomina un garante (scelto tra gli iscritti nell'apposito albo) per gestire il processo.

Nel Regno Unito il *Code of Practice on Consultation* è stato introdotto per la prima volta nel 2000 e poi revisionato nel 2008. L'obiettivo fu quello di garantire un processo decisionale condiviso, accessibile a tutti i cittadini, semplice e veloce, al fine di non intralciare (rallentare) la programmazione e la realizzazione delle opere. Il *Code of Practice on Consultation* rappresenta in sostanza delle linee guida che definiscono le modalità e le tempistiche degli incontri da eseguire per sviluppare un corretto processo decisionale condiviso. Il Codice e i criteri non hanno valore giuridico-legale e non possono prevalere sulle norme di legge, ma si applicano a tutte le consultazioni pubbliche del Regno Unito, incluse quelle sulle direttive dell'UE; tutti gli organismi pubblici ministeriali e le autorità locali sono incoraggiati ad adottare questo codice.

Le consultazioni possono avvenire tramite diverse modalità (es. telematica o cartacea) e devono avere una durata variabile da un minimo di dodici settimane ad un massimo di trenta settimane. È nominato un coordinatore che vigila sulle modalità di svolgimento delle consultazioni e sulla loro efficacia. Durante gli incontri si devono chiarire quali sono le decisioni che non possono essere modificate (es. a causa di vincoli normativi) ed i rischi/costi del non fare (ovvero del non decidere); vi è la possibilità di porre domande e si ha diritto a risposte in tempi prestabiliti e certi. I documenti relativi al progetto devono essere accessibili a tutti. I riassunti degli incontri e le analisi delle risposte ai quesiti emersi devono essere pubblicati (sul web) e fruibili a tutti. Non è definito a priori in quale fase del processo decisionale è più opportuno convocare l'assemblea, ma dipende dalla tipologia di progetto e da quando vi è l'effettiva possibilità di influenzare l'esito di una scelta politica.

5. Attività e competenze tecniche nel processo di pianificazione

Le attività e le competenze tecniche nel processo di pianificazione di terza generazione hanno una duplice finalità (Figura 1, pag. 14): *i*) alimentare il processo decisionale; ii) redigere i piani/progetti di trasporto, risultato del processo decisionale stesso. A partire da tali finalità, le figure professionali della pianificazione dei trasporti possono essere schematicamente raggruppate in due categorie:

a) **tecnici progettisti dei sistemi di trasporto** che curano le **interazioni con decisori e stakeholders**, definendo gli scenari di non intervento e di intervento che rappresenteranno le alternative progettuali (o di piano) da valutare, coordinano il processo di pianificazione e partecipano attivamente al public engagement;

b) **tecnici analisti dei sistemi di trasporto** che curano la **redazione dei piani/progetti**, analizzano le criticità attuali del sistema e simulano gli effetti (impatti) negli scenari di non intervento e in quelli di intervento.

5.1 Le interazioni con il processo decisionale ed il dibattito pubblico

Le interazioni tra attività tecniche e processo decisionale (Figura 20) avvengono già nelle prime fasi della pianificazione, ovvero quando occorre definire le criticità attuali del sistema e definire quindi gli obieti ed i vincoli che il processo di pianificazione vuole perseguire. Il grado di soddisfazione degli obiettivi (nel rispetto dei vincoli) può essere valutato tramite la formulazione di ipotesi di intervento alternative (piano/progetto) e la successiva simulazione ed il confronto degli impatti (positivi e/o negativi) prodotti da tali soluzioni progettuali sul sistema dei trasporti (attraverso l'uso di metodi quantitativi). È proprio l'individuazione del mix di interventi (es. insieme di infrastrutture, servizi, regole e tariffe) che definisce un'alternativa di piano che deve poi essere sottoposta, da parte del progettista/pianificatore, a verifica di fattibilità tecnica, funzionale, economica, ambientale e sociale. Infatti, è il tecnico progettista che tramite le analisi quantitative svolte (dall'analista) può, interagendo con i decisori, aiutare la scelta e la definizione delle priorità realizzative (opzioni base e successive realizzazioni/approfondimenti). Le interazioni tra tecnici progettisti e decisori termina con la stesura del piano dei trasporti ed il successivo monitoraggio del sistema al fine di valutare se (e con che velocità) questo evolve verso lo stato previsto tramite le analisi quantitative (es. riduzione della congestione e dell'inquinamento). In caso contrario, si può intervenire per "correggere" l'evoluzione del sistema tramite piccole modifiche alle soluzioni progettuali individuate. Tale attività di monitoraggio è anche molto utile per "validare" i metodi e modelli (analisi quantitative) utilizzate dai tecnici per fare previsioni sugli effetti prodotti sul sistema a valle della realizzazione delle soluzioni progettuali ipotizzate.

Le **interazioni con il dibattito pubblico** (Figura 20) è bene che avvengano già dalle prime fasi del Public Engagement. I tecnici progettisti infatti, con le loro competenze possono dare un valido contributo già nell'individuazione degli stakeholder, oltre che al coordinamento del team di piano/progetto che deve governare l'intero processo di partecipazione. I tecnici della pianificazione partecipano, inoltre, attivamente a tutte le attività di: *i*) ascolto delle esigenze dei portatori di interesse; *ii*) creazione del consenso intorno all'idea progettuale; *iii*) partecipazione alla definizione e valutazione della alternative progettuali. In particolare:
- curano le modalità di informazione e consultazione;

- curano la modalità di presentazione delle alternative di intervento dei progetti/piani (marketing delle soluzioni progettuali);
- forniscono elementi utili per un dibattito costruttivo, proponendo e stimolando i differenti punti di vista di un'idea progettuale;
- valutano eventuali ipotesi di varianti al progetto dopo aver recepito le proposte ed i suggerimenti degli stakeholders ed averli convertiti in soluzioni tecniche (es. le lamentele sull'elevato traffico in un'area possono essere convertite in azioni migliorative come la realizzazione di una ZTL o l'implementazione di politiche di gestione della domanda volte a modificare le scelte dei percorsi/modi).

5.2 Attività funzionali alla redazione dei piani e dei progetti di trasporto

Le attività tecniche funzionali ad alimentare il processo decisionale (prendere decisioni) e quindi volte alla redazione dei piani e/o dei progetti di trasporto (Capitolo 6) che, come detto, raccolgono i risultati del processo di pianificazione, si distinguono in attività funzionali: *i*) all'analisi della situazione attuale del sistema dei trasporti; ii) alla definizione ed all'analisi di più alternative di progetto (Figura 20).

5.2.1 Analisi della situazione attuale ed individuazione delle criticità del sistema

Le attività tecniche funzionali all'analisi della situazione attuale ed all'individuazione delle criticità del sistema dei trasporti possono essere schematicamente riassunte in Figura 20 e distinte in diverse fasi:

Processi decisionali e Pianificazione dei trasporti

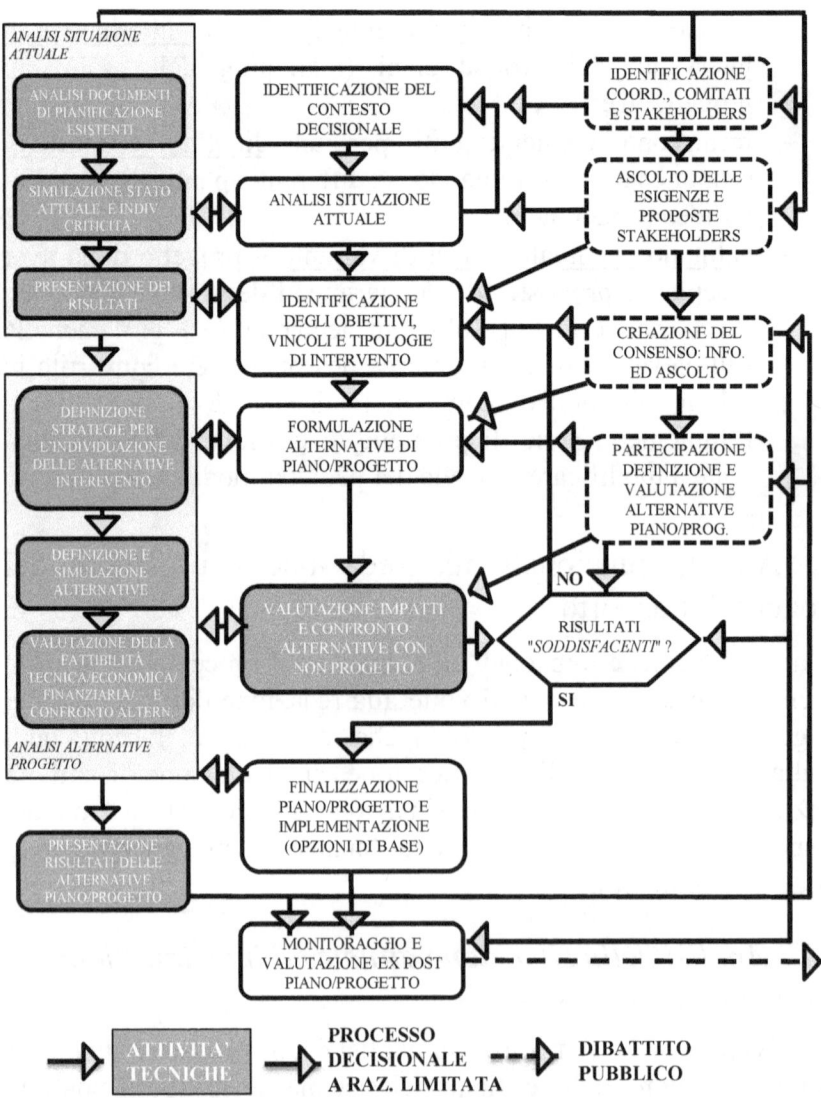

Figura 20 – Le attività tecniche nel processo di pianificazione 3.0: interazioni con il processo decisionale a razionalità limitata e con il dibattito pubblico

0. analisi dei documenti di pianificazione esistenti;
1. caratterizzazione temporale e spaziale del sistema di trasporto;
2. analisi dell'ambiente fisico, geologico e geotecnico;
3. analisi dell'assetto socio-economico;
4. rilevazione dell'offerta di trasporto;
5. stima della domanda di mobilità attuale;
6. analisi dell'assetto istituzionale;
7. studio dell'organizzazione delle aziende di trasporto;
8. implementazione dei modelli di simulazione: offerta, domanda ed interazione domanda-offerta/assegnazione (descritti nel Paragrafo 5.3).

Il livello di dettaglio in cui le singole attività devono essere svolte è ovviamente funzionale sia al tipo di documento (piano/progetto) che si sta elaborando che al livello territoriale in esame.

Attività preliminare riguarda l'**analisi dei documenti di pianificazione esistenti**, ovvero valutare piani e progetti riguardanti l'area oggetto di analisi al fine di prevedere sia una integrazione verticale, recependo piani e programmi di trasporto esistenti (es. piano nazionale, linee guida europee) al fine di perseguire obiettivi comuni (nel rispetto della gerarchia per competenza e della gerarchia istituzionale), sia una integrazione orizzontale, ovvero un coordinamento tra le scelte effettuate in settori diversi da quello dei trasporti (es. integrazione con i piani territoriali, i piani ambientali ed i piani urbanistici)

La **caratterizzazione temporale** riguarda la definizione dell'intervallo di analisi e dell'intervallo di simulazione. L'intervallo di analisi rappresenta l'orizzonte temporale rispetto al quale si desidera stimare/simulare gli effetti prodotti da ipotesi di intervento (ipotesi di piano) sulle componenti del sistema di trasporto. Nella pianificazione strategica (lungo periodo) solitamente tale intervallo è superiore ai 5 anni (preferibile ≈ 15 anni) e, comunque, da comparare con la vita utile dell'intervento.

Nella pianificazione tattica (medio-breve periodo) le analisi non si spingono oltre i 3-5 anni, in funzione del tipo di intervento previsto, mentre nella pianificazione operativa (breve periodo e gestione attuale) l'intervallo di analisi è sempre inferiore all'anno. È importante definire l'intervallo di analisi perché in genere un sistema di trasporto, anche in assenza degli interventi del piano/progetto, è soggetto ad una sua evoluzione tendenziale (Figura 21) dovuta sia ad altre scelte prese in altri contesti (es. altri piani di trasporto), sia all'evoluzione naturale del sistema socio-economico (es. trend demografico dell'invecchiamento della popolazione che modifica le scelte di mobilità). In aggiunta a questo, le decisioni che verranno prese nel piano/progetto avranno effetti protratti nel tempo, in ragione sia dei tempi di realizzazione (es. costruzione di una nuova autostrada) che di penetrazione nelle abitudini di mobilità (es. non da subito una nuova autostrada viene percepita dagli utenti come un'alternativa valida di percorso).

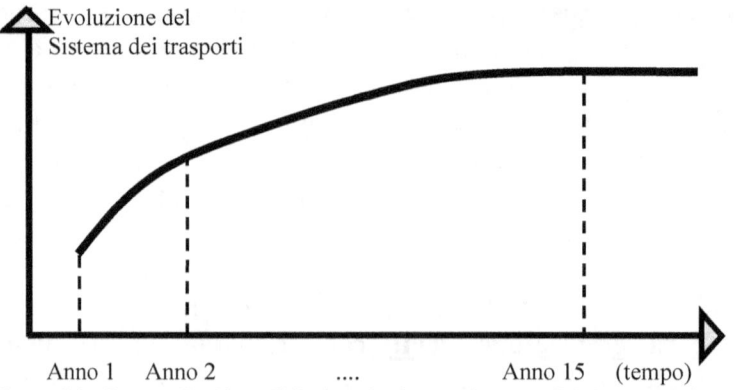

Figura 21 – Intervallo di analisi ed evoluzione nel tempo del sistema dei trasporti

Al fine di prevedere gli effetti che uno o più interventi produrranno su di un sistema dei trasporti, occorre simulazione il funzionamento di un sistema di trasporto, ovvero stimare il numero di utenti (domanda di mobilità) che impegnano le diverse componenti del sistema di offerta (servizi, infrastrutture) in un certo intervallo di tempo rilevante, detto <u>intervallo di simulazione</u>.

Se l'intervallo di analisi è di 15 anni, non sarebbe possibile (oltre che utile) simulare il funzionamento del sistema per tutto questo orizzonte temporale. Si preferisce, invece, individuare un insieme di intervalli di simulazione nei quali valutare le *performance* del sistema a valle degli interventi pianificati/progettati. Le dimensioni temporali di un intervallo di simulazione possono essere: anno, mese, giorno, ora; potrebbe essere necessario distinguere tra:
- anni diversi, ovvero i "trend" dei flussi di domanda;
- mesi diversi (es. estate, inverno);
- giorni diversi (es. festivi, feriali);
- ore diverse (es. ora di punta del mattino e della sera).

Ad esempio, per un piano urbano della mobilità si potrebbero individuare le ore di punta e di morbida rappresentative dei giorni feriali e festivi sia invernali che estivi e su queste valutare gli effetti delle differenti alternative di piano/progetto.

Oltre ad una caratterizzazione temporale, occorre effettuare anche una **caratterizzazione spaziale** del sistema dei trasporti oggetto di analisi, ovvero occorre che vangano definiti:
- l'area di piano o di intervento;
- l'area di progetto (o dei progetti);
- l'area di studio;
- la suddivisione dell'area di studio in zone di traffico (zonizzazione).

L'area di piano viene definita dal decisore e rappresenta l'area territoriale che sarà coinvolta dal piano (es. il confine amministrativo di un comune per il quale si decide di redigere un piano urbano della mobilità). L'area di progetto è invece l'area, contenuta nell'area di piano, coinvolta dagli interventi che si decide di implementare (es. deciso di realizzare una nuova strada, l'area di progetto sarà proprio quella sottostante il tracciato scelto per tale infrastruttura). L'area di studio rappresenta, invece, l'area geografica all'interno della quale si trova il sistema di trasporto che si vuole analizzare e nella quale si ritiene si esauriscano la maggior parte degli effetti degli interventi pianificati/progettati. Quest'area va adeguatamente progettata dal tecnico analista (es. tramite indagini) ed è in genere più estesa dell'area di piano, in quanto si ritiene che gli effetti prodotti da un piano dei trasporti si risentano ben oltre il confine territoriale entro cui sono state prese le decisioni. Si consideri, ad esempio, un piano urbano della mobilità di una grande città metropolitana all'interno del quale si prevedono nuove zone a traffico limitato (ZTL) ed il potenziamento del trasporto pubblico locale (TPL). Sarebbe riduttivo (ed errato) ritenere che tali interventi impattino solo sulle scelte di mobilità dei residenti di questa città; infatti, tutti i pendolari che ogni giorno si recano a lavorare in città dalla periferia, utilizzando l'automobile, si troverebbero delle aree a traffico impedito (le ZTL) e per contro avrebbero molti più servizi di TPL da poter utilizzare al posto dell'auto privata, e quindi sarebbero fortemente influenzati dagli interventi previsti nel piano. La definizione dell'area di studio rappresenta un'attività cruciale e che può inficiare, se non correttamente eseguita, la qualità delle stime di traffico (es. se è stata sottostimata, verranno probabilmente sottostimati gli impatti positivi o negativi di un intervento).

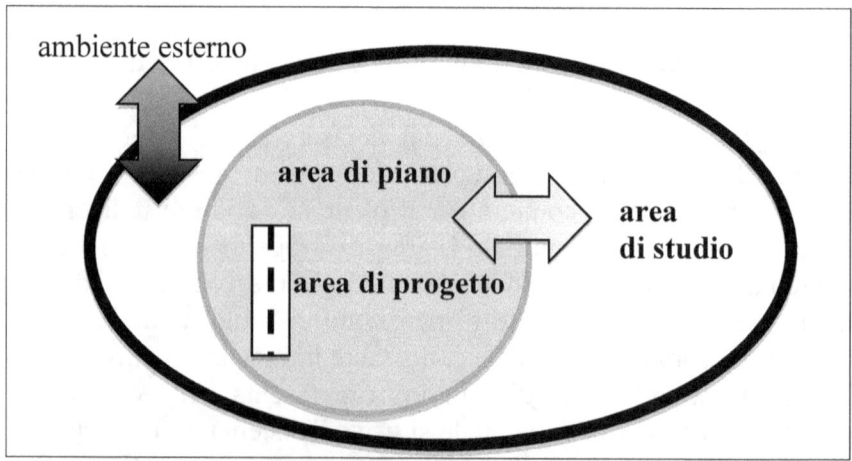

Figura 22 – Area di piano, di progetto, di studio ed ambiente esterno

Non esiste una regola unica per l'individuazione dell'area di studio. In genere, un criterio è quello di definire la rilevanza spaziale dell'opera (del piano) da realizzare. Per **opere di rilevanza nazionale** è opportuno che l'area di studio includa tutto il territorio nazionale e, ove necessario, anche macroregioni Europee e/o del Mediterraneo. Per le **opere di rilevanza locale/sub-nazionale** è opportuno che l'area di studio includa comuni/regioni/aggregati di regioni in ragione dell'estensione e dell'importanza dell'opera da realizzare nonché delle interazioni con la rete multimodale locale/subnazionale con cui il progetto si prevede che impatterà. Ad esempio per la realizzazione di un nuovo asse autostradale nazionale, l'area di studio dovrà comprendere almeno la regione (o le regioni) all'interno della quale ricade l'asse stradale nonché quelle direttamente confinanti, per poi valutare se estenderla anche a porzioni territoriali più estese (es. centro-nord Italia).

L'area di studio interagisce inoltre con l'ambiente esterno e per tale motivo, risulta utile stimare anche le loro interazioni reciproche (es. spostamenti di scambio o attraversamento provenienti dall'esterno dell'area di studio e che non risentono degli interventi progettati).

Per schematizzare gli spostamenti compiuti da un utente è necessario definire il luogo di origine e di destinazione dello spostamento. A tal fine è opportuno discretizzare l'area di studio in zone di traffico, ovvero aggregati di origini e/o destinazioni elementari in un unico luogo fisico "virtuale" con caratteristiche omogenee di accessibilità (es. stesse strada per raggiungere più posti di lavoro differenti ma prossimi gli uni con gli altri). Le suddette zone sono schematizzate mediante dei nodi, detti "centroidi", ovvero i luoghi virtuali da cui si ipotizza partano/arrivino tutti gli spostamenti elementari degli edifici e terminali di trasporto presenti nella zona.

Processi decisionali e Pianificazione dei trasporti

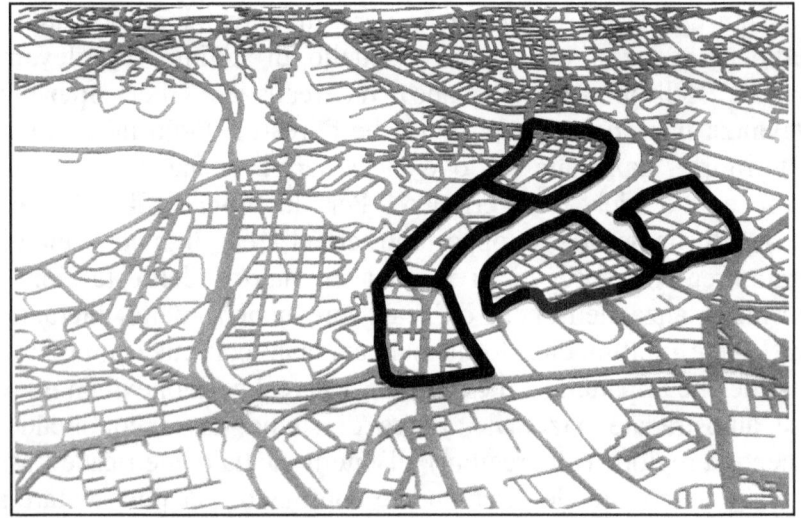

Figura 23 – Esempio di discretizzazione del territorio - zonizzazione (aree contornate da linee nere evidenziate in figura)

La zonizzazione è funzione della scala del problema in esame ed in particolare del tipo di spostamento che si desidera simulare (edificio, insieme di edifici, quartiere, città, regione, ecc.). La zonizzazione è, inoltre, strettamente correlata con l'insieme delle infrastrutture e dei servizi di trasporto offerti che si intende simulare. Essa deve riprodurre realisticamente l'uso del sistema dell'offerta di trasporto (es. quali strade realmente utilizzano gli utenti per raggiungere gli uffici o rientrare a casa dopo il lavoro). La zonizzazione deve aggregare unità territoriali di cui siano note le caratteristiche socio-economiche (es. residenti, famiglie, addetti). Le unità territoriali cui usualmente si fa riferimento sono le particelle censuarie ISTAT, per le quali sono disponibili tutti i dati del censimento della popolazione e quello dell'industria e servizi. Esistono delle regole generali, anche dettate dal buon senso, per discretizzare il territorio, come quelle di rispettare l'accessibilità trasportistica, creare zone omogenee per destinazione d'uso prevalente, valutare eventuali separatori fisici o funzionali presenti sul territorio.

Nel redigere un piano dei trasporti non si può prescindere dall'**analisi dell'ambiente fisico, geologico e geotecnico**, ovvero dall'individuazione di eventuali vincoli esistenti sul territorio (es. aree di rilevanza ambientale o archeologica, vincoli morfologici, vincoli idro-geologici, condizioni meteo-climatiche particolari, emergenze idro-geologiche), che di fatto limitano il campo di azione del tecnico progettista che, nell'individuazione delle alternative di piano/progetto, dovrà tenerne conto (es. non considerare un possibile tracciato autostradale su di un'area a rischio idro-geologico).

La rilevazione e l'**analisi dell'assetto socio-economico** è un'altra attività tecnica preliminare e funzionale a studiare l'assetto attuale del sistema. La struttura delle attività residenziali e produttive (es. tramite l'analisi dei dati ISTAT sul censimento della popolazione, delle residenze e dell'industria), nonché le loro dinamiche tendenziali (es. flussi immigratori o emigratori, sviluppo dei settori produttivi di industria, agricoltura e servizi) permettono di meglio caratterizzare i luoghi di origine e di destinazione degli spostamenti attuali e futuri. Tale attività è funzionale alla stima della domanda sia attuale che di progetto.

La quarta attività tecnica riguarda la **rilevazione degli elementi dell'offerta di trasporto** ritenuti rilevanti per le analisi. Tale attività consiste nella selezione (estrazione) delle infrastrutture, servizi di trasporto, regole, tariffe e tecnologie rilevanti per il problema in esame. Non tutti gli elementi del sistema di offerta dell'area di studio risultano infatti utili per la redazione di un piano dei trasporti. A seconda del caso (e della tipologia di piano) sarà possibile selezionarne solo gli elementi rilevanti, che andranno a costituire la <u>rete di base</u>. Si pensi, ad esempio, ad un piano regionale dei trasporti per il quale non sarà necessario analizzare (e quindi simulare) tutte le infrastrutture stradali della Regione oggetto di analisi (es. le strade locali dei Comuni coinvolti). Verranno inserite nella rete di base solo la viabilità extraurbana principale e le eventuali infrastrutture delle grandi aree urbane sovra-comunali (es. una tangenziale). Per tutti gli elementi rilevanti individuati occorrerà individuare le principali caratteristiche geometriche e funzionali. Ad esempio, per le infrastrutture stradali occorrerà rilevare la velocità di progetto, la capacità, i tempi e costi monetari di viaggio, mentre per i servizi di trasporto collettivo occorrerà individuare le linee, i percorsi, gli orari, i tempi di viaggio, la struttura tariffaria, la capacità dei mezzi, i costi di produzione del servizio, le attuali condizioni di funzionamento. Tale attività risulta funzionale allo studio del funzionamento del sistema dell'offerta di trasporto ed alla sua simulazione (Paragrafo 5.3.1).

A valle della rilevazione dell'offerta di trasporto, al fine di individuare le criticità attuali del sistema oggetto di analisi, occorre **stimare la domanda di mobilità attuale** (per singolo modo di trasporto, e fascia oraria di riferimento) che impegna il sistema di offerta. Tale attività può essere effettuata tramite diverse metodologie (stima diretta vs. stima da modello) in ragione della finalità del piano/progetto che si sta implementando (es. piano strategico vs. piano tattico/operativo). I principali metodi di stima della domanda di mobilità saranno descritti nel Paragrafo 5.3.2.

L'analisi dell'**assetto istituzionale**, ovvero dell'individuazione delle competenze in materia di trasporti di enti pubblici, società pubbliche e/o private che possono intervenire nel processo di pianificazione permette di perseguire un più razionale ed efficace processo decisionale. Infatti, esistono differenti soggetti (es. stakeholders istituzionali con alto potere e basso interesse) che hanno sia compiti istituzionali di programmazione, sia gestiscono parti del sistema e che possono quindi ostacolare, ovvero non agevolare, il processo decisionale ed in particolare l'implementazione degli interventi pianificati. È compito del tecnico individuare tali soggetti e conoscere i loro ambiti di azione e giurisdizione.

Infine, lo studio dell'**organizzazione delle aziende di trasporto** operanti nell'area di studio, in termini di assetto organizzativo, costi di gestione ed efficienza dei servizi, nonché delle loro forme giuridiche, risulta un'attività preventiva importante al fine di meglio calibrare eventuali ipotesi di intervento che possano riguardare l'assetto societario o la definizione di specifiche direttive e/o criteri di affidamento di servizi di trasporto pubblico.

L'attività di analisi della situazione attuale si conclude con la simulazione delle performance del sistema dei trasporti tramite l'applicazione di modelli e metodi di interazione domanda-offerta[20], al fine di individuare le **criticità attuali** del sistema (es. le infrastrutture stradali maggiormente congestionate). Infatti, è solo tramite l'individuazione di tali criticità che sarà poi possibile definire gli obiettivi del piano/progetto (es. l'individuazione e la quantificazione della congestione stradale su alcune infrastrutture dell'area di studio permetterà di definire come obiettivo generale quello di eliminare tali criticità attuali), e poi valutare in che modo (e in che misura) le differenti alternative progettuali possano porvi rimedio (es. percentuale di riduzione della congestione o dell'inquinamento).

Più che le criticità attuali, risulta fondamentale stimare le performances del sistema nello **scenario di Non Progetto - NP** (o scenario di riferimento / non intervento / programmatico), ovvero in uno scenario tendenziale coerente con l'intervallo di analisi (es. tra 15 anni), rappresentativo dell'evoluzione che si stima si avrà sino al momento in cui si ritiene vengano realizzati gli interventi previsti nel piano/progetto. Tale scenario risulta rappresentativo sia delle naturali evoluzioni tendenziali socio-economiche e territoriali (es. variazioni demografiche ed economiche), sia delle evoluzioni

---

[20] La trattazione di tali modelli, anche noti come modelli di assegnazione, esula dagli obiettivi del testo e si rimanda a testi specialistici (es. Cascetta, 2006)

dovute agli interventi (sul sistema dei trasporti o che impattano su di esso) già previsti o in corso di realizzazione (es. interventi invarianti previsti in altri Piani). Saranno quindi le criticità nello scenario di non progetto a dover essere analizzate e risolte tramite gli interventi previsti nel piano/progetto

5.2.2 Individuazione ed analisi delle alternative di piano/progetto

Individuato lo scenario di Non Progetto (NP), passo successivo risulta quello di definire più alternative di piano/progetto (scenari di Progetto – P) da valutare e confrontare. Come detto, tale attività è bene che venga svolta congiuntamente sia con i decisori che con i portatori di interesse (Paragrafo 1.2), al fine di arrivare a prendere decisioni il più possibile razionali e condivise dalla collettività. Il ruolo del tecnico in questa fase del processo di pianificazione riguarda la costruzione prima e la simulazione poi di più ipotesi di intervento funzionali a perseguire gli obiettivi fissati dal decisore (e condivisi con gli stakeholders) e nel rispetto dei vicoli esistenti. Per la definizione degli scenari di Progetto P, è necessario definire una strategia di intervento coerente con i principi di razionalità e condivisione dell'intero processo di pianificazione 3.0:

- individuazione delle criticità dello scenario di non intervento;
- interazione con gli stakeholders per l'ascolto delle esigenze specifiche;
- definizione del **giusto mix di interventi** (es. infrastrutture, servizi, tariffe, regole, informazioni) che vadano a definire la singola alternativa di piano/progetto e che siano capaci di risolvere le criticità individuate (stima degli impatti) nel rispetto delle richieste degli stakeholders (dibattito pubblico). È importante, inoltre, prevedere diverse tipologie di interventi al fine di:
  - massimizzare gli effetti (**interventi complementari**);
  - ridurre gli impatti negativi (**interventi compensatori**);

- massimizzazione ed efficientamento dell'offerta di trasporto esistente, ovvero puntare prima su di un uso ottimale e razionale delle risorse esistenti (es. sfruttare al meglio le infrastrutture e i servizi sotto-utilizzati prima di realizzarne di nuovi) e solo dopo pensare a nuove realizzazioni.

Ad esempio, se l'obiettivo del piano fosse la riduzione delle emissioni inquinanti, un possibile "mix di interventi" potrebbe essere: realizzare un road-princing per limitare gli accessi al centro della città, modificare la tariffazione delle sosta, incrementare quantità e qualità dei servizi di trasporto pubblico locale (TPL), il tutto per scoraggiare l'uso dell'automobile privata (politica di "push") ed incentivare l'utilizzo del trasporto collettivo (politica di "pull"). Se invece, ad esempio, l'obiettivo fosse la riduzione della congestione stradale, un possibile mix di interventi potrebbe essere: la realizzazione di nuove infrastrutture stradali, la riorganizzazione dei sensi di circolazione e della regolamentazione semaforica, l'utilizzazione di soluzioni tecnologiche ITS per aumentare la capacità offerta, l'introduzione di servizi di TPL di quantità e qualità superiore.

Una volta definite più alternative progettuali, occorre valutarne gli impatti sugli utenti e sui non utenti del sistema (si veda il Paragrafo 5.4) al fine di verificarne:
- **la sostenibilità funzionale**, ovvero la capacità di perseguire gli obiettivi prefissati nel rispetto dei vincoli;
- **la sostenibilità economica** (se è un piano redatto nell'ottica della collettività), ovvero confrontare i costi (es. di costruzione, gestione e manutenzione) con i benefici che ne deriverebbero (Paragrafo 7.3):
  - trasportistici (es. variazioni di tempi e costi di trasporto);
  - economici (es. variazione del sistema economico);
  - territoriali (es variazione di uso del territorio);
  - sociali (es. variazioni di accessibilità/equità);

- ambientali (es. variazioni di inquinamento);
- **la sostenibilità finanziaria** (se è un piano redatto nell'ottica di un'azienda), ovvero confrontare i costi con i ricavi attesi ed il tempo di rientro del capitale, anche per stimare eventuali sovvenzioni necessarie (Paragrafo 7.2);
- **la sostenibilità ambientale,** soprattutto se questa risulta un vincolo al piano/progetto;
- **la sostenibilità sociale** (Public Engagement – Capitolo 4), ovvero il grado di consenso che la singola alternativa di piano/progetto produce.

Ed è proprio a valle di queste verifiche di sostenibilità che si giunge al termine del processo di pianificazione, ovvero alla **scelta dell'alternativa di piano/progetto da implementare**.

In genere l'attività di individuazione ed analisi delle alternative di piano/progetto subisce più retro-azioni (Figura 24) prima di arrivare alla "scelta" (decisione), dovute alle interazioni dei tecnici con i decisori ed i portatori di interesse che spesso chiedono valutazioni aggiuntive ed ipotesi progettuali addizionali. In genere, questa attività termina con la scelta della "**soluzione soddisfacente**" (secondo quanto previsto nel modello decisionale a razionalità limitata) una volta trovato un equilibrio tra sostenibilità tecnica dell'alternativa progettuale, livello di raggiungimento degli obiettivi (formali ed informali) del decisore e grado di accettazione (consenso) da parte degli stakeholders.

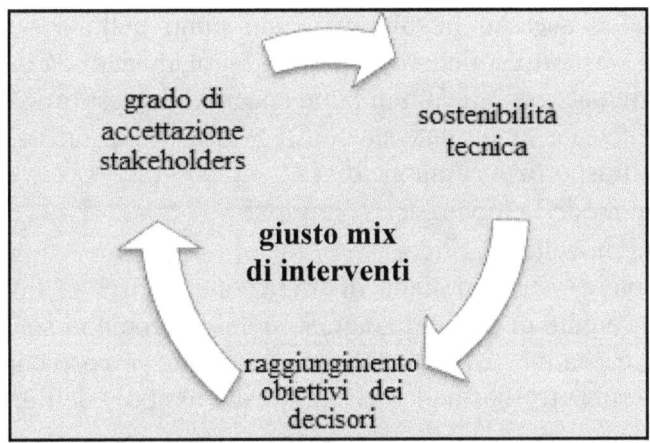

Figura 24 – Il processo per l'individuazione del giusto mix di interventi (soluzione "soddisfacente") da implementare (l'alternativa di piano/progetto)

5.3 Metodi e modelli per la simulazione dei sistemi di trasporto

Al fine di valutare gli effetti (impatti) che uno o più interventi produrranno su di un sistema di trasporto, occorre implementare uno strumento quantitativo di supporto alle decisioni (***Decision Support Systems - DSS***). Tale attività, comunemente definita *"l'arte di costruire i modelli"*, benché esula dalle finalità del presente volume, per completezza di trattazione è stata descritta nel presente paragrafo, riportandone alcuni richiami funzionali a comprendere meglio il processo di pianificazione 3.0. Si rimanda a testi specialistici per eventuali approfondimenti (es. Cascetta, 2006).

5.3.1 Il modello di offerta di trasporto

I modelli di offerta di trasporto possono essere sia *"continui"*, ovvero riferiti a servizi disponibili in ogni istante di tempo ed accessibili in ogni punto dello spazio (es. trasporto privato); ovvero *"non continui"* (programmati), se disponibili solo in alcuni istanti

di tempo ed accessibili solo in alcuni punti dello spazio (es. i servizi di trasporto collettivo, che sono regolamentati da orari delle corse e sono accessibili solo in punti specifici del territorio, laddove sono localizzate le fermate/stazioni). A sua volta, un modello di offerta di trasporto si compone di:
- un modello topologico (Figura 25);
- un modello analitico.

In particolare, per semplicità di trattazione e vista la finalità del testo, nel seguito di questo paragrafo si descriveranno i soli modelli continui e statici (ovvero le cui grandezze rappresentative si possono ritenere costanti nell'unità di tempo) dell'offerta di trasporto.

Il **modello topologico** è rappresentato tramite un *grafo*. Un grafo è definito da un insieme N di elementi, detti *nodi*, e da un insieme di coppie di nodi, detti *archi*. I grafi utilizzati per le reti di trasporto sono in genere orientati, ovvero hanno un preciso verso di percorrenza (es. strade a senso unico).

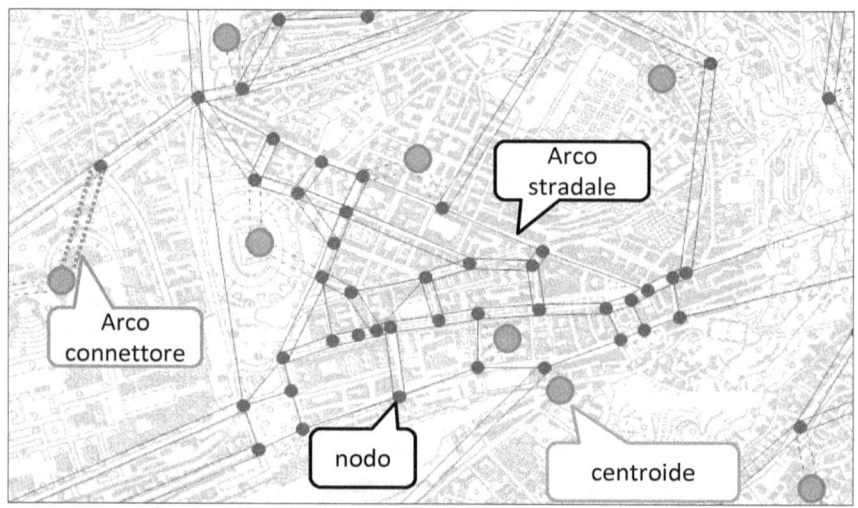

Figura 25 – Un esempio di modello topologico dell'offerta di trasporto

In un grafo rappresentativo di un sistema di trasporto, gli *archi* rappresentano delle fasi o attività dello spostamento (es. attesa ad una fermata, attraversamento di una strada). I *nodi* corrispondono ad eventi significativi che delimitano le fasi dello spostamento. Questi delimitano un arco e, ad esempio, possono rappresentare l'ingresso o l'uscita da un tronco stradale, un'intersezione stradale, una fermata. I nodi da dove si ipotizza partano ed arrivino gli spostamenti vengono detti *centroidi*. Questi rappresentano dei luoghi fittizi baricentrici delle zone di traffico in cui è stata suddivisa l'area di studio (discretizzazione spaziale – Paragrafo 5.2.1). Uno spostamento è schematizzabile come una sequenza di più fasi e può essere rappresentato da un *percorso k*, definito come successione di archi (o nodi) consecutivi che collegano un centroide di origine ad un centroide di destinazione. Una generica coppia origine-destinazione (O-D) è in genere collegata da più percorsi. Un esempio di grafo con differenti percorsi che connettono i nodi centroidi è mostrato in Figura 26.

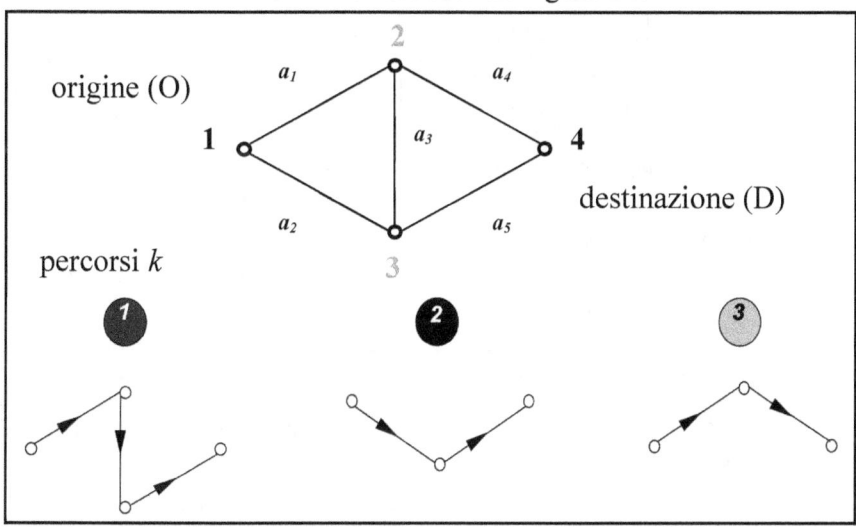

Figura 26 – Un esempio di grafo relativo ad una coppia OD collegata tramite tre percorsi (modello topologico)

La relazione esistente fra archi e percorsi si può rappresentare mediante una matrice, detta *matrice di incidenza archi-percorsi* Δ

(Tabella 11), con tante righe quanti sono gli archi e tante colonne quanti sono i percorsi della rete. Il generico elemento δ_{ak} della matrice Δ vale 1 se l'arco a appartiene al percorso k, 0 altrimenti.

A ciascun arco a è associato un *flusso di arco f_a*, che è il numero medio di utenti/veicoli/merci (anche suddivisi per categorie differenti o in veicolo equivalenti) che utilizzano l'arco a nell'unità di tempo (es. nell'ora di punta del mattino). A sua volta, ad ogni percorso k è possibile associare un *flusso di percorso h_k*, pari al numero di utenti/veicoli/merci che utilizzano il percorso k per muoversi dalla generica origine O alla generica destinazione D.

Coppie O-D	1-4			2-4		3-4
Percorsi Archi	1	2	3	4	5	6
1-2	1	1	0	0	0	0
1-3	0	0	1	0	0	0
2-3	1	0	0	1	0	0
2-4	0	1	0	0	1	0
3-4	1	0	1	1	0	1

Tabella 11 – Un esempio di matrice di incidenza archi-percorsi (modello topologico)

Il **modello analitico** dell'offerta di trasporto è rappresentato da:
- le **relazioni** di congruenza che **legano i flussi di arco ai flussi di percorso**;
- il **costo generalizzato medio di trasporto** e le funzioni di costo;
- le **relazioni** di congruenza che **legano i costi di percorso ai costi di arco**.

Il generico flusso su di un arco a è la somma dei flussi sui vari percorsi h_k che lo attraversano (risultato del modello di domanda – Paragrafo 5.3.2.2). Questa relazione può essere espressa utilizzando gli elementi δ_{ak} della matrice di incidenza archi-percorsi:

$$f_a = \Sigma_k (\delta_{ak} \cdot h_k)$$

Questa relazione matematica è spesso nota come *modello (statico) di propagazione del flusso su rete*. La stessa relazione può essere scritta in forma vettoriale:

$$\mathbf{f} = \begin{bmatrix} f_{12} \\ f_{13} \\ f_{23} \\ f_{24} \\ f_{34} \end{bmatrix} = \Delta \mathbf{h} = \begin{bmatrix} 1 & 1 & 0 & 0 & 0 & 0 \\ 0 & 0 & 1 & 0 & 0 & 0 \\ 1 & 0 & 0 & 1 & 0 & 0 \\ 0 & 1 & 0 & 0 & 1 & 0 \\ 1 & 0 & 1 & 1 & 0 & 1 \end{bmatrix} \begin{bmatrix} h_1 \\ h_2 \\ h_3 \\ h_4 \\ h_5 \end{bmatrix} = \begin{bmatrix} h_1 + h_2 \\ h_3 \\ h_1 + h_4 \\ h_2 + h_5 \\ h_1 + h_3 + h_4 + h_6 \end{bmatrix}$$

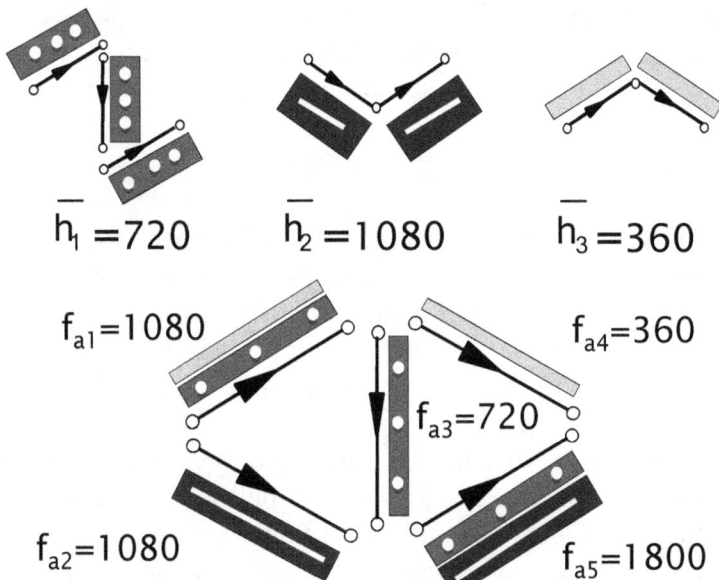

Figura 27 – Un esempio di modello (statico) di propagazione del flusso su rete

A ciascuna fase dello spostamento è possibile associare alcune grandezze "percepite" dagli utenti, come il tempo medio di viaggio, i costi monetari (es. consumo di carburante). Tali variabili sono note come *attributi di Livello Di Servizio* (LOS) e in generale corrispondono a disutilità o costi per gli utenti. Il **costo di trasporto medio generalizzato di arco** è una variabile che misura tutti gli attributi di disutilità percepiti dagli utenti, in particolare nelle scelte di percorso. Per quantificare il costo generalizzato medio c_a con un'unica grandezza scalare, le diverse componenti che lo compongono possono essere omogeneizzate tramite coefficienti di reciproca sostituzione β (il cui valore può essere stimato):

$$c_a = \beta_1 \cdot t_a + \beta_2 \cdot mc_a$$

dove t_a è il tempo medio di viaggio e mc_a è il costo monetario (es. il pedaggio) connesso all'attraversamento dell'arco. Nel caso più generale, il costo generalizzato di trasporto di un arco può essere espresso in funzione di diverse variabili r_{na} percepite dagli utenti di arco, come:

$$c_a = \Sigma_n \beta_n \cdot r_{na}$$

I coefficienti di reciproca sostituzione β hanno anche la finalità (oltre quella di omogenizzare grandezze differenti come tempi e costi monetari) di "pesare" i differenti attributi nella composizione del costo medio percepito da un utente (es. il tempo di attesa ad una fermata è percepito mediamente come più *"pesante"* rispetto a quello a bordo di un treno).

Gli attributi di arco dipendono generalmente dalle caratteristiche fisiche e funzionali dell'infrastruttura/servizio corrispondente. Tipici esempi sono il tempo di percorrenza di una strada, che dipende, per esempio, da lunghezza, tortuosità e limite di velocità. Esiste però un'altra dipendenza legata alla **congestione**, ovvero quando molti veicoli utilizzano contemporaneamente la medesima infrastruttura possono influenzarsi reciprocamente, riducendo le performance delle prestazioni di arco. Tipicamente, tali effetti di congestione sono direttamente proporzionali al flusso di veicoli (utenti o merci) che chiede di utilizzare contemporaneamente quella infrastruttura o servizio di trasporto. Per esempio, quanto più il flusso di veicoli che si muovono su di un tratto stradale è elevato, tanto più è probabile che i veicoli più veloci siano rallentati da quelli più lenti, determinando così un aumento del tempo medio di percorrenza. Analogamente, quanto maggiore è il flusso che arriva ad una intersezione, tanto più elevato sarà il tempo medio di attesa. Nel caso in cui le prestazioni di arco sono influenzate dal flusso che lo attraversa si parla di <u>rete congestionata</u>. In questi casi è possibile stimare le variazioni di costo medio generalizzato in funzione dei flussi sulla rete f attraverso una funzione di costo (o impedenza):

$$c_a = c_a(f) \quad \text{o in forma vettoriale} \quad c = c(f)$$

Una rappresentazione molto utilizzata nella pratica professionale per la stima del costo generalizzato in ambito urbano risulta la seguente:

$$c_a(f) = \beta_1\, tr_a(f) + \beta_2\, tw_a(f) + \beta_3\, mc_a(f)$$

dove:
- $tr_a(f)$ è la funzione che lega il tempo di percorrenza sull'arco a al vettore dei flussi di arco;
- $tw_a(f)$ è la funzione che lega il tempo di attesa all'intersezione presente al termine dell'infrastruttura, rappresentata dall'arco a, al vettore dei flussi;
- $mc_a(f)$ è la funzione che lega il costo monetario sull'arco a al vettore dei flussi.

Il tempo di attraversamento tr_a in genere può essere stimato tramite la relazione:

Processi decisionali e Pianificazione dei trasporti

$$tr_a = L_a / v_a (f_a)$$

dove:
tr_a è il tempo di percorrenza sull'arco a;
f_a è il flusso sull'arco a;
L_a è la lunghezza dell'arco a;
v_a è la velocità media sull'arco a, assumendo un regime di deflusso stabile.

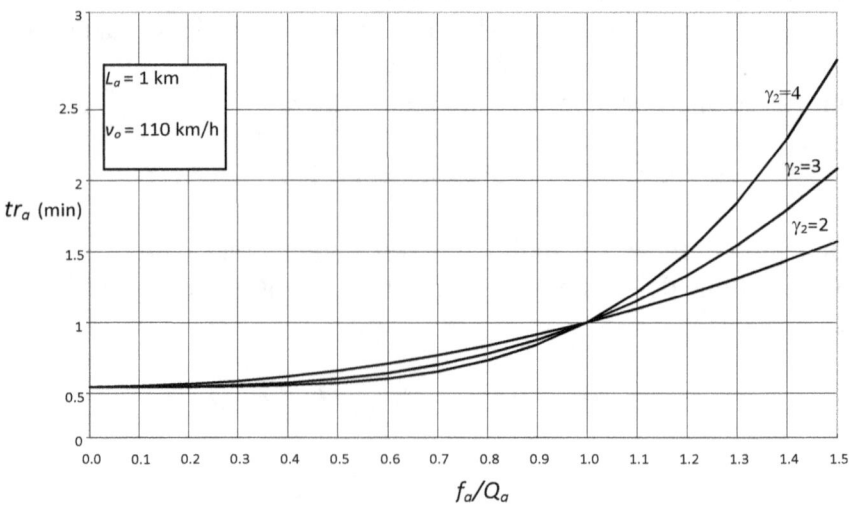

Figura 28 – Un esempio di funzione di costo: il tempo medio di attraversamento tr_a in funzione del grado di congestione f_a / Q_a (fonte: Cascetta, 2006).

Per stimare la v_a è possibile utilizzare la relazione calibrata su di un campione di dati rilevati nell'area urbana di Napoli (Cartenì, Punzo, 2007):

$$v_a = 29.9 + 3.6 Lu_a - 0.6 P_a - 13.9 T_a - 10.8 D_a - 6.4 S_a + 4.7 Pv_a$$
$$-1.0 \cdot E{-}04 \frac{(f_a / Lu_a)^2}{1 + T_a + D_a + S_a}$$

dove:

Lu_a è la larghezza utile in metri dell'arco a;
P_a la pendenza in %, non negativa, dell'arco a;
T_a la tortuosità dell'arco a, in valori compresi nell'intervallo [0, 1];
D_a un indice del disturbo arrecato al traffico da fattori esterni (immissioni laterali, soste irregolari, attraversamenti pedonali, ecc.) in valori compresi nell'intervallo [0, 1];
S_a la percentuale della lunghezza di a impegnata dalla sosta;
Pv_a una variabile dummy che vale 1 se la pavimentazione dell'arco a è asfaltata, 0 altrimenti.
f_a il flusso equivalente sull'arco a in autovetture equiv./ora;

Il tempo di percorrenza dell'arco a può, quindi, essere calcolato moltiplicando il tempo ricavabile dalla precedente relazione per un fattore correttivo, $c(L_a)$, che porta in conto l'effetto dei transitori di moto agli estremi del ramo (nel caso di arresto alle intersezioni):

$$tr_a = \frac{L_a}{v_a} \cdot c(L_a) = \frac{L_a}{v_a} \cdot \frac{1}{1 - exp(-0.47 - 0.48E - 02 \cdot L_a)}$$

dove L_a è la lunghezza del tronco stradale espressa in km.

Per la stima del tempo medio di attesa tw_a, nel caso urbano di intersezione semaforizzata, si può far riferimento alla relazione *in due termini di Webster*:

$$tw_a(f_a) = 0.9 \left[\frac{T_c(1-\mu)^2}{2(1 - f_a / S_a)} + \frac{(f_a / Q_a)^2}{2 f_a(1 - f_a / Q_a)} \right]$$

dove:
T_c è la lunghezza del ciclo;
μ è il rapporto tra il verde effettivo e la lunghezza del ciclo per il gruppo di corsie rappresentato dall'arco a;

Processi decisionali e Pianificazione dei trasporti

Q_a è la capacità (funzionale) del gruppo di corsie rappresentato dall'arco a;

$Q_a = \mu \cdot S_a$

S_a è il flusso di saturazione (capacità geometrica) rappresentato dall'arco a.

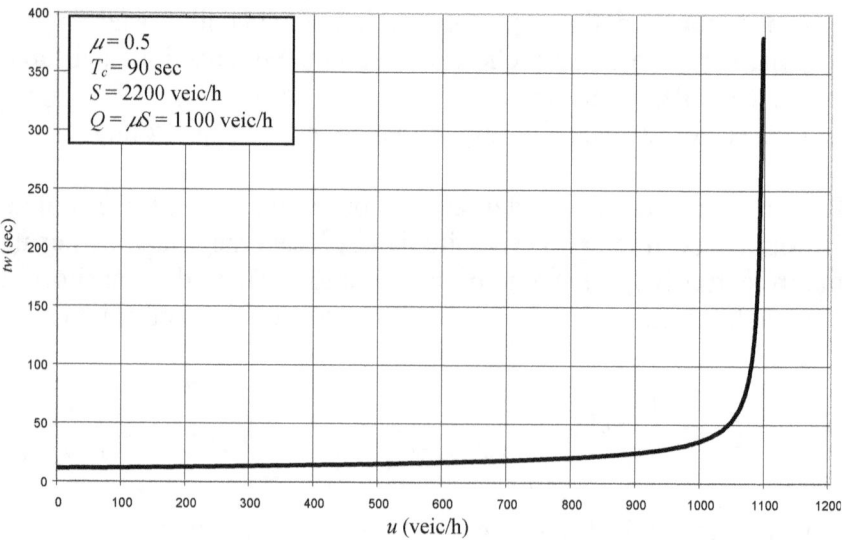

Figura 29 – Un esempio di funzione di costo: il tempo medio di attesa ad un'intersezione semaforizzata secondo la relazione in due termini di Webster (fonte: Cascetta, 2006).

Il costo medio di percorso g_k si compone di due aliquote: un costo additivo di arco, g_k^{ADD}, e il costo non-additivo, g_k^{NA}. La componente *additiva* è definita come la somma delle corrispondenti variabili additive degli archi che compongono il percorso (es. il tempo di viaggio di un percorso è la somma dei tempi di viaggio degli archi che lo compongono):

$$g_k^{ADD} = \sum_a \delta_{ak} c_a$$

L'equazione precedente può essere anche espressa in notazione vettoriale, introducendo il vettore dei costi additivi di percorso, g^{ADD}, ed il vettore dei costi di arco c:

$$g^{ADD} = \Delta^T c$$

che, nel caso di rete congestionata, diviene:

$$g^{ADD} = \Delta^T c(f)$$

La componente non additiva del costo di percorso rappresenta una "eventuale" aliquota di costo non ottenibile come somma delle corrispondenti aliquote di arco (es. un pedaggio fisso e non chilometrico di una autostrada, che quindi non può essere stimato come somma delle componenti di costo dei singoli archi).
Infine, combinando le precedenti equazioni, si ottiene il **modello analitico di offerta**:

$$\begin{array}{l} f = \Delta h \\ g = \Delta^T c + g^{NA} \\ c = c(f) \end{array} \quad \rightarrow \quad g(h) = \Delta^T c(\Delta h) + g^{NA}$$

5.3.2 La stima della domanda di mobilità

L'analisi, la progettazione ed il confronto di interventi su di un sistema di trasporto richiedono che venga stimata la domanda di mobilità (stime di traffico) con riferimento a differenti scenari di analisi (es. attuale, di non progetto e di progetto) tenendo esplicitamente in conto di tutti gli interventi (anche quelli invarianti, ovvero già decisi e/o in corso di realizzazione) sul sistema di trasporto. I metodi comunemente utilizzati per le stime di traffico sono sostanzialmente di due tipologie:
    1. stime dirette;
    2. stima tramite modelli matematici.

Processi decisionali e Pianificazione dei trasporti

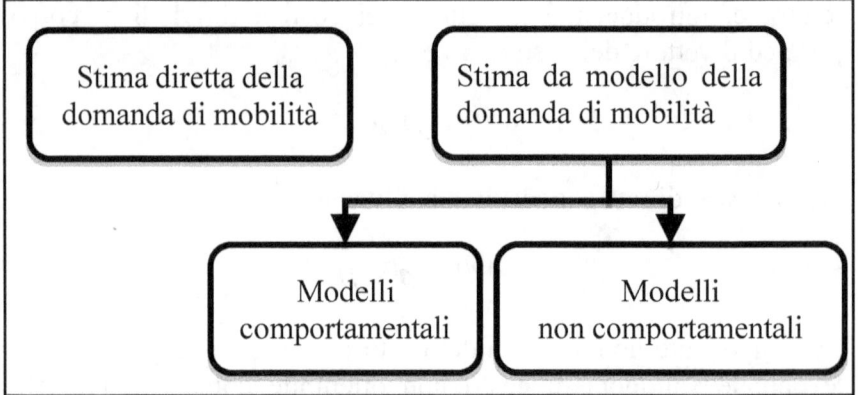

Figura 30 – Metodi di stima della domanda di mobilità

5.3.2.1 La stima diretta della domanda di mobilità

Attraverso specifici conteggi di traffico e/o indagini di mobilità (da progettare opportunamente caso per caso), la **stima diretta** permette di valutare la domanda di mobilità che interessa l'area territoriale oggetto di analisi (area di studio). Tale metodologia di stima permette di ottenere stime di traffico sia aggregate (es. veicoli/anno su di una infrastruttura) che disaggregate, arrivando a quantificare i traffici attuali di passeggeri e/o merci in termini di numero medio di spostamenti in prefissati periodi di analisi e suddivisi per origine, destinazione, motivo, modo di trasporto e tipologia di veicolo utilizzato (es. auto, veicoli merci leggeri, veicoli merci pesanti, bus, metro, bici).

Le metodologie di stima diretta della domanda di mobilità si basano sulle **tecniche di indagine campionaria**, ovvero sulla stima dei valori delle variabili di interesse (la domanda di mobilità), riferite ad una intera popolazione di utenti (es. i residenti di una città), a partire da un limitato numero di osservazioni sperimentali (indagini di mobilità) condotte presso un campione di utenti appartenenti alla popolazione stessa. Poiché, come detto, una trattazione esaustiva dell'argomento esula dagli obiettivi di questo

testo, nel seguito si riportano brevemente ed a titolo esemplificativo solo alcune tipologie di indagine. Le indagini di mobilità funzionali a questa tipologia di stima possono essere:
- **indagini a bordo o su strada**:
    - tramite intervista *face to face*;
    - tramite monitoraggio indiretto - CAMI (Computer Assisted Mobile Interviewing), ad esempio leggendo le tracce GPS dello smartphone personale;
- **indagini a domicilio**:
    - tramite telefono - CATI (Computer-Assisted Telephone Interviewing);
    - tramite web - CAWI (Computer-Assisted Web Interviewing).

Nelle indagini durante il viaggio (*"a bordo"*), si intervista un campione di utenti scelti a caso nel momento in cui stanno utilizzando una modalità di trasporto (es. a bordo di un autobus). Alternativamente è possibile intervistare gli utenti in attesa ad una fermata o stazione. In generale, le informazioni che è possibile recuperare con queste tipologie di interviste sono relativamente semplici in quanto il tempo a disposizione per sottomettere un questionario è di solito limitato (es. durata del viaggio in bus o metro).

Nelle indagini *a domicilio* si intervista un campione di utenti o di famiglie residenti all'interno dell'area di studio oggetto di analisi. Nel caso di intervista alle famiglie, il campione viene estratto in modo casuale dall'insieme delle famiglie totali (campione casuale semplice), ovvero da quello delle famiglie residenti in ciascuna zona di traffico in cui è stata suddivisa l'area di studio (campione casuale stratificato). Le domanda (il questionario) che vengono generalmente fatte sono più articolate e complesse di quelle fatte durante il viaggio e riguardano gli spostamenti abituali effettuati in un prefissato periodo di riferimento (es. il giorno prima dell'intervista).

Il numero di utenti da intervistare dipende dagli scopi dell'indagine e dalla precisione che si vuole ottenere. Di solito, le indagini finalizzate alla stima diretta della domanda attuale richiedono un campione molto più numeroso di quello necessario per la stima tramite modelli di domanda.

Indipendentemente dalla tipologia di intervista da effettuare, *la progettazione statistica* di una indagine campionaria prevede che vangano eseguite differenti fasi:
- individuazione dell'**universo campionario** (es. residenti di una città, studenti che ogni giorno frequentano l'Università), che risulta funzione degli scopi della stima;
- definizione dell'**unità di campionamento** (es. persona, famiglia, veicolo);
- definizione della **numerosità del campione** da estrarre (es. quanti studenti intervistare);
- definizione della **strategia di campionamento**, ovvero del metodo con cui estrarre il campione di utenti da intervistare;
- definizione dello **stimatore da adottare**, ovvero della funzione matematica utilizzata per pervenire alla stima diretta della domanda.

La definizione dell'universo e dell'unità di campionamento è fortemente influenzata dalla finalità della stima e dalla tipologia di indagine che si intende implementare (es. a bordo, a domicilio). Se si vuole stimare la domanda di mobilità degli studenti universitari, l'universo campionario sarà il numero di frequentanti mediamente l'università e l'unità di campionamento sarà il singolo studente universitario.

Per la scelta della strategia di campionamento, se ci si riferisce ai *campionamenti probabilistici*, le strategie di campionamento più diffuse nelle pratiche professionali sono:
- *campionamento casuale semplice*, ovvero tutti gli elementi della popolazione hanno la stessa probabilità di essere estratti (e quindi di appartenere al campione);

- *campionamento casuale stratificato*: la popolazione di utenti è preventivamente suddivisa in gruppi (strati), con intersezione nulla, ed esaustivi dell'intera popolazione. Da ciascuno strato viene poi estratto un campione di utenti (ogni elemento di uno strato ha uguale probabilità di appartenere al campione, mentre ad utenti di strati diversi possono corrispondere probabilità di estrazione differenti);

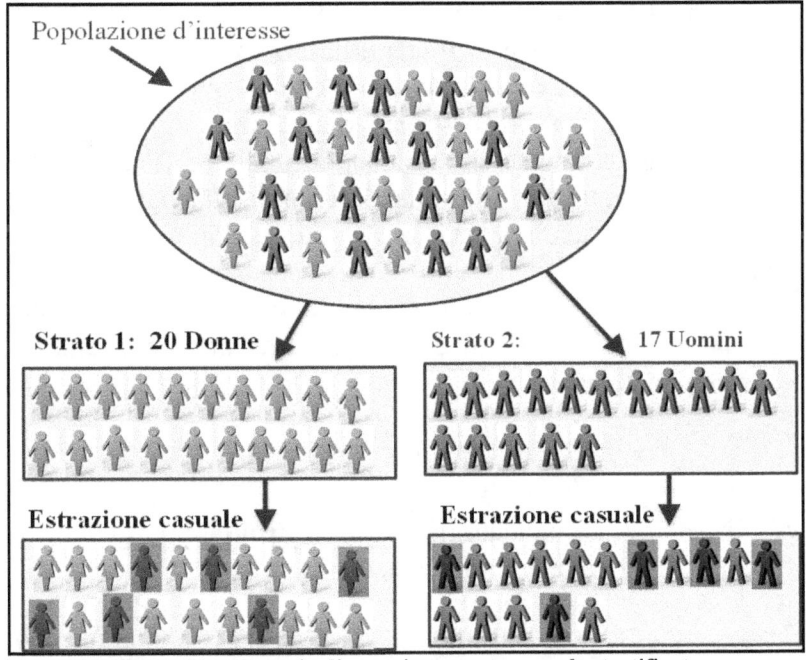

Figura 31 – Esempio di campionamento casuale stratificato

- *campionamento a grappolo*: sono tecniche più disaggregate, nelle quali le unità di riferimento (ad esempio gli utenti del trasporto) sono raggruppati in grappoli (ad esempio i passeggeri di un veicolo) e poi estratti a caso (grappolo casuale semplice) ovvero stratificati e poi estratti da ciascuno strato (grappolo casuale stratificato).

La scelta dello stimatore matematico da utilizzare rappresenta l'ultima attività della stima diretta della domanda. Senza entrare nel dettaglio delle proprietà statistiche degli stimatori, si tenga presente che la scelta del più opportuno stimatore dipende dalle grandezze di cui si intende ottenere una stima, nonché dalla strategia di campionamento adottata[21]. Si consideri per semplicità il caso di un **campionamento casuale semplice**, dal quale si è estratto casualmente un campione di n utenti da un universo di N (es. n = 1.500 studenti estratti dall'universo degli N = 15.000 studenti frequentanti/giorno). Sia d il generico flusso di domanda di determinate caratteristiche che si intende stimare (es. la domanda di spostamenti in auto d^{auto}_d destinati all'Università ogni giorno; il numero di spostamenti in auto d^{auto}_{od} da un'origine o verso una destinazione d) ed m il numero di tali spostamenti effettuato dal campione (es. m^{auto}_d = 800 spostamenti in auto). La stima campionaria $\tilde{d}$ del flusso di domanda per l'intero universo può essere ottenuta come:

$$\tilde{d} = (N/n) \cdot m = (1/\alpha) \cdot m$$

dove con $\alpha = n/N$ si è indicato il **tasso di campionamento**. Nel caso dell'esempio degli studenti universitari si avrebbe:

$$\tilde{d}^{auto}_d = (N/n) \cdot m^{auto}_d = (15.000/1.500) \cdot 800 = (1/0,1) \cdot 800 = 8.000$$

Stimati tutti i flussi di domanda $\tilde{d}$ (es. $\tilde{d}_{od}$, tra tutte le origini o e destinazioni d in cui è stata suddivisa l'area di studio e per tutti i modi di trasporto), è possibile raggrupparli in un vettore di domanda **d** rappresentativo della matrice OD introdotta nel Paragrafo 2.3 (Tabella 3, pag. 35).

---

[21] Si può dimostrare che uno stimatore statisticamente efficiente per una strategia di campionamento può non esserlo per un'altra.

La stima diretta della domanda di mobilità, permettendo di quantificare solamente i traffici (flussi) passeggeri e/o merci attuali (si pensi ad una "fotografia" della situazione attuale), presenta una intrinseca limitata capacità previsionale e quindi può essere impiegata per valutare gli effetti (in genere di breve o, al più, di medio periodo) di interventi per i quali non si ritiene che vi siano significative variazioni nel livello di domanda (numero di spostamenti nell'orizzonte temporale di analisi) o nella sua distribuzione temporale e spaziale (da quali origini verso quali destinazioni sono diretti gli spostamenti nelle fasce orarie di analisi), e nella ripartizione modale (quali modi/veicoli di trasporto vengono utilizzati).

Esempi di interventi per i quali può essere adoperata una stima diretta della domanda sono:
- la progettazione dei sensi di marcia di un quartiere/città;
- la progettazione del/dei piano/i semaforico/i di un'area territoriale;
- la stima degli effetti di un ammodernamento/riqualificazione di una infrastruttura stradale urbana/extraurbana/autostradale (a patto che questo intervento non modifichi significativamente l'offerta di trasporto stradale del territorio analizzato);
- una riprogettazione di parte (limitata) degli orari o dei percorsi delle linee di trasporto collettivo su gomma/ferro (anche in questo caso a patto di non creare delle modifiche tali per cui ci si aspetta una variazione del livello e della distribuzione della domanda complessiva).

5.3.2.2 La stima da modello della domanda di mobilità

In alternativa alla stima diretta della domanda, è possibile utilizzano le **stime da modello**. Un modello di domanda di trasporto può essere definito come una relazione matematica che consente di associare ad un dato sistema di offerta di trasporto *TRA* (es. tempi e costi di viaggio) e di attività del territorio *ATT* (es. numero e localizzazione della popolazione o delle attività produttive) il valore medio del flusso di domanda passeggeri o merci (in un vettore di domanda **d**) con specifiche caratteristiche dello spostamento (motivo, modo di trasporto) e con riferimento ad uno o più periodi di analisi (es. ore di punta e morbida della giornata, ovvero flussi giornalieri o annuali):

$$d = d(TRA, ATT, \beta)$$

dove β è un vettore di parametri del modello che va opportunamente stimato/calibrato (tramite specifiche indagini di mobilità) e che permette sia di "pesare" che di omogenizzare (perché in unità di misura differenti) gli attributi *TRA* e *ATT*. I modelli di domanda, a loro volta, possono essere sia <u>comportamentali</u> che <u>non comportamentali</u> (talvolta noti anche come "*descrittivi*").

I **modelli comportamentali** sono finalizzati a riprodurre le scelte/i comportamenti (osservate/i) di mobilità, a partire da specifiche ipotesi sul comportamento degli utenti. I campi di applicazione di questi modelli sono quelli in cui vi è una "reale scelta" come, ad esempio, quella del modo di trasporto da utilizzare per uno spostamento (tra quelli disponibili) o la destinazione nella quale recarsi per fare shopping, ovvero l'orario di partenza per un viaggio di piacere.

Tra i modelli comportamentali quelli di gran lunga più utilizzati nelle pratiche professionali sono i <u>modelli di utilità aleatoria</u> (o casuale), ovvero dei modelli che si basano sull'ipotesi che ogni utente sia un *decisore razionale* ovvero un massimizzatore dell'utilità relativa associata alle proprie scelte di mobilità. Poiché, come detto, una trattazione esaustiva dell'argomento esula dagli obiettivi di questo testo, nel seguito si riportano brevemente ed a titolo esemplificativo solo le ipotesi e la formulazione di uno dei

modelli di utilità aleatoria più utilizzati. Più in particolare, le ipotesi su cui si basano questi modelli sono:
- il generico utente i, nell'effettuare una scelta di mobilità, considera più alternative disponibili che costituiscono il suo insieme di scelta I^i. L'insieme di scelta può essere differente per utenti diversi (es. alcuni utenti posseggono l'auto privati ed altri non la posseggono);
- il decisore i associa a ciascuna alternativa j (appartenente al suo insieme di scelta) **un'utilità o "attrattività" percepita** U^i_j e sceglie l'alternativa (es. modo di trasporto) che la massimizza (es. percepisce un'utilità maggiore per l'auto, quindi sceglie di usare l'auto);
- l'utilità associata a ciascuna alternativa j di scelta dipende da una serie di caratteristiche o **attributi**, propri dell'alternativa stessa e caratteristici per quel decisore i:

$$U^i_j = U^i(\mathbf{TRA}^i_j, \mathbf{ATT}^i_j)$$

dove $\mathbf{TRA}^i_j$ $\mathbf{ATT}^i_j$ sono i vettori degli attributi di trasporto e socio-economici relativi all'alternativa j e al decisore i (es. tempi di viaggio in auto, costo del carburante in auto, livello di reddito dell'utente i-esimo). Il decisore sceglie una alternativa confrontando gli attributi propri di quella alternativa con quelli delle altre alternative disponibili (es. l'automobile sarà scelta non perché è tale, ma perché le sue caratteristiche sono migliori di quelle del bus o della metro);
- l'utilità associata dal generico decisore i all'alternativa j non è nota con certezza all'analista e pertanto deve essere rappresentata con una **variabile aleatoria**.

Sulla base delle ipotesi precedenti non è possibile in generale prevedere con certezza quale alternativa sceglierà il generico decisore (aleatorietà dell'utilità percepita). È invece possibile stimare la probabilità che un utente scelga l'alternativa j

condizionata al suo insieme di scelta I^i. In particolare, la probabilità che l'utente scelga l'alternativa j è pari alla probabilità che tale alternativa abbia un'utilità percepita maggiore di tutte le altre alternative disponibili, ovvero:

$$p^i[j/I^i] = Pr[U^i_j > U^i_k \quad \forall k \neq j, k \in I^i] \qquad (1)$$

L'utilità percepita U^i_j può essere inoltre espressa come la somma di un'**utilità sistematica** V^i_j e un residuo aleatorio ε^i_j.

$$U^i_j = V^i_j + \varepsilon^i_j \quad \forall j \in I^i$$

L'utilità sistematica rappresenta la media dell'utilità percepita tra tutti gli utenti con lo stesso contesto di scelta del decisore i (es. V^i_j =30 è l'utilità percepita media associata all'auto da parte di tutti i residenti con età compresa tra 18-30 anni, studenti universitari che posseggono un auto e che vivono nello stesso quartiere). Il residuo aleatorio ε^i_j rappresenta invece lo scostamento dell'utilità percepita dall'utente i dal valore medio catturando quell'incertezza legata alla reale percezione dell'alternativa j-esima da parte dell'utente i-esimo (es. l'utente 1 percepisce $U^i_1 = 30 + 1 = 31$, l'utente 2 percepisce $U^i_2 = 30 - 5 = 25$, valori diversi tra di loro e non noti all'analista) ed è rappresentata da una variabile aleatoria.

Nell'ipotesi che i residui aleatori ε^i_j relativi alle diverse alternative siano indipendentemente ed identicamente distribuiti secondo una variabile aleatoria di Gumbel a media nulla e di parametro θ, la relazione (1) può essere espressa in forma chiusa producendo uno dei modelli di utilità aleatoria più semplici ma, al tempo stesso, più utilizzati nella pratica professionale:

Logit Multinomiale: $\quad p^i[j/I^i] = \dfrac{exp(V^i_j/\theta)}{\sum_{k=1}^{m} exp(V^i_k/\theta)} \qquad (2)$

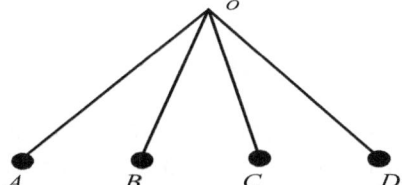

Figura 32 – Struttura dell'albero di scelta di un modello Logit Multinomiale

L'espressione dell'utilità sistematica rappresenta, come detto, la media dell'utilità percepita fra tutti gli individui che hanno gli stessi valori degli attributi. Questa può essere espressa come una funzione lineare degli attributi $TRA^i{}_j$ e $ATT^i{}_j$ nei coefficienti β_k di omogeneizzazione e peso:

$$V^i{}_j(TRA^i{}_j, ATT^i{}_j) = \Sigma_k \, \beta_k \cdot TRA^i{}_{k,j} + \Sigma_w \, \beta_w \cdot ATT^i{}_{w,j}$$

Nel caso di 2 sole alternative di scelta A (auto) e B (bus) l'espressione (2) risulta:

$$p[A] = \frac{exp(V_A / \theta)}{exp(V_A / \theta) + exp(V_B / \theta)}$$

$$p[B] = \frac{exp(V_B / \theta)}{exp(V_A / \theta) + exp(V_B / \theta)}$$

con $p[A] + p[A] = 1$

dove le due utilità V_A e V_B risultano una combinazione lineare (pesata e omogenizzata nei parametri β) di attributi di tempo e costo di viaggio, oltre che di una variabile di preferenza modale (AUTO) che serve a stimare tutti gli altri attributi non esplicitamente "spiegati" dalle altre variabili (es. comfort a bordo dell'auto, flessibilità di questo modo di trasporto):

$V_A = \beta_1\, tempo_{bordo} + \beta_2\, costo_{carburante} + \beta_3\, AUTO$

$V_B = \beta_1\, tempo_{bordo} + \beta_2\, tempo_{attesa} + \beta_3\, tempo_{piedi} + \beta_7\, costo_{biglietto}$

I **modelli non comportamentali**, invece, hanno come obiettivo quello di mettere in relazione (es. tramite proporzionalità diretta o inversa) la domanda di mobilità con gli attributi sia di trasporto che del sistema delle attività che meglio riescono a *"spiegare"* (es. da un punto di vista statistico) un fenomeno, senza alcuna ipotesi sul comportamento degli utenti. Questi modelli sono applicati in contesti nei quali non vi è una reale scelta (es. per riprodurre la distribuzione degli spostamenti sistematici casa-lavoro/scuola).

Per i modelli di domanda non comportamentali non esiste una specificazione unica che valga indipendentemente dal contesto di applicazione (es. emissione degli spostamenti, distribuzione), così come accade per il modello Logit Multinomiale che può essere applicato praticamente ad ogni contesto di scelta. Caso per caso vengono in genere stimati modelli differenti.

5.3.2.3 Sistemi di modelli per la domanda di mobilità

In genere, le caratteristiche rilevanti legate alla domanda di mobilità sono:
- *i*, la categoria socioeconomica degli utenti (es. lavoratori, studenti);
- *o,d,* le zone di origine e di destinazione dello spostamento;
- *s*, il motivo per il quale ci si sposta (es. lavoro, studio, svago);
- *h*, la fascia oraria di riferimento (es. ora di punta del mattino) nella quale avvengono gli spostamenti;
- *m*, il modo di trasporto (o sequenza di modi), con cui effettuare lo spostamento (es. auto, bus, metro);
- *k*, il percorso scelto per lo spostamento (rappresentato da una sequenza di archi che collegano i centroidi *o* e *d* sul

modello di rete rappresentativo dell'offerta di servizi di trasporto del modo m – Paragrafo 5.3.1).

A partire da queste caratteristiche, il flusso di domanda da simulare può quindi essere indicato con d^i_{od} [s, h, m, k] e il modello di domanda come:

$$d^i_{od}[s, h, m, k] = d(\textbf{\textit{TRA}}^i, \textbf{\textit{ATT}}^i)$$

Spesso, nelle pratiche applicazioni professionali, si "**fattorializza**" la stima della domanda di mobilità come il prodotto di più modelli (aliquote) di domanda interconnessi e rappresentativi delle singole scelte che un utente, nell'effettuare uno spostamento, esegue in maniera gerarchica e sequenzialmente:
- la scelta di effettuare o meno lo spostamento (o di quanti spostamenti compiere);
- la scelta di dove recarsi a svolgere una specifica attività;
- la scelta di quale modo di trasporto utilizzare per recarsi in una certa destinazione;
- la scelta del percorso da seguire per giungere a destinazione con il modo di trasporto scelto.

La sequenza di sotto-modelli che ne deriva permette di ottenere quello che comunemente viene chiamato **modello ad aliquote parziali (o modello a 4 stadi)**:

$$d^i_{od}[s,h,m,k] = d^i_o \cdot [s,h](\textbf{\textit{TRA}}^i, \textbf{\textit{ATT}}^i) \cdot p^i[d/o,s,h](\textbf{\textit{TRA}}^i, \textbf{\textit{ATT}}^i)$$
$$\cdot p^i[m/o,s,h,d](\textbf{\textit{TRA}}^i, \textbf{\textit{ATT}}^i) \cdot p^i[k/o,s,h,d,m](\textbf{\textit{TRA}}^i, \textbf{\textit{ATT}}^i)$$

dove:
$d^i_o \cdot [s,h](\textbf{\textit{TRA}}^i, \textbf{\textit{ATT}}^i)$ è il **modello di emissione** (o generazione) e fornisce il numero medio di utenti di categoria i che si spostano da o per il motivo s nell'intervallo temporale h;

$p^i[d/o,s,h](\textbf{\textit{TRA}}^i, \textbf{\textit{ATT}}^i)$ è il **modello di distribuzione** e fornisce la probabilità (o percentuale) di utenti di categoria i che, spostandosi da o per il motivo s nell'intervallo h, si recano nella zona di destinazione d;

$p^i[m/o,s,h,d](\textbf{\textit{TRA}}^i, \textbf{\textit{ATT}}^i)$ è il **modello di scelta modale** (o di ripartizione modale) e fornisce la probabilità (o percentuale) di utenti di categoria i che, spostandosi da o a d per il motivo s nell'intervallo h, utilizzano il modo di trasporto m;

$p^i[k/os,h,d,m](\textbf{\textit{TRA}}^i, \textbf{\textit{ATT}}^i)$ è il **modello di scelta del percorso** e fornisce la probabilità (o percentuale) di utenti di categoria i che, spostandosi da o a d per il motivo s nell'intervallo h con il modo m, utilizzano il percorso k.

Il sistema di modelli descritto permette di simulare il flusso di domanda di spostamenti a partire dalla domanda totale emessa da o, $d^i{}_o.[s,h]$ (*livello di domanda*), ripartendola progressivamente fra le destinazioni, i modi e i percorsi possibili. Per questo motivo il modello è noto come *"modello ad aliquote parziali"*.

In genere, per ciascuna delle aliquote di domanda è possibile utilizzare una stima diretta, una stima tramite modello comportamentale ovvero un modello non comportamentale. Nella Tabella 12 si riportano i metodi di stima più utilizzati nelle pratiche professionali per riprodurre le singole aliquote di domanda.

Aliquota di domanda	Stima diretta	Stima da modello comportamentale	Stima da modello non comportamentale
Emissione	talvolta	spesso	spesso
Distribuzione	talvolta	spesso	spesso
Modo di trasporto	raramente	quasi sempre	-
Percorso	-	sempre	-

Tabella 12 – Campi di applicazione delle metodologie di stima della domanda di mobilità per singola aliquota di domanda da stimare

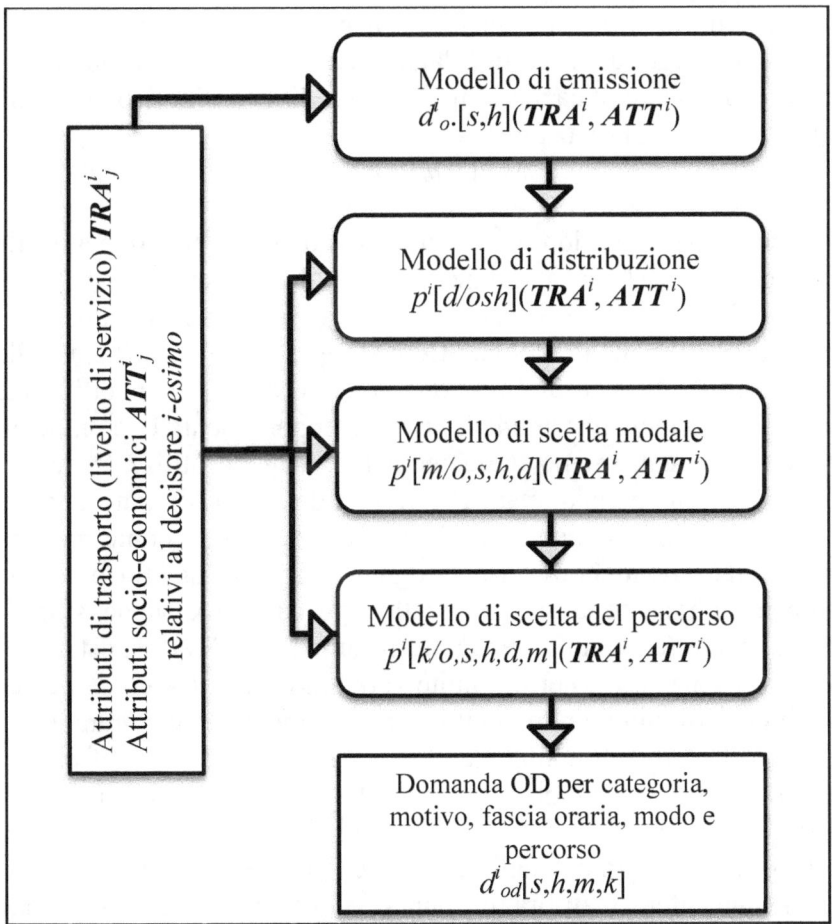

Figura 33 – Il sistema di modelli di domanda a quattro stadi

Il **modello di emissione**, come detto, fornisce il numero medio di spostamenti $d^i{}_o.[s,h]$ nell'intervallo h per il motivo s effettuati da utenti di categoria i a partire dalla zona di traffico o. In generale, nelle pratiche applicazioni, il modello di emissione può essere stimato tramite la relazione

$$d^i{}_o.[s,h] = n_o[i] \cdot m^i [o,s,h]$$

ovvero come il prodotto tra il numero di utenti appartenenti alla categoria i $n_o[i]$ per il numero medio di spostamenti, $m^i[o,s,h]$ effettuati dal generico individuo di categoria i, a partire da o, per il motivo s nell'intervallo h. Come rappresentato nella tabella precedente, i modelli di emissione possono essere ricondotti a due categorie principali: modelli non comportamentali e modelli comportamentali (meno frequentemente vengono utilizzate metodi di stima diretta della domanda). Tra i modelli non compartimentali, quelli più frequentemente utilizzati sono quelli noti come **modelli indice per categoria** ovvero per ogni categoria di utenti (ipotizzata omogenea rispetto al motivo dello spostamento), viene stimato direttamente (es. tramite indagine) il numero medio di spostamenti $m^i[o,s,h]$ senza esprimerlo tramite variabili esplicative come invece si farebbe tramite un modello comportamentale (es. tramite un modello Logit Multinomiale andrebbe stimata l'utilità di effettuare x spostamenti e quindi la probabilità ad esso associata). Nella Tabella 13 si riportano i risultati di un modello "indice per categoria" calibrato dall'autore per contesto della regione Campania riferito all'ora di punta 7:30-8:30 del giorno feriale medio invernale e riferito a 4 distinti motivi e categorie di utenti:
1. motivo lavoro, valido per la categoria dei lavoratori;
2. motivo studio scuole superiori, valido per la categoria degli studenti delle scuole superiori;
3. motivo studio universitario, valido per la categoria degli studenti iscritti all'Università.
4. altri motivi, valido per le altre categorie di utenti.

Motivo	Occupati alto reddito	Occupati basso reddito	Studenti scuola	Studenti Università	altri
Lavoro	0,559	0,559			
Studio			0,801		
Università				0,155	
Altri	0,072	0,072			0,068

Tabella 13 – Numero medio di spostamenti nell'ora di punta del mattino $m^i[o,s,h]$ stimati per il territorio della Regione Campania

Il **modello di distribuzione** fornisce l'aliquota $p^i[d/o,s,h]$ di spostamenti di utenti di categoria i che, partendo dalla zona o per il motivo s nell'intervallo h, si reca nella destinazione d. In genere per la distribuzione degli spostamenti si possono implementare:
- modelli comportamentali;
- modelli non comportamentali.

In genere, si assume che l'alternativa sia costituita dalla singola zona di traffico individuata in fase di zonizzazione dell'area di studio. Tra i modelli comportamentali, uno tra i più utilizzati è quello Logit Multinomiale:

$$p^i[d/o,s,h] = \frac{exp(V^{i,s,h}_{od}/\theta)}{\sum_{d'=1}^{nod} exp(V^{i,s,h}_{od'}/\theta)}$$

dove $V^{i,s,h}_{od}$ è l'utilità sistematica associata alla categoria i-esima, per il motivo s, la fascia oraria h ed alla coppia origine destinazione o-d. Tale utilità sistematica può essere espressa tramite una combinazione lineare di attributi di *costo* (o di *separazione)*, funzione della coppia o-d, ed attributi di *attrattività*, funzione esclusivamente della destinazione d.

Con riferimento, ad esempio, al modello di distribuzione comportamentale calibrato dall'autore per il contesto della regione Campania, l'espressione delle utilità sistematiche relative ai differenti motivi dello spostamento possono essere (per semplicità di notazione nel seguito si ometteranno, sottintendendoli, l'indice di categoria, il motivo e la fascia oraria dello spostamento):

Motivo lavoro:

$V_{od} = \beta_1 \cdot Logsum_{od,m} + \beta_2 \, int\, bacino_{od} + \beta_4 Napoli + \beta_5 \cdot ln(Ad_{tot}(d)) +$

$+ \beta_{10} \, int\, zona_{od} + \beta_{11} \, int\, Napoli_{od}$

Motivo studio scuole superiori:

$V_{od} = \beta_1 \cdot Logsum_{od,m} + \beta_2 \, int\, bacino_{od} + \beta_4 Napoli + \beta_8 \cdot ln(Ad_{scuola}(d)) +$

$\beta_{10} \, int\, zona_{od} + \beta_{11} \, int\, Napoli_{od}$

Motivo studi universitari:

$V_{od} = \beta_1 \cdot Logsum_{od,m} + \beta_2 \, int\, bacino_{od} + \beta_4 Napoli + \beta_9 \cdot ln(Ad_{UNI}(d)) +$

$+ \beta_{10} \, int\, zona_{od} + \beta_{11} \, int\, Napoli_{od}$

Altri motivi:

$V_{od} = \beta_1 \cdot Logsum_{od,m} + \beta_2 \, int\, bacino_{od} + \beta_4 Napoli + \beta_7 \cdot ln(Ad_{serv}(d)) +$

$+ \beta_6 \cdot ln(Ad_{com}(d)) + \beta_{10} \, int\, zona_{od} + \beta_{11} \, int\, Napoli_{od}$

dove:

- $Logsum_{od,m}$ è la variabile inclusiva (logsum) sulla scelta modale con espressione:

$$Logsum_{od,m} = ln \sum_j exp(V_{od,j} / \theta)$$

con V_j che rappresentano le utilità sistematiche associate ai singoli modi considerati. Tale variabile risulta essere una variabile di accessibilità (variabile di "costo") e permette di meglio simulare l'offerta di trasporto (di tutti i modi disponibili m) per raggiungere la generica destinazione d;

- int $zona_{od}$ è una variabile *dummy* che vale 1 per gli spostamenti intrazonali (ovvero quelli la cui origine e destinazione appartengono alla stessa zona di traffico), 0 altrimenti;
- int $bacino_{od}$ è una variabile *dummy* che vale 1 se le zone di origine e destinazione appartengono allo stesso bacino di traffico, 0 altrimenti;
- int $Napoli_{od}$ è una variabile *dummy* che vale 1 se le zone di origine e destinazione sono entrambe interne al comune di Napoli, 0 altrimenti;
- $Napoli_d$ è una variabile *dummy* che vale 1 se la zona destinazione è interna al comune di Napoli, 0 altrimenti;
- $ln(Ad_{tot}(d))$ è il logaritmo degli addetti totali nella zona d (variabile di "attrattività");
- $ln(Ad_{serv}(d))$ è il logaritmo degli addetti ai servizi in d;
- $ln(Ad_{com}(d))$ è il logaritmo degli addetti al commercio in d;
- $ln(Ad_{scuola}(d))$ è il logaritmo degli addetti alla scuola superiore nella zona d;
- $ln(Ad_{UNI}(d))$ è il logaritmo degli addetti all'università in d.

Processi decisionali e Pianificazione dei trasporti

Motivo	$Logsum_{od,m}$	int $bacino_{od}$	$Napoli_d$	int $zona_{od}$	int $Napoli_{od}$
Lavoro	0,7158973	3,862005	0,108342	2,50208	-0,495
Studio	1,283677	12,34575		4,93714	
Università	0,936496		0,01832		
Altri	0,3785204	3,355513	0,19171	2,77016	-0,17

Motivo	$ln(Ad_{tot}(d))$	$ln(Ad_{com}(d))$	$ln(Ad_{serv}(d))$
Lavoro	0,584913		
Studio			
Università			
Altri		0,5976285	0,626087

Motivo	$ln(Ad_{scuola}(d))$	$ln(Ad_{UNI}(d))$
Lavoro		
Studio	0,365722	
Università		0,930931
Altri		

Tabella 14 – Parametri del modello di distribuzione Logit Multinomiale stimati per il territorio della regione Campania

Tra i <u>modelli non comportamentali</u> applicati per riprodurre i flussi di domanda OD dalle origini *o* alle destinazioni *d* (modelli di distribuzione), ovvero per stimare la percentuale di spostamenti della categoria *i*, $p^i[d/o,s,h]$, che si recano in una zona di traffico *d* partendo da *o*, per il motivo *s* e nella fascia oraria *h*, una delle espressioni più utilizzate risulta:

$$p^i[d/o,s,h] = \frac{exp(\beta^{i,s}_1 A^s_d - \beta^{i,s}_2 C^h_{o,d})}{\sum_{d'} exp(\beta^{i,s}_1 A^s_{d'} - \beta^{i,s}_2 C^h_{o,d'})} \quad (3)$$

dove $A^s{}_d$ e $C^h{}_{o,d}$ sono rispettivamente una variabile di attrazione (es. numero di negozi presenti in d funzionali a svolgere un'attività per il motivo s) ed una di costo (es. distanza o tempo di viaggio tra o e d funzione della fascia oraria h in cui ci si sposta). Nelle applicazioni professionali sono talvolta utilizzate delle forme particolari del modello precedente, note come **modelli gravitazionali**. Uno dei più utilizzati si ricava dal modello (3), considerando come variabile di attrazione il logaritmo naturale di $A^s{}_d$, $ln(A^s{}_d)$, che sostituito nella (3) al posto di $A^s{}_d$ fornisce:

Modello Gravitazionale:

$$p^i[d/o,s,h] = \frac{A^{s\beta^{.s}{}_1}_d \, e^{-\beta^{.s}{}_2 C^h{}_{o,d}}}{\sum_{d'} A^{s\beta^{.s}{}_1}_{d'} \, e^{-\beta^{.s}{}_2 C^h{}_{o,d'}}}$$

Il **modello di scelta modale** fornisce l'aliquota $p^i[m/o,s,h,d]$ di spostamenti di utenti di categoria i che, recandosi da o a d per il motivo s nell'intervallo h, utilizza il modo di trasporto m. Come si evince dal nome, i modelli di scelta modale utilizzati nella pratica professionale sono quasi sempre comportamentali, perché tendono a riprodurre il comportamento degli utenti del sistema dei trasporti. In questi modelli, le alternative di scelta sono i singoli modi di trasporto (es. auto, bus, treno, bici, piedi), anche se si possono avere casi di alternative di scelta combinate da più modi utilizzati in maniera sequenziale durante un viaggio (es. bici + treno o bici + bus).

Gli attributi che compaiono nelle funzioni di utilità dei modelli comportamentali di scelta del modo di trasporto sono in generale:
- **attributi di livello di servizio** $TRA^i{}_j$, relativi all'alternativa j e al decisore i;
- **attributi socio-economici** $ATT^i{}_j$;
- **attributi di preferenza modale** o specifici dell'alternativa $ASA^i{}_j$.

Gli *attributi di livello di servizio* si riferiscono alle caratteristiche del servizio offerto dal singolo modo, ad esempio il tempo di viaggio (es. scomposto nel tempo a piedi di accesso ad una fermata, nel tempo di attesa del bus e nel tempo a bordo), il costo monetario, la regolarità del servizio, il numero di trasbordi da effettuare e così via. Questi attributi hanno coefficienti β negativi, in quanto rappresentano per l'utente delle disutilità (es. più alto è il costo del biglietto, meno utile si percepirà quel modo di trasporto).

Gli *attributi socio-economici* si riferiscono alle caratteristiche socio-economiche della generica categoria di utenti i e che possono influenzare l'utilità percepita e quindi la scelta del modo di trasporto. Esempi sono il livello di reddito, il numero di componenti del nucleo familiare, il numero di auto in famiglia, l'età, ovvero tutte le caratteristiche che possono far aumentare o diminuire, a parità degli altri attributi, l'utilità che un utente di categoria i associa al j-esimo modo di trasporto (es. minore è il reddito della categoria, minore sarà l'utilità associata all'auto, che risulta in genere un modo di trasporto più costoso rispetto alle modalità collettive).

Gli attributi di *preferenza modale* o specifici dell'alternativa (ASA^i_j), che assumono valore 1 per un modo j e 0 per gli altri, tengono conto di tutte le caratteristiche proprie di ciascun modo "spiegate" dagli altri attributi esplicitamente quantificati (es. privacy e comfort dell'auto)[22].

Per i modelli di scelta del modo risultano significativi i rapporti fra i coefficienti degli attributi di livello di servizio (rapporti di reciproca sostituzione). Fra questi, per le ragioni che si comprenderanno meglio nel Paragrafo 7.3.2, risultano

---

[22] Per poter stimare (calibrare) i parametri incogniti del modello, nel caso di modello Logit Multinomiale lineare, gli attributi *ASA* possono essere introdotti al più nelle utilità sistematiche di tutte le alternative meno una e vanno interpretati come la preferenza relativa di ciascun modo rispetto al modo di riferimento (privo di variabile ASA) non spiegata dagli altri attributi utilizzati (per dettagli si veda: Cascetta, 2006).

particolarmente rilevanti i rapporti di sostituzione con il costo monetario. In particolare, se β_t e β^{s}_c sono rispettivamente i coefficienti del tempo di viaggio e del costo monetario, il valore percepito del tempo (*VOT*, dall'inglese *value of time*, noto anche come *VTTS, value of time saved*) sarà pari a :

$$VOT(i,s) = \frac{\beta^{i,s}_t}{\beta^{i,s}_c} \frac{[h^{-1}]}{[euro^{-1}]} = [€/h]$$

e rappresenta quanto un utente di categoria *i* che si sposta per il motivo *s* è disponibile a pagare per un'ora del suo tempo atteso. È giusto il caso di far notare che le categorie di utenti con maggiori disponibilità economiche hanno in genere un VOT più elevato (es. i lavoratori hanno un VOT maggiore degli studenti); ed all'interno della stessa categoria di utenti i, a secondo del motivo per cui ci si sposta, si avrà una diversa disponibilità a pagare (es. uno stesso lavoratore che si sposta per lavoro, e che quindi dovrà compiere quello spostamento ogni giorno, avrà un *VOT* minore rispetto allo stesso lavoratore che si sposta per un motivo occasionale, come una visita medica o altre attività che svolge di rado). Nell'interpretare il *VOT*, va ricordato che <u>i coefficienti che compaiono nell'utilità sistematica hanno unità di misura inverse rispetto a quelle degli attributi ai quali si riferiscono</u>, in modo da rendere adimensionale l'utilità sistematica stessa.

Per quanto riguarda la forma funzionale dei modelli comportamentali di scelta modale, il modello Logit Multinomiale è quello più frequentemente adoperato:

$$p^i[m/o,s,h,d] = \frac{exp(V^i_{m/o,s,h,d})}{\sum_{m'} exp(V^i_{m'/o,s,h,d})}$$

Di seguito si riporta, a titolo di esempio, la specificazione del modello di scelta modale calibrato per il contesto territoriale della regione Campania (trascurando per semplicità la notazione della categoria, del motivo e della fascia oraria). Due sono le alternative modali considerate: l'auto privata ed il trasporto collettivo (bus, treno o bus + treno). A tali alternative è stata associata una funzione d'utilità che misura il grado di preferenza accordata dal generico utente di categoria i. Le funzioni d'utilità calibrate sono le seguenti:

$$V^{od}_{Auto} = \beta_1 \cdot T^{od}_{Auto} + \beta_2 \cdot C^{od}_{Auto} + \beta_7 \cdot zona\_TDM^d +$$
$$+ \beta_8 \cdot zona\_urbana^d + \beta_{10} \cdot intra\_bacino^{od}$$
$$V^{od}_{PT} = \beta_1 \cdot T^{od}_{PT} + \beta_2 \cdot C^{od}_{PT} + \beta_3 \cdot Tatt^{od} + \beta_4 \cdot Tae\_Urb^{od} +$$
$$+ \beta_6 \cdot Ntrasb^{od} + \beta_9 \cdot PR\_Ferro^{od} + \beta_{11}$$

dove:
- T^{od}_{Auto} il tempo di viaggio (espresso in ore) sulla relazione od utilizzando il modo Auto sul minimo percorso;
- T^{od}_{PT} il tempo di viaggio (espresso in ore) sulla relazione od utilizzando il modo di trasporto collettivo (autolinee, ferrovie o combinazioni di queste due modalità), stimato come media pesata dei tempi di viaggio dei vari servizi offerti per quella OD;
- C^{od}_{Auto} il costo dello spostamento (espresso in euro) sulla relazione od utilizzando il modo Auto;
- C^{od}_{PT} il costo dello spostamento (espresso in euro) sulla relazione od utilizzando il modo di trasporto collettivo;
- $zonaTDM^d$ è una variabile "*dummy*" per il solo moto auto e che vale 1 se la zona di destinazione dello spostamento d è una zona in cui sono applicate politiche di controllo della domanda (es. tariffazione della sosta, zone a traffico limitato), 0 altrimenti;

- $zonaUrbana^d$ è una variabile "*dummy*" per il solo moto auto e che vale 1 se la zona di destinazione dello spostamento d è una zona urbana, 0 altrimenti;
- $intra\_bacino^{od}$ è una variabile "*dummy*" che vale 1 se la zona di origine e quella di destinazione appartengono allo stesso bacino di traffico, 0 altrimenti;
- $Tatt^{od}$ è la frequenza media delle linee utilizzate per lo spostamento sulla relazione od utilizzando il modo di trasporto collettivo;

Motivo	T^{od}_{Auto}, T^{od}_{PT}	C^{od}_{Auto}, C^{od}_{PT}	$Tatt^{od}$	Tae_Urb^{od}	$Tae\_extraUrb^{od}$	$Ntrasb^{od}$
Lavoro	-1,2217	-0,1716	-3,9923	-0,2084	-0,4167	-0,50620
Studio	-1,9640	-0,8855	-5,6268	-1,0750	-2,1500	-0,34661
Università	-2,2208	-0,3320	-6,1125	-0,40421	-0,80843	-0,70173
Altri	-1,0174	-0,1199	-4,3600	-0,14552	-0,29103	-0,12614

Motivo	$zonaTDM^d$	$zonaUrbana^d$	PR_Ferro^{od}	ASA_{tr_coll}	$intra\_bacino^{od}$
Lavoro	-0,6173	-0,6891	2,1437	-0,0601	-2,5102
Studio	-1,1472	-1,1226	2,3122	1,6448	-1,5022
Università	-2,001	-1,2671	1,4711	1,4916	-1,1103
Altri	-0,7692	-0,5770	1,9083	0,0014	-3,1102

Tabella 15 – Parametri del modello di scelta modale Logit Multinomiale stimati per il territorio della regione Campania

- Tae_Urb^{od} è il tempo di accesso/egresso ai servizi di trasporto collettivo considerato all'interno della funzione di utilità solo se la zona di origine e quella di destinazione sono zone urbane;
- $Tae\_extraUrb^{od}$ è il tempo di accesso/egresso ai servizi di trasporto collettivo considerato all'interno della funzione di

Processi decisionali e Pianificazione dei trasporti

utilità solo se o la zona di origine o quella di destinazione non sono zone urbane;
- $Ntrasb^{od}$ è il numero di trasbordi per spostarsi sulla relazione od utilizzando il trasporto collettivo;
- PR_Ferro^{od} un indice di accessibilità al trasporto pubblico su ferro relativo alla coppia od e varia tra 0 e 1.

Il **modello di scelta del percorso** fornisce l'aliquota $p^i[k/o,s,h,d,m]$ degli spostamenti effettuati da utenti di categoria i, che utilizzano il percorso k con il modo m per recarsi da o a d per il motivo s nell'intervallo temporale h. I modelli di scelta del percorso sono quasi sempre comportamentali, essendo rappresentativi di un reale contesto di scelta nel quale gli utenti valutano tra i diversi attributi di livello di servizio (tempi e costi di viaggio) quale percorso seguire. I comportamenti di scelta del percorso, ed i modelli che li rappresentano, dipendono dalle diverse caratteristiche del servizio offerto dal modo di trasporto in esame. Elemento caratterizzante è quando viene effettuata la scelta; in particolare è possibile avere contesti di <u>scelta preventiva</u>, nei quali le scelte vengono effettuate interamente prima di iniziare lo spostamento (es. si sceglie il percorso che si seguirà con l'auto privata), e contesti di scelta *mista preventiva/adattiva*, ovvero per i quali la scelta del percorso avviene in due fasi: prima di partire (si sceglie tra bus e treno), e durante il viaggio tramite delle scelte necessarie a seguito di adattamenti non prevedibili prima di intraprendere lo spostamento (es. scelta di una linea di bus ad una fermata tra le diverse compatibili con la destinazione finale). Per ulteriori approfondimenti su questa classificazione, si faccia riferimento a testi specialistici.

Nel caso di un modello di scelta preventiva di tipo comportamentale e riferito a servizi di trasporto continui (es. l'auto privata), è possibile applicare un modello sia *Logit Multinomiale* che *Probit* (per dettagli si veda: Cascetta, 2006):

$$p^i[k/o,s,d,m] = \frac{exp(-g^{i,s}{}_{k,odm}/\theta)}{\sum_h exp(-g^{i,s}{}_{h,odm}/\theta)}$$

dove le alternative di scelta sono tutti i possibili percorsi k che collegano la coppia od, e $g^{i,s}{}_k$ rappresenta il costo generalizzato medio associato al percorso k (introdotti nel Paragrafo 5.3.1), che nelle pratiche applicazioni viene stimato come somma "pesata" del tempo di viaggio $t_{k,odm}$ e del costo monetario $c_{k,odm}$ (es. carburante e pedaggio stradale) associati al generico percorso k sulla relazione od con il modo m:

$$costo\ generalizzato\ di\ percorso = g^{i,s}{}_k = \beta_t{}^{i,s} \cdot t_{k,odm} + \beta_c{}^{i,s} \cdot c_{k,odm}$$

Ovviamente i valori $\beta_t{}^{i,s}$ e $\beta_c{}^{i,s}$ risultano di segno negativo rappresentando delle disutilità (es. maggiore è il tempo di viaggio, meno "utile" sarà percepito un percorso k).

5.3.2.4 La stima della domanda tendenziale (di progetto)

L'attività di stima della domanda di mobilità rappresenta forse l'attività più delicata nelle valutazioni di più alternative progettuali a causa dell'alto grado di influenza che questa ha sui risultati delle analisi. Tale attività, come detto in precedenza (Paragrafo 1.1), è inoltre spesso soggetta alla cosiddetta "*planning fallacy*", ovvero quella sindrome secondo cui i tecnici della pianificazione tendono a sovrastimare gli effetti (positivi) di un progetto al fine di legittimarne la scelta. Per ovviare a ciò, è opportuno introdurre **ipotesi cautelative** nei metodi e modelli di quantificazione della domanda, al fine di pervenire a delle **stime il più possibile prudenziali**. Un metodo per giungere a stime il più possibili oggettive, e quindi "difendibili", sarebbe quello di utilizzare strumenti, metodi e parametri sviluppati da terze parti e riconosciuti come "*di riferimento*" per il settore della pianificazione dei trasporti. Esempi sono i parametri unitari e le stime della Commissione Europea o dell'ISTAT, ovvero le previsioni di domanda desunte dal Sistema Informativo per il Monitoraggio e la Pianificazione dei Trasporti (SIMPT) sviluppato dal Ministero delle Infrastrutture e dei Trasporti.

In genere, le stime di traffico da implementare vanno anche riferite a specifici scenari temporali (es. anni di riferimento) per i quali si prevede vi siano modifiche significative nell'offerta o nella domanda di mobilità (es. entrata in esercizio di nuove infrastrutture, nuovi servizi o nuove aree residenziali). In tutti i casi, al fine di giungere ad una stima congrua ed accurata della domanda di mobilità, è opportuno stimare:

- **la domanda tendenziale**, ovvero come la domanda evolverebbe nello scenario di non intervento (o non progetto - NP), per tutti gli anni di analisi;
- **la domanda deviata (diversione modale)**, ove presente, da altre modalità di trasporto conseguente alla realizzazione del piano/progetto;
- **la domanda indotta (generata)**, se prevista, ovvero quegli utenti del sistema che nello scenario tendenziale (NP) non si sarebbero spostati ma che, a valle della realizzazione del progetto (es. una nuova infrastruttura o servizio), deciderebbero di farlo.

Il livello totale di <u>domanda tendenziale</u> di NP può ovviamente essere sia maggiore che minore di quello attuale (es. si prevede che la popolazione di una città crescerà ed è quindi presumibile che crescerà anche il numero di spostamenti che interessano l'area territoriale oggetto di analisi). Per contro, la <u>domanda deviata</u> altererà il totale degli spostamenti riferiti ai singoli modi di trasporto ma non il livello complessivo della domanda, che invece resterà invariato e pari a quello della domanda tendenziale (es. una nuova metropolitana catturerà spostamenti dall'auto ma il livello di domanda complessivo resterà lo stesso). Infine, la <u>domanda indotta</u>, rappresentando una nuova (oggi inespressa) domanda di mobilità, modificherà sia il livello di domanda modale che quello complessivo dell'area territoriale oggetto di analisi.

Gli output delle stime di traffico (previsioni di domanda) che generalmente vengono utilizzati nelle valutazioni (es. analisi economico-finanziarie) sono le <u>variazioni annuali</u> (tra uno scenario programmatico di Non Progetto NP ed uno o più scenari di progetto P) dei <u>veicoli*km e/o dei veicoli*ora</u> (passeggeri*km e/o passeggeri*ora; tonnellate di merci*km e/o tonnellate di merci*ora) sulle infrastrutture della rete oggetto di analisi (suddivise in genere per categoria veicolare e per tipologia di infrastruttura; ad esempio per le strade: autostrade, tangenziali, strade extraurbane e strade urbane) per tutta la durata del periodo di analisi (es. 30 anni dal completamento dell'opera). Esistono, però, anche casi applicativi più di dettaglio (es. una nuova stazione di metropolitana) per i quali occorre stimare indicatori di traffico più disaggregati (es. variazioni di veicoli/spostamenti al giorno, variazioni di percorrenze medie degli spostamenti), ed in genere la scelta dei più opportuni indicatori da utilizzare va valutato caso per caso.

Come si comprenderà meglio nei Paragrafi 7.2 e 7.3, relativi alle analisi economico-finanziarie, per un'accurata valutazione di una o più alternative progettuali, <u>occorre stimare anche l'andamento della composizione del parco veicolare</u> che si prevede ci sarà per tutta la durata dell'intervallo di analisi. Ciò perché, ad esempio, una stessa riduzione di veicoli*km avrà impatti differenti a seconda se questa riguarderà veicoli EURO 0 (maggiori benefici ambientali) ovvero veicoli EURO 6 (minori benefici ambientali). In genere è buona prassi far riferimento ai trend storici della composizione del parco veicolare per l'area di studio forniti dall'ACI (e facilmente reperibili dal sito ufficiale) suddivisi per singola provincia/regione italiana e categoria veicolare. Evidenze sperimentali mostrano che, per la stima dei trend futuri, una delle

equazioni che meglio riesce ad approssimare i dati storici e stimare quindi quelli futuri è la funzione esponenziale:
$$y = a \cdot exp(b \cdot x)$$
con i parametri *a* e *b* che vanno calibrati per ciascuna categoria veicolare e classe EURO rappresentativa dell'area di studio.

A partire dai dati ACI relativi alla composizione dell'intero parco veicolare italiano nel periodo 2000-2015, è stato stimato il trend futuro sia della composizione del parco veicolare delle automobili che quello dei veicoli merci (leggeri e pesanti). Nelle successive tabelle e figure si riportano i principali risultati delle stime utili per le pratiche applicazioni professionali.

Oltre alla stima dell'evoluzione del parco veicolare per classe EURO di emissione, a seconda dell'intervento oggetto di valutazione (es. una nuova autostrada) <u>sarebbe utile, per meglio prevedere gli impatti futuri, considerare anche i trend delle percorrenze medie per classe EURO</u>, ritenendo che i veicoli più "anziani" (es. EURO 0) generalmente percorrono meno km/anno soprattutto su strade ad elevata velocità (es. autostrade). Evidenze sperimentali (es. Caserini, 2011) mostrano che una delle equazioni che meglio riesce ad approssimare i dati storici e stimare quindi quelli futuri è la funzione potenza:
$$y = a \cdot x^2 + b \cdot x + c$$

con parametri *a, b, c* che vanno calibrati per ciascuna categoria veicolare e classe EURO rappresentativa dell'area di studio.

% Auto		2016	2026	2036	2046
Classe EURO	0	10%	-	-	-
	1	3%	1%	-	-
	2	12%	3%	-	-
	3	17%	6%	-	-
	4	31%	17%	4%	-
	5	20%	16%	6%	-
	6 e sup.[23]	7%	57%	90%	100%
	TOTALE	100%	100%	100%	100%

Tabella 16 – Stima del trend della composizione percentuale del parco auto per classe EURO di emissione (fonte: elaborazioni su dati ACI, 2000-2015)

% Veicoli merci[24]		2016	2026	2036	2046
Classe EURO	0	18%	2%	-	-
	1	7%	4%	-	-
	2	15%	7%	5%	-
	3	21%	15%	11%	-
	4	22%	24%	27%	29%
	5	13%	15%	18%	18%
	6 e sup.	4%	33%	39%	53%
	TOTALE	100%	100%	100%	100%

Tabella 17 – Stima del trend della composizione percentuale del parco veicoli merci per classe EURO di emissione (fonte: elaborazioni su dati ACI, 2000-2015)

---

[23] In questa categoria vanno considerate anche le future classi veicolari che dovessero nel corso dei prossimi decenni sostituire concretamente la classe EURO6. In questa categoria vanno incluse quindi non solo eventuali nuove limitazioni normative sulle emissioni (che ad oggi appaiono improbabili), ma anche nuove tecnologie che dovessero sostituire concretamente (a prezzi concorrenziali) l'alimentazione a combustione interna tradizionale (es. ibridi, idrogeno, elettrico).

[24] Per veicoli merci si intende la somma dei veicoli merci leggeri e pesanti.

Processi decisionali e Pianificazione dei trasporti

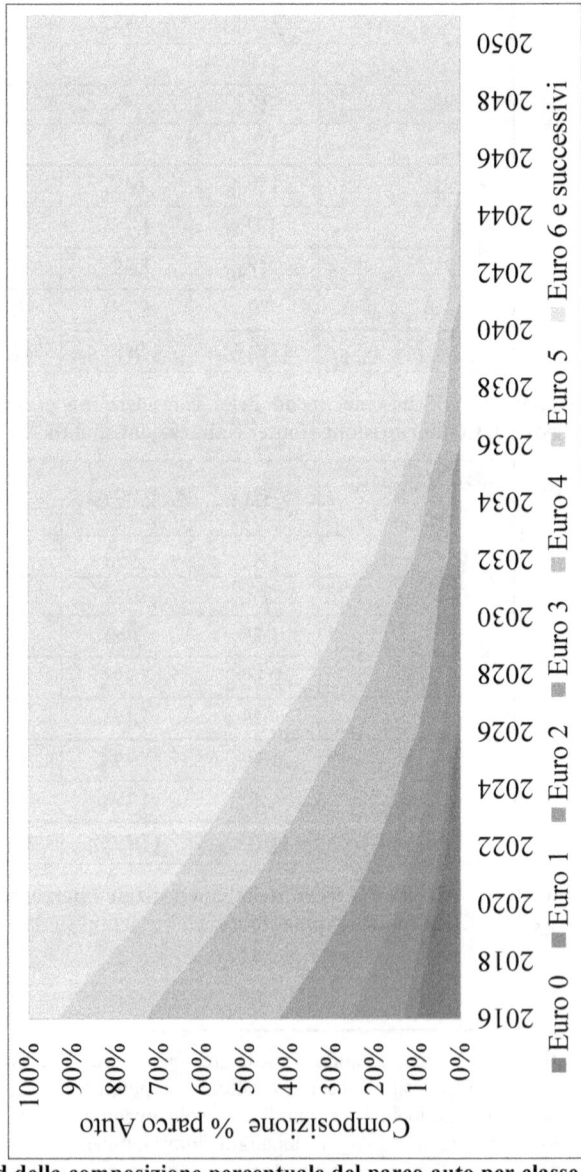

Figura 34 – Stima del trend della composizione percentuale del parco auto per classe EURO di emissione (fonte: elaborazioni su dati ACI, 2000-2015)

A partire dai dati ACI relativi alla composizione dell'intero parco veicolare italiano nel periodo 2000-2015, nonché le stime dei veicoli*km medi annui (per il periodo 1990-2014) per classe EURO di emissione dell'Istituto Superiore per la Protezione e la Ricerca Ambientale - ISPRA (2015), è stato stimato il trend futuro delle percorrenze medie annue per le singole categorie veicolari. Per far ciò si è ipotizzato che la percorrenza media annua per tutte le categorie veicolari resti all'incirca costante nel tempo (come osservato da ISPRA nel periodo 1990-2014) e pari a:
- **circa 11 mila km/anno per le auto** (fonte: Osservatorio sulla mobilità sostenibile dell'AIRP, 2016);
- **circa 20 mila km/anno per i veicoli merci leggeri** (fonte: elaborazione su dati ACI, 2015 e ISPRA, 2015);
- **circa 120 mila km/anno per i veicoli merci pesanti** (fonte: Ministero delle Infrastrutture e dei Trasporti, 2015).

Ovviamente, qualora si ritenesse che la percorrenza media annua possa variare (diminuire/aumentare) a partire da un certo anno, è possibile comunque utilizzare i risultati delle stime riportati nelle tabelle seguenti decurtandoli/aumentandoli della percentuale che si stima possa variare la percorrenza media annua (es. a valle di modifiche strutturali dell'offerta di trasporto, potrebbero cambiare le abitudini di mobilità di una certa popolazione riducendone i km/anno percorsi in auto).

km/anno		2016	2026	2036	2046
Classe EURO	0	1.777	-	-	-
	1	3.249	960	-	-
	2	4.654	1.937	-	-
	3	9.173	2.833	-	-
	4	13.861	6.766	1.472	-
	5	14.569	11.000	4.762	-
	6 e sup.	17.371	13.200	11.630	10.800

Tabella 18- Stima del trend delle percorrenze medie annue delle auto per classe EURO di emissione (fonte: elaborazione su dati ACI, 2000-2015 e ISPRA, 2015)

Processi decisionali e Pianificazione dei trasporti

	km/anno	2016	2026	2036	2046
Classe EURO	0	4.950	2.000	-	-
	1	7.920	2.478	-	-
	2	14.548	7.000	4.000	-
	3	19.000	8.313	6.667	-
	4	28.726	17.465	14.667	12.418
	5	30.193	28.394	24.000	20.189
	6 e sup.	36.000	30.000	26.000	24.062

Tabella 19 – Stima del trend delle percorrenze medie annue dei veicoli merci leggeri per classe EURO di emissione (fonte: elaborazione su dati ACI, 2000-2015 e ISPRA, 2015)

	km/anno	2016	2026	2036	2046
Classe EURO	0	32.480	13.535	-	-
	1	59.077	20.354	-	-
	2	85.000	52.600	29.581	-
	3	120.000	80.000	55.200	-
	4	160.254	100.120	81.890	70.100
	5	180.000	157.936	129.567	110.987
	6 e sup.	200.115	170.000	162.354	150.000

Tabella 20 – Stima del trend delle percorrenze medie annue dei veicoli merci pesanti per classe EURO di emissione (fonte: elaborazione su dati ACI, 2000-2015 e ISPRA, 2015)

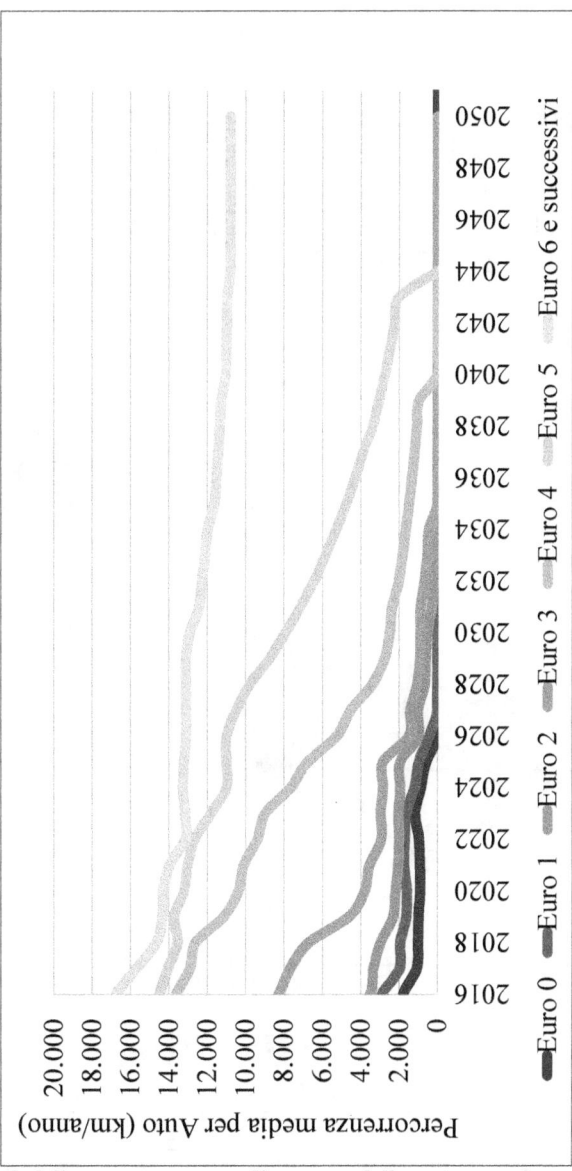

Figura 35 – Stima del trend delle percorrenze medie annue delle auto per classe EURO di emissione (fonte: elaborazione su dati ACI, 2000-2015 e ISPRA, 2015)

5.3.2.5 Un esempio numerico

Al fine di meglio comprendere i modelli di domanda descritti in precedenza (e le loro potenzialità applicative), si propone di seguito un esempio numerico. Si immagini di voler stimare la matrice degli spostamenti O-D interni ad un'area di studio suddivisa in 3 zone di traffico (Figura 36), caratterizzate dai seguenti dati socio-economici (Tabella 21).

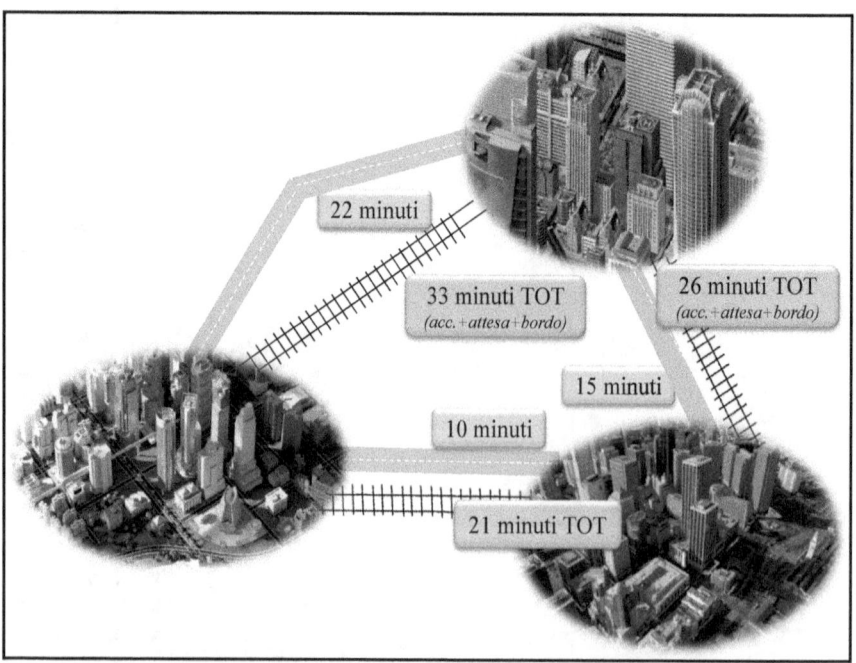

Figura 36 – Area di studio (esempio numerico)

ZONA	RESIDENTI	ADDETTI AL COMMERCIO
1	3.500	5.000
2	7.000	2.000
3	2.500	3.500

Tabella 21 – Caratteristiche socio-economiche delle zone di traffico

Si ipotizzi altresì che l'intervallo di analisi sia tra le 17:00 e le 19:00 di un Sabato medio invernale e che il motivo dello spostamento sia lo "shopping". I modi di trasporto disponibili siano auto e treno, caratterizzati dai tempi di percorrenza in Tabella 22.

O/D	$T_{od,auto}$ [min]	$T_{od,treno}$* [min]
1-2	15	26
2-3	10	21
1-3	22	33

(* comprensivi di un tempo di accesso di 5 minuti e di un tempo di attesa di 6 minuti – ipotesi di servizio regolare con un intertempo di 12 minuti)
Tabella 22 – Tempi di percorrenza tra le zone di traffico

Nello specifico si utilizzi il modello di domanda ad aliquote parziali seguente:

$$d_{odm}^{s,h} = d_o^{s,h} \cdot p^{s,h}[d/o] \cdot p^{s,h}[m/o,d]$$

ovvero risultato del prodotto di tre sotto-modelli rappresentativi del modello di generazione (o emissione), di quello di distribuzione e della scelta modale, e dove:
- s rappresenta il motivo dello spostamento;
- h il periodo di analisi;
- o l'origine dello spostamento;
- d la destinazione dello spostamento;
- m il modo di trasporto utilizzato.

Il modello di generazione utilizzato è un modello "non comportamentale" del tipo "indice per categoria" e permette di stimare il numero medio di spostamenti emessi da ogni zona o per il motivo s e nel periodo di analisi h. La domanda di residenti $d_o^{s,h}$ che decide di spostarsi dalla zona o di origine, per il motivo shopping s dello spostamento risulta quindi pari al prodotto del numero di residenti R_o che vivono nella zona o per il numero medio

Processi decisionali e Pianificazione dei trasporti

di spostamenti $n^{s,h}$ compiuti per questo motivo ed in questa fascia oraria h:

$$d_o^{s,h} = R_o \cdot n^{s,h}$$

Ipotizzando un $n^{s,h} = 0{,}73$, si ottengono gli spostamenti emessi da ogni zona o e riportati in Tabella 23.

ZONA	EMESSI
1	2.555
2	5.110
3	1.825

Tabella 23 – Spostamenti emessi

Come <u>modello di distribuzione</u> si applichi un modello "non comportamentale" di tipo <u>gravitazionale</u>, che consente di stimare le percentuali degli spostamenti emessi dalla zona o che si reca nella destinazione d attraverso la relazione:

$$p^{s,h}[d/o] = \frac{ADD_d^{\beta_1^s} \cdot exp(\beta_2^s \cdot T_{od}^h)}{\sum_{d'} ADD_{d'}^{\beta_1^s} \cdot exp(\beta_2^s \cdot T_{od'}^h)}$$

dove:
ADD_d rappresenta il numero di addetti presenti in d;
$T^h{}_{od}$ è il tempo di percorrenza minimo tra quelli dei modi disponibili, tra la zona di origine o e la zona di destinazione d e nella fascia oraria h;
$\beta^s{}_1 = 3{,}5$ e $\beta^s{}_2 = -0{,}2$ sono parametri caratteristici del modello (da calibrare opportunamente) funzione del motivo dello spostamento (e della categoria di utenti).

Applicando il modello di distribuzione è possibile quindi stimare la matrice di percentuali di scelta della destinazione (Tabella 24).

p[d/o]	1	2	3	TOT
1	-	36%	64%	100%
2	56%	-	44%	100%
3	69%	31%	-	100%

Tabella 24 – Matrice di probabilità di scelta della destinazione

Per la stima delle probabilità di scelta dei singoli modi di trasporto (auto e treno) si applichi un <u>modello di scelta modale comportamentale</u> di tipo Logit Multinomiale:

$$p^{s,h}[m/o,d] = \frac{exp(V^{s,h}_{m/od})}{\sum_{m'} exp(V^{s,h}_{m'/od})}$$

dove:

$V^{s,h}_{m/od}$ rappresenta l'utilità sistematica del generico modo m di trasporto (associata alla relazione od, al motivo s ed alla fascia oraria h), ottenuta come combinazione lineare degli attributi di "tempo di viaggio" ($T^h_{auto/od}$ e $T^h_{treno/od}$) e "costo monetario" ($CM^h_{auto/od}$ e $CM^h_{treno/od}$):

$$V_{auto/od} = \beta^s_t \cdot T^h_{auto/od} + \beta^s_c \cdot CM^h_{auto/od}$$
$$V_{treno/od} = \beta^s_t \cdot T^h_{treno/od} + \beta^s_c \cdot CM^h_{treno/od}$$

con:

β^s_t e β^s_c coefficienti di omogeneizzazione (o di reciproca sostituzione) da calibrare, ed ipotizzati pari a rispettivamente a -2,4 [h^{-1}] e -0,32 [€$^{-1}$] (tali che il loro rapporto dia un valore monetario del tempo, VOT, di 7,5 €/h);

$T^h{}_{auto/od}$ e $T^h{}_{treno/od}$ il tempo di percorrenza con i due modi di trasporto nella fascia oraria h sulla relazione od;

$CM^h{}_{auto/od}$ e $CM^h{}_{treno/od}$ il costo monetario per l'utilizzo dei due modi di trasporto nella fascia oraria h sulla relazione od; in particolare si ipotizzi che $CM^h{}_{treno/od} = CM_{treno}$ = costo del biglietto pari a 1,80 €, mentre $CM^h{}_{auto}$ dipenda dal consumo di benzina come ipotizzato nella tabella seguente (e quindi dalla fascia oraria h oltre che dalla distanza della coppia od).

O/D	$CM^h{}_{auto}$ [€]
1-2 (e viceversa)	1,00
2-3 (e viceversa)	0,80
1-3 (e viceversa)	1,20

Tabella 25 – Costi della benzina in auto tra le zone di traffico

Applicando il modello di scelta modale, si perviene alla seguente matrice di probabilità di scelta dell'auto (Tabella 26) e del treno (Tabella 27).

p[auto/od]	1	2	3
1	-	67%	65%
2	67%	-	68%
3	65%	68%	-

Tabella 26 – Matrice di probabilità di scelta dell'auto

p[treno/od]	1	2	3
1	-	33%	35%
2	33%	-	32%
3	35%	32%	-

Tabella 27 – Matrice di probabilità di scelta del treno

È il caso di far notare che, questa volta, è la somma di celle omologhe (tra i due modi di trasporto) a rappresentare il 100% di probabilità di scelta.

Infine, per ottenere le matrici OD modali occorrerà moltiplicare il vettore degli spostamenti emessi per la matrice di probabilità di scelta della destinazione e, separatamente, per le due matrici di probabilità di scelta del modo; così facendo, si perviene alla stima della matrice OD auto (Tabella 28) e treno (Tabella 29).

OD_{auto}	1	2	3	TOT Emessi
1	-	620	1.061	**1.682**
2	1.916	-	1.526	**3.441**
3	824	384	-	**1.208**
TOT Attratti	**2.740**	**1.004**	**2.587**	**6.331**

Tabella 28 – Matrice OD auto

OD_{treno}	1	2	3	TOT Emessi
1	-	309	564	**873**
2	955	-	714	**1.669**
3	438	179	-	**617**
TOT Attratti	**1.393**	**489**	**1.278**	**3.159**

Tabella 29 – Matrice OD treno

A partire dalla situazione attuale, si consideri uno **scenario di progetto P1**, in cui si ipotizzi di realizzare una nuova infrastruttura tra la zona 1 e la zona 3, che permetta una riduzione dei tempi di viaggio in auto del 60% (Tabella 30).

O/D	$T_{od,auto}$ [min]	$T_{od,treno}^{*}$ [min]
1-2	15	26
2-3	10	21
1-3	9	33

(* *comprensivi di un tempo di accesso di 5 minuti e di un tempo di attesa di 6 minuti*)
Tabella 30 – Tempi di percorrenza tra le zone di traffico (scenario P1)

In virtù di questa variazione, la matrice di probabilità di scelta della destinazione si modifica nella seguente (Tabella 31), in cui si osserva un aumento del 40% della probabilità di spostarsi dalla zona 3 alla zona 1 e del 51% nella direzione opposta.

p[d/o]	1	2	3	TOT
1	-	4%	96%	100%
2	56%	-	44%	100%
3	97%	3%	-	100%

Tabella 31 – Matrice di probabilità di scelta della destinazione (scenario P1)

Discorso analogo per le matrici di probabilità di scelta dell'auto (Tabella 32) e del treno (Tabella 33).

p[auto/od]	1	2	3
1	-	67%	76%
2	67%	-	68%
3	76%	68%	-

Tabella 32 – Matrice di probabilità di scelta dell'auto (scenario P1)

p[treno/od]	1	2	3
1	-	33%	24%
2	33%	-	32%
3	24%	32%	-

Tabella 33 – Matrice di probabilità di scelta del treno (scenario P1)

In particolare si può osservare che, riducendo del 60% il tempo per andare dalla zona 1 alla zona 3 con l'auto, c'è un aumento del 17% della probabilità di scegliere l'auto (che equivalgono a 518 spostamenti in auto in più per andare da 1 a 3).

Si consideri, invece, un **secondo scenario di progetto P2**, in cui si ipotizzi la costruzione di un nuovo centro commerciale nella zona 3, che determini un aumento del 60% del numero di addetti al commercio (Tabella 34).

ZONA	ADDETTI AL COMMERCIO
1	5.000
2	2.000
3	**5.600**

Tabella 34 – Caratteristiche socio-economiche delle zone di traffico (scenario P2)

In virtù di questa variazione, la matrice di probabilità di scelta della destinazione si modifica nella seguente (Tabella 35), in cui si osserva un aumento della probabilità di recarsi nella zona 3 partendo dalla zona 1 (+42%) o dalla zona 2 (+83%).

p[d/o]	1	2	3	TOT
1	-	10%	90%	100%
2	20%	-	80%	100%
3	69%	31%	-	100%

Tabella 35 – Matrice di probabilità di scelta della destinazione (scenario P2)

5.4 Metodi e modelli per la stima degli impatti degli interventi sul sistema di trasporto

Attività tecnica centrale nel processo di pianificazione 3.0 è la **quantificazione (stima) degli effetti rilevanti** che si prevede che un piano/progetto produrrà sul sistema dei trasporti e che è possibile stimare tramite i modelli e metodi dell'ingegneria dei sistemi di trasporto (richiamati per completezza nel Paragrafo 5.3). Benché una trattazione esaustiva di tale attività esula dalle finalità del presente volume, per completezza di trattazione e chiarezza espositiva, nel seguito di questo paragrafo si riportano alcuni dei metodi e modelli per la stima degli impatti degli interventi sul sistema di trasporto più largamente utilizzati nelle pratiche professionali. Per approfondimenti si rimanda a testi specialistici.

Come detto, gli effetti di un piano/progetto vanno di solito valutati in termini differenziali, ovvero come **variazioni fra uno scenario di Progetto (P) e quello di Non Progetto (NP)** (definito spesso anche scenario programmatico o di non intervento). Lo scenario NP, come detto nel Paragrafo 5.2.1, non coincide con lo stato attuale del sistema, ma rappresenta l'evoluzione che questo avrà sino al momento in cui si ritiene vengano realizzati gli interventi previsti nel piano/progetto secondo sia le naturali evoluzioni tendenziali (es. variazioni demografiche) sia le evoluzioni dovute agli interventi (sul sistema dei trasporti o che impattano su di esso) già previsti o in corso di realizzazione (interventi invarianti). La dimensione temporale è, quindi, un altro fattore importante da tenere in conto e che influenza la quantificazione degli impatti. Basti pensare che i diversi impatti di un intervento si verificano nel tempo in modo differenziato (es. i costi di costruzione si esauriscono in un periodo di tempo breve mentre quelli di manutenzione ed esercizio sono presenti per l'intera vita utile dell'opera). Al variare del tempo, inoltre, alcuni effetti possono mutare di intensità o di segno (es. le variazioni di costo generalizzato o del valore degli immobili che possono essere negative durante la fase di cantierizzazione di una infrastruttura e diventare positive durante la fase di esercizio).

Per alcune tipologie di interventi "*più semplici*", come ad esempio la realizzazione di singole infrastrutture (es. stradali), per la quantificazione degli impatti possono essere considerati esclusivamente gli effetti (benefici e costi) per gli utenti che beneficeranno dell'intervento e per il gestore (eventuale) dell'infrastruttura/servizio. Tra gli effetti per gli utenti utilizzatori dell'infrastruttura, andranno contemplate le variazioni degli attributi di livello di servizio tra cui, ad esempio, le variazioni (rispetto allo scenario di non intervento) del tempo di viaggio, del costo monetario, del pedaggio, dell'uso dei veicoli, degli incidenti. Gli effetti per il gestore dell'infrastruttura o del servizio comprenderanno, invece, il costo di costruzione, comprensivo della acquisizione dei terreni, i costi di esproprio, i costi di investimento in mezzi e tecnologie, le variazioni dei costi di manutenzione e di esercizio, le variazioni di introiti da eventuale pedaggio (vendita del servizio), nonché le variazioni dovute ai trasferimenti di capitale (es. imposte e tasse sulla benzina, imposte e tasse sulle proprietà immobiliari).

Per i piani e/o progetti più complessi, per i quali sono previsti più interventi, ovvero per i quali si ritiene che vi siano impatti significativi non solo per i diretti beneficiari del piano/progetto, è necessario quantificare (stimare) gli impatti per il complesso degli utenti del sistema dei trasporti (**impatti trasportistici**), sia quelli attuali che quelli eventualmente generati dall'intervento (domanda generata o deviata). In particolare, è opportuno stimare le variazioni di costo generalizzato di trasporto (o di surplus nel caso più generale, come si vedrà meglio nel seguito), percepito e non percepito, associate alle diverse modalità di trasporto e per le differenti classi omogenee di utenti (segmenti di mercato omogenei per motivo dello spostamento, caratteristiche socio-economiche ed attributi di livello di servizio). Oltre a questi impatti, vanno tenute in conto anche le esternalità che gli interventi del piano si prevede produrranno, sia per i membri della collettività non direttamente interessati dagli interventi di trasporto (es. variazione di inquinamento da polveri sottili), di solito indicati come non utenti, sia per l'ambiente esterno (es. variazione delle emissioni di gas climalteranti). Tali esternalità possono riguardare il sistema economico, territoriale, sociale ed ambientale (Figura 37).

Gli **impatti economici** possono essere definiti come le variazioni di stato del sistema economico prodotte dall'intervento (dagli interventi) previsto nel piano/progetto. Fra questi si possono citare le variazioni di valore degli immobili o le variazioni di produzione delle attività economiche a seguito di aumenti/diminuzioni di accessibilità relativa (es. se aumenta la raggiungibilità di un esercizio commerciale presumibilmente aumenteranno anche le vendite).

Tra gli **impatti territoriali** vi sono le variazioni di uso degli immobili (es. da residenziali a commerciali) o più in generale la rilocalizzazione di residenze e attività economiche (variazioni di lungo periodo) indotte dalle variazioni di accessibilità prodotte dal piano/progetto.

Gli **impatti sociali** rappresentano le variazioni indotte dagli interventi previsti sulle relazioni tra cittadini, famiglie, comunità locali, enti governativi, ecc.. Tra i principali effetti che andrebbero valutati vi sono gli effetti sociali dell'incidentalità, le variazioni di emissioni di inquinanti nocivi per la salute umana, le variazioni di equità sociale (es. variazioni di reddito/ricchezza, variazioni di accessibilità alle attività sociali come scuole, uffici pubblici, parchi, ecc.).

Infine, gli **impatti ambientali** possono essere definiti come gli effetti del piano/progetto sull'ecosistema (es. variazioni nell'equilibrio ecologico di piante ed animali) e sull'inquinamento atmosferico (es. effetto serra).

A seconda della tipologia di intervento (interventi) previsto è chiaro che alcuni degli impatti precedentemente descritti possono essere del tutto, o in parte, assenti, ovvero le loro variazioni possono essere ritenute trascurabili.

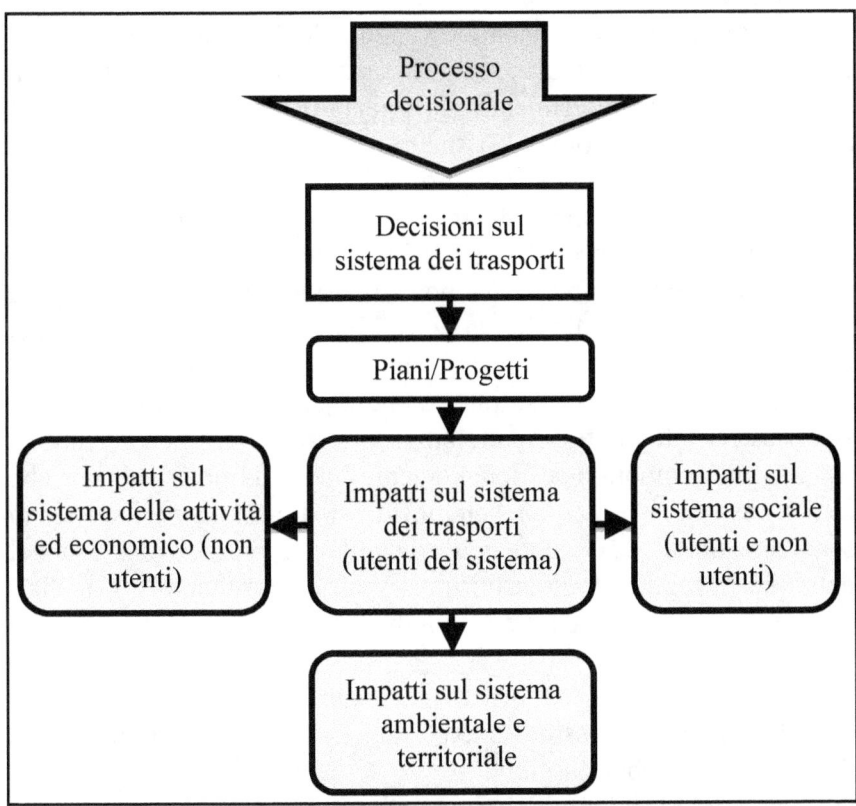

Figura 37 – Gli impatti degli interventi su di un sistema dei trasporti

Tutti i possibili impatti di interventi su di un sistema di trasporto vanno poi stimati tramite opportuni **indicatori di prestazione** o misure di efficacia (*MOE - Measure Of Effectiveness*). Alcune di queste saranno sicuramente misure quantitative, come il tempo risparmiato o le tonnellate di CO_2

emesse, mentre altre saranno intrinsecamente qualitative (es. intrusione nel paesaggio, qualità estetica di un'infrastruttura) e potranno essere quindi valutate solo nella loro intensità e direzione, attraverso indicatori qualitativi (es. aumenta poco/molto, diminuisce poco/molto).

Gli indicatori di prestazione vanno calcolati con riferimento ai diversi sotto-periodi significativi di funzionamento del sistema. In generale, si fa riferimento al **periodo di analisi**, ovvero all'orizzonte temporale rispetto al quale si desidera stimare/simulare gli effetti prodotti dal piano/progetto sulle componenti del sistema di trasporto. Le previsioni in merito all'andamento futuro del progetto dovrebbero essere formulate per un periodo commisurato, ma non superiore, alla sua **vita utile economica** (ovvero alla durata di validità prevista per l'opera che, nel caso di progetti infrastrutturali, coincide con l'ampiezza temporale per la quale si può ritenere che non siano necessari significativi interventi di manutenzione straordinaria) ed estendersi per un arco temporale sufficientemente lungo da poter ritenere che tutti i costi ed i principali benefici di medio-lungo periodo siano stati considerati. La scelta dell'orizzonte temporale (discussa nel dettaglio in seguito) può influire in modo determinante sui risultati del processo di valutazione e quindi va ritenuta una delle attività centrali dell'analisi.

In sintesi, partendo dalla Figura 37, una possibile classificazione dei possibili impatti degli interventi su di un sistema di trasporto potrebbe essere:
a) **impatti sul sistema dei trasporti**:
   - **impatti percepiti dagli utenti** del sistema:
     - andamento tendenziale della domanda di mobilità;
     - variazioni di *"surplus del consumatore"* (o del costo generalizzato medio di trasporto o di altri indicatori medi di rete, come tempo medio di viaggio, grado di congestione, ecc.);

- ■ ...
- **impatti non percepiti dagli utenti** del sistema:
  - ■ variazioni dei costi operativi (ad es. imputabili alle variazioni di consumo di lubrificanti, pneumatici ed alla manutenzione e deprezzamento del veicolo);
  - ■ ...

b) <u>**impatti sul sistema delle attività e sul sistema economico**</u>:
  - *wider economic benefit*[25];
  - **interazioni trasporti-territorio** (*land-use interaction*);
  - ...

c) <u>**impatti sul sistema sociale**</u>:
  - impatti sulle emissioni di **sostanze inquinanti**;
  - impatti sulle **emissioni sonore**;
  - impatti sull'**incidentalità** stradale;
  - ...

a) <u>**impatti sul sistema ambientale e territoriale**</u>:
  - impatti sulle emissioni di **gas climalteranti**;
  - impatti sul **paesaggio** (es. intrusione visiva);
  - impatti in **altri settori** (es. energia);
  - ... .

Ad una classificazione così dettagliata degli impatti ne corrisponde una, spesso, molto più aggregata di metodi e modelli per la loro stima (valutazione). Un esempio, sono i modelli di impatto ambientale (Paragrafo 5.4.2) che permettono di stimare gli impatti prodotti da un piano/progetto in termini sia di emissioni inquinanti dannose per la salute umana che di emissioni di gas serra (climalteranti).

Benché la rassegna dettagliata ed esaustiva dei metodi e modelli di stima degli impatti degli interventi su di un sistema di trasporto

---

[25] I *wider economic benefit* sono gli impatti derivanti da un piano/progetto non direttamente imputabili agli utenti e ai non utenti del sistema (es. impatti su equità welfare, PIL, aggregazione sociale) e che in genere non vengono contemplati nelle analisi costi-benefici (Capitolo 7).

esula dagli obiettivi del testo, nei successivi paragrafi si riporta una descrizione (operativa) dei principali metodi e modelli utilizzati nelle analisi di valutazione e confronto di tipo costi-benefici (Capitolo 7). Gli strumenti descritti risultano in *"compliance"* sia con la letteratura tecnico-scientifica di riferimento che con l'attuale normativa italiana in materia di pianificazione dei trasporti.

5.4.1 La stima degli impatti sul sistema dei trasporti

La realizzazione di un piano/progetto produrrà delle variazioni nella domanda di mobilità (es. nuova ripartizione modale, domanda generata), che possono essere stimate tramite uno dei metodi di stima della domanda di mobilità descritti nel Paragrafo 5.3.2. Stimata tale domanda di mobilità (la sua variazione rispetto ad uno scenario di Non Progetto), occorre valutare le variazioni di benefici (gli impatti) percepiti dagli utenti del sistema dei trasporti a seguito della realizzazione del piano/progetto. La variabile che meglio permette di quantificare i benefici totali percepiti risulta il *"surplus del consumatore"* (o meglio la sua variazione rispetto allo scenario di riferimento). Secondo un approccio comportamentale[26], e più precisamente secondo la teoria dell'utilità aleatoria, un utente del sistema di trasporto ad ogni alternativa che ha a disposizione (es. un modo di trasporto) associa un'*utilità percepita*, rappresentativa della soddisfazione che associa/trae nello scegliere quell'alternativa, e sceglie quella che risulta di massima utilità. Il *"surplus del consumatore"* rappresenta il valore medio (su tutta la popolazione degli utenti del sistema) delle massime utilità percepite dagli utenti del sistema. Ovviamente il *"surplus del consumatore"* è funzione del costo generalizzato di trasporto che, a sua volta, può essere stimato sommando il tempo di viaggio e il costo monetario, opportunamente pesati rispetto a coefficienti di reciproca sostituzione (valore del tempo – VTTS o VOT). Tra le voci di costo

---

[26] Per maggiori dettagli si faccia riferimento a Cascetta E. (2006), Modelli per i sistemi di trasporto – Teoria e applicazioni, Utet.

vanno considerati i pedaggi e i costi operativi (es. consumo di carburante).
Per la stima della **variazione di "surplus del consumatore"** (prodotta da un progetto P) bisogna distinguere il caso di progetti che interessano:
- più modalità di trasporto (con domanda generata e deviata da altri modi);
- un unico modo di trasporto (con domanda rigida/invariata).

Nel primo caso, se è disponibile per l'area di studio oggetto dell'analisi un modello di scelta modale, è possibile applicare la seguente relazione:

$$\Delta S_P = S_P - S_{NP} \qquad (1)$$

dove:

ΔS_P è la variazione di *"surplus del consumatore"* relativa al progetto P;

S_P e S_{NP} sono rispettivamente il surplus globale degli utenti nello scenario di Progetto e in quello di Non Progetto (riferimento/programmatico), pari rispettivamente a $N_P \cdot s_P$ e $N_{NP} \cdot s_{NP}$;

N_P e N_{NP} sono il numero totale di utenti del sistema dei trasporti nello scenario di Progetto e in quello di Non Progetto rispettivamente (anche quelli che non beneficiano dell'intervento progettuale) nell'orizzonte temporale di analisi (es. anno);

s_P e s_{NP} sono rispettivamente il valore medio del surplus percepito (variabile di soddisfazione) ovvero il valore medio della massima utilità percepita fra tutte le alternative disponibili (es. modi o percorsi).

Nel caso specifico in cui il modello di scelta del modo stimato sia un modello *Logit Multinomiale* (Paragrafo 5.3.2.2), la variabile di soddisfazione può essere espressa in forma chiusa. Infatti, per la proprietà di stabilità rispetto alla massimizzazione della variabile di Gumbel, la variabile di soddisfazione in questo caso è data da:

Processi decisionali e Pianificazione dei trasporti

dove:
$$s(V) = \theta \ln \Sigma_j \exp(V_j / \theta)$$

V e V_j sono le utilità sistematiche stimate per le singole alternative modali (rispettivamente il vettore e la singola *j*-esima utilità[27]);

θ è il parametro caratteristico del modello *LOGIT* (da stimare).
Uno dei vantaggi principali nell'utilizzare un modello Logit Multinomiale è la sua proprietà additiva (valida per tutti i modelli di utilità aleatoria additivi), secondo cui l'aggiunta di una nuova alternativa (es. un nuovo modo di trasporto o un nuovo percorso) all'insieme di scelta provoca un aumento del valore atteso della massima utilità percepita (soddisfazione), anche nel caso in cui la nuova alternativa abbia un'utilità sistematica inferiore a tutte quelle delle altre alternative già disponibili. Ciò dipende dall'aleatorietà dell'utilità percepita, secondo cui qualche decisore percepirà comunque la nuova alternativa come l'alternativa di massima utilità. In altre parole, l'aggiunta di una nuova alternativa accrescerà il valore medio del surplus percepito per gli utenti del sistema (avere un'alternativa in più tra cui scegliere aumenta in ogni caso la soddisfazione percepita indipendentemente se questa verrà poi effettivamente scelta o meno).

Nel caso in cui non si dispone di un modello di scelta del modo di trasporto, un approccio "*non-comportamentale*" semplificato per stimare la variazione di "surplus del consumatore" può essere quello di utilizzare il "**metodo della domanda media**", ovvero la relazione:

$$\Delta S_P = \frac{1}{2} \left[d\left(g^P\right) + d\left(g^{NP}\right) \right] \left(g^{NP} - g^P\right) \qquad (2)$$

dove:

---

[27] per semplicità è stato omesso l'apice *i* associato alla generica categoria di utenti

$d\left(g^{NP}\right)$ è il numero di utenti che si spostano nella situazione di Non Progetto (domanda di mobilità) e nell'orizzonte temporale di analisi (es. anno);

$d\left(g^{P}\right)$ è il numero di utenti che si spostano nella situazione di Progetto (domanda di mobilità) e nell'orizzonte temporale di analisi (es. anno);

g^{NP} e g^{P} è il costo generalizzato medio rispettivamente nello scenario di Non Progetto e di Progetto, pari a $g^{NP} = \beta_{tmp} \, t^{NP} + \beta_c \, cm^{NP}$ e $g^{P} = \beta_{tmp} \, t^{P} + \beta_c \, cm^{P}$

β_{tmp} e β_c sono i coefficienti di reciproca sostituzione finalizzati ad omogenizzare e pesare i due attributi, ed il cui rapporto β_{tmp}/β_c rappresenta il valore monetario del tempo (VTTS);

t^{NP} e cm^{NP} sono i tempi e i costi monetari di viaggio per lo scenario di Non Progetto (ed analogamente per quello di Progetto).

In tutte le equazioni precedenti, per semplicità, è stata omessa la dipendenza dalle origini *o* e dalle destinazioni *d* in cui è suddivisa l'area di studio, nonché le categorie *i* di utenti considerate (es. lavoratori, studenti) ed i modi *m* di trasporto (es. auto, bus, treno). In maniera rigorosa, le precedenti relazioni per la stima delle variazioni di "surplus del consumatore" vanno intese per singola origine *o*, categoria *i* e modo di trasporto *m* e vanno quindi sommate su tutte le zone di traffico, categorie e modi, al fine di valutare la variazione globale per l'intero sistema di trasporto.

Nel caso di progetti che interessano un unico modo di trasporto (con domanda rigida/invariata), la stima della variazione di *"surplus del consumatore"* è di più semplice ed immediata valutazione. Ad esempio, è possibile utilizzare una relazione del tipo:

$\Delta S_P = \Delta C G_P$ = var. di tempo + var. di costo carburante =
= Δveicoli*ora · riemp. · VTTS + Δveicoli*km· CONS ·Costo

(3)

dove:

ΔCGP è la variazione di costo generalizzato medio per gli utenti direttamente interessati dall'intervento;

Δveicoli*ora è la variazione di veicoli*ora all'anno generata dal progetto;

Δveicoli*km è la variazione di veicoli*km all'anno generata dal progetto;

riemp. è il coefficiente medio di riempimento di un veicolo (es. nel caso di progetti stradali è il numero medio di passeggeri/auto che beneficeranno di un'eventuale riduzione del tempo di viaggio);

VTTS (noto anche come VOT) è il valore monetario del tempo (€/ora);

CONS è il consumo medio di carburante (a km) di un veicolo;

Costo è il costo medio (industriale) del carburante.

Ovviamente, anche nella relazione precedente, per semplicità di notazione, è stato omesso che tali variazioni vanno differenziate per tutte le categorie veicolari presenti (es. veicoli merci e passeggeri, cilindrata, classe EURO), nonché per tutti i motivi dello spostamento (es. svago, lavoro) per i quali vanno computati valori monetari del tempo differenti.

Oltre agli impatti percepiti dagli utenti del sistema, occorre stimare anche le variazioni di costi e benefici non percepiti dagli utenti. Tra questi, i più rappresentativi sono i costi operativi, ovvero quei costi non percepiti imputabili, ad esempio, alle variazioni di consumo di lubrificanti, pneumatici ed alla manutenzione e deprezzamento dei veicoli. Questi, a loro volta, impattano in misura differenziata in ragione (delle variazioni) delle percorrenze. Ad esempio, le variazioni di consumo di pneumatici e lubrificanti sono in genere proporzionali alle variazioni di percorrenze

(Δveicoli*km), i costi relativi alla manutenzione o al deprezzamento del veicolo vanno invece tenuti in conto solo in modo parziale (es. il 50% del loro valore). Vi sono anche i costi che non dipendono dalle distanze percorse e che, quindi, vanno considerati solo in una percentuale marginale (es. assicurazione e bollo ACI). A titolo di esempio, nel successivo Paragrafo 7.3.2.1 si riportano alcune stime monetarie per tali voci di costo non percepito.

5.4.2 La stima degli impatti sull'ambientale e sulla salute umana (inquinamento)

5.4.2.1 Emissioni inquinanti e qualità dell'aria

Il settore dei trasporti genera dei costi esterni, in termini di:
- **consumo energetico**: in Italia circa un terzo del consumo energetico totale in ambito urbano è imputabile ai trasporti (fonte: elaborazioni su dati del Bilancio Energetico Nazionale, 2016);
- **emissioni di sostanze inquinanti**: si stima che l'incidenza dei trasporti sull'inquinamento medio nelle città italiane sia dell'80% per le polveri sottili (dannose per la salute umana), del 40% per l'anidride carbonica (responsabile dell'effetto serra), dell'80% per l'ossido di azoto e del 95% per il monossido di carbonio;
- **emissioni sonore** (inquinamento acustico): il traffico stradale urbano produce emissioni sonore che variano dai 70 dB in condizioni normali di circolazione fino ad arrivare anche alla soglia (del dolore) dei 120 dB in condizioni di congestione stradale (utilizzo ripetuto del clacson);
- **incidentalità**: la circolazione di veicoli provoca incidenti; ogni anno in Italia si verificano circa 175 mila incidenti stradali, di cui il 75% in ambito urbano (fonte: Istat, 2015);

- **smaltimento**: i veicoli, alla fine del loro ciclo di vita, diventano un rifiuto che va smaltito (impatti ambientali);
- **consumo dello spazio urbano**: lo spazio necessario per la sosta e la circolazione dei veicoli "consuma" prezioso spazio urbano, che potrebbe essere destinato ad altre attività a maggiore valore aggiunto (es. attività ricreative o di lavoro/istruzione).

Un motore a combustione interna (a scoppio), comunemente utilizzato per il moto della maggior parte dei veicoli circolanti, emette numerose sostanze (molte anche nocive) riassunte nella Tabella 36.

Componente	Sigla
Vapore acqueo	H_2O
Azoto	N
Anidride carbonica	CO_2
Monossido di carbonio	CO
Piombo	Pb
Polveri e Particolato	PTS (es. PM_{10} e $PM_{2,5}$)
Anidride solforosa	SO_2
Ossidi di azoto	NO_x
Idrocarburi incombusti	HC
Policiclici aromatici, benzene	C_xH_y
Ozono	O_3

Tabella 36 – Componenti emesse da un motore a combustione interna

Tra questi, i principali agenti nocivi per la salute umana sono:
- **il monossido di carbonio (CO)**, un gas altamente tossico che, se inalato, si combina con l'emoglobina formando carbossiemoglobina, inibendo così il trasporto dell'ossigeno. Anche piccole concentrazioni di CO producono grandi di carbossiemoglobina;

- **l'anidride solforosa (SO_x)** e **gli ossidi di azoto (NO_x)**, che causano infezioni agli occhi e all'apparato respiratorio. Studi sperimentali hanno mostrato come concentrazioni di 4-5 ppm (parti per milione) portino rapidamente a difficoltà respiratorie, mentre concentrazioni di 250 ppm hanno effetti gravissimi (edema polmonare) che si verificano con ritardo di qualche ora dall'esposizione;
- il **piombo (Pb)**, che danneggia il sistema nervoso centrale, i reni e l'apparato riproduttivo. Per lunghe esposizioni, a concentrazioni anche basse, sono stati riscontrati anche diminuzione dell'intelligenza, iperattività, ipertensione, riduzione della velocità dei riflessi, deficienze uditive;
- gli **idrocarburi incombusti (HC)**: tra i composti organici volatili (VOC) particolarmente tossici vi sono il benzene, che aggredisce il midollo spinale provocando gravi malattie (anemia aplastica, leucemia) e i policiclici aromatici (PAH), che sono cancerogeni:
- il **particolato (PM)**, costituito da particelle carboniose su cui risultano assorbite altre sostanze inquinanti, tra cui i policiclici aromatici (PAH). Esercita un'azione irritante sull'apparato respiratorio e problemi cardiaci; secondo uno studio condotto dall'Università di Brescia, all'aumentare di 10 microgrammi di PM_{10} nell'aria aumenterebbero del 3% i ricoveri per problemi cardiaci;
- lo **smog fotochimico**, i cui componenti sono l'ozono (O_3), il biossido di azoto (NO_2) ed i perossiocetilnitrati (PAN), che sono tutti ossidanti. In particolare, l'ozono è un inquinante secondario che deriva da reazioni fotochimiche che coinvolgono ossidi di azoto e idrocarburi. L'ozono, che può rilevarsi anche a distanze notevoli dalle fonti di emissione primaria, causa irritazione agli occhi, emicrania, malattie respiratorie, attacchi d'asma, riduzione della funzione

polmonare ed aumenta la vulnerabilità dell'organismo alle malattie dell'apparato respiratorio.

Il danno prodotto da queste sostanze sulla salute umana dipende in genere dal <u>tempo di esposizione</u> e dalla <u>concentrazione media</u> che si rileva durante questo periodo e che, a sua volta, dipende dalla quantità di inquinante emesso da ciascuna sorgente, dalla posizione reciproca dalle sorgenti rispetto al punto di rilevazione e dal meccanismo di dispersione degli inquinanti nell'atmosfera.

Analogamente, <u>le principali emissioni inquinanti per l'ambiente ed il paesaggio</u> sono:
- **l'anidride solforosa** (SO_x) e gli ossidi di azoto (NO_x), che portano alla formazione di acidi che aggrediscono la superficie degli edifici; sono altresì responsabili del fenomeno delle piogge acide, che stanno causando il rapido deterioramento delle foreste e la scomparsa di vita nei laghi;
- **il particolato** (PM), che imbratta edifici e monumenti;
- **lo smog fotochimico**, che produce danni alla vegetazione;
- **l'anidride carbonica** (CO_2), **il metano** (CH_4), **l'ozono** (O_3), il **vapore acqueo** (H_2O), il **protossido di azoto** (N_2O) ed i gas fluorurati, che contribuiscono tutti all'effetto serra[28].

In gran parte dei Paesi esistono norme specifiche sulla qualità dell'aria, finalizzate a limitare i rischi derivanti dalla presenza nell'aria di queste sostanze inquinanti. La normativa europea 2008/50/CE sulla qualità dell'aria stabilisce, per ciascuna sostanza inquinante, uno o più **livelli di concentrazione ammissibili** (o

---

[28] L'effetto serra è un fenomeno atmosferico-climatico che indica la capacità di un pianeta di trattenere nella propria atmosfera parte dell'energia proveniente dalla sua stella. Esso fa parte dei complessi meccanismi di regolazione dell'equilibrio termico di un pianeta e agisce attraverso la presenza in atmosfera di alcuni gas - detti appunto gas serra - che hanno come effetto globale quello di mitigare la temperatura dell'atmosfera, isolandola parzialmente dalle grandi escursioni termiche a cui sarebbe soggetto il pianeta in loro assenza. Le enormi emissioni antropogeniche di gas serra potrebbero stare causando un aumento della temperatura terrestre determinando, di conseguenza, dei profondi mutamenti a carico del clima sia a livello planetario che locale (fonte: Wikipedia).

standard di qualità dell'aria), intesi come quei livelli al disotto dei quali può ritenersi, allo stato attuale delle conoscenze, che la sostanza inquinante non dia luogo ad effetti dannosi tali da giustificare l'adozione di misure correttive (Tabella 37). In particolare, le soglie individuate risultano:
- **valori limite di qualità dell'aria**: valori massimi delle concentrazioni a cui si ritiene possa essere esposto l'uomo, al di là dei quali esiste un serio rischio per la sua salute;
- **livelli di allarme**: valori di concentrazione che richiedono interventi urgenti atti a ridurre l'emissione di sostanze inquinanti allo scopo di evitare un serio rischio sanitario per la popolazione;
- **livelli di attenzione**: valori di concentrazione tali da determinare condizioni di inquinamento che, se persistenti, determinano il rischio del raggiungimento dello stato di allarme;
- **valori guida di qualità dell'aria**: livelli di concentrazione finalizzati alla salvaguardia a lungo termine della salute umana e dell'ambiente.

Inquinante	Valori limite nel periodo di riferimento [µg/m³]	
Biossido di azoto	200 (max concentrazione media oraria da non superare più di 18 volte in 1 anno)	40 (max concentrazione media in 1 anno)
Biossido di zolfo	350 (max concentrazione media oraria da non superare più di 24 volte in 1 anno)	125 (max concentrazione media giornaliera da non superare più di 3 volte in 1 anno)
PM10	50 (max concentrazione media giornaliera da non superare più di 35 volte in 1 anno)	40 (max concentrazione media annuale)
Monossido di carbonio	10 (max concentrazione media giornaliera in 8 ore)	
Piombo	0,5 (max concentrazione media in 1 anno)	
Benzene	5 (max concentrazione media in 1 anno)	

Tabella 37 – Valori limite delle concentrazioni di inquinante (2008/50/CE)

La Comunità Europea ha emanato, a partire dal 1991, una serie di direttive sulle emissioni massime prodotte da un veicolo stradale. In base a queste direttive, sono state individuate diverse categorie di appartenenza (classe EURO), come riportato in Tabella 38.

Classe	Anno di fabbricazione	Riferimenti normativi
Euro 1	1989 – 1996	91/441, 93/59
Euro 2	1995 – 2000	94/12, 96/69, 98/77
Euro 3	1999 – 2005	98/69, 98/77 – 98/69
Euro 4	2005 – 2008	98/69 B, 98/77-98/69 B
Euro 5	2008 – 2014	1999/96 B2-C, 2001/27 B2-C
Euro 6	Dal 2014	715/2007-692/2008

Tabella 38 – Classi EURO di emissione per i veicoli stradali

Per ognuna delle suddette classi, la comunità europea fissa dei limiti di emissione per le automobili a benzina (Tabella 39) e a gasolio (Tabella 40).

BENZINA	In vigore dal	CO [g/km]	HC [g/km]	NO_x [g/km]	PM [g/km]
Euro 1	01/07/1992	2,72	0,66	0,49	-
Euro 2	01/01/1996	2,20	0,34	0,25	-
Euro 3	01/01/2000	2,30	0,20	0,15	-
Euro 4	01/01/2005	1,00	0,10	0,08	-
Euro 5	01/10/2008	1,00	0,08	0,06	0,005
Euro 6	01/09/2014	1,00	0,08	0,06	0,005

Tabella 39 – Limiti di emissione di inquinanti per le automobili a benzina

DIESEL	In vigore dal	CO [g/km]	HC [g/km]	NO$_x$ [g/km]	PM [g/km]
Euro 1	01/07/1992	2,88	0,20	0,78	0,140
Euro 2	01/01/1996	1,06	0,19	0,73	0,080
Euro 3	01/01/2000	0,64	0,06	0,50	0,050
Euro 4	01/01/2005	0,50	0,05	0,25	0,025
Euro 5	01/10/2008	0,50	0,04	0,20	0,005
Euro 6	01/09/2014	0,50	0,04	0,08	0,005

Tabella 40 – Limiti di emissione di inquinanti per le automobili a gasolio

In genere, i fattori che influenzano le emissioni prodotte da un veicolo sono:
- il **tipo di carburante**: benzina, gasolio, GPL, metano, ecc. (es. un'auto diesel Euro 4 emette più del doppio delle PM$_{10}$ emesse da un'auto Euro 0 a benzina);
- le **caratteristiche del veicolo**:
  - tipologia di veicolo;
  - fattori che influiscono sul consumo (cilindrata, peso, aerodinamica);
  - presenza di dispositivi per l'abbattimento degli inquinanti (es. filtri antiparticolato);
  - rapporto superficie/volume dei cilindri;
  - rapporto aria/carburante;
  - tempi di accensione;
  - rapporto di compressione;
  - età e stato di manutenzione;
- le **condizioni del moto**:
  - temperatura del motore (a freddo è a sua volta influenzata dalla temperatura esterna);
  - velocità (influisce sia sul consumo che sull'emissione a parità di consumo);
  - accelerazione.

Esistono inoltre differenti possibili accorgimenti utili per il contenimento delle emissioni prodotte da un veicolo stradale, tra cui:
- **interventi di tipo tecnologico**:
  - nei motori a benzina: controllo elettronico dell'iniezione di carburante, marmitte catalitiche, ecc.
  - nei motori diesel: elevatissime pressioni nell'iniezione, marmitte catalitiche, filtri antiparticolato, ecc.
- **interventi sulla qualità dei carburanti** (es. additivanti, bio-carburanti, ecc.);
- **contenimento dei consumi**: contenimento del peso del veicolo (es. nuovi materiali), ottimizzazione dell'aerodinamica, ecc..

5.4.2.2 Modelli di emissione e modelli di dispersione

I modelli di impatto ambientale consentono, a partire dai dati di traffico, di pervenire alla stima della concentrazione di inquinanti in una porzione dello spazio, attraverso l'uso combinato e sequenziale di due sotto-modelli:
1) **un modello di emissione** che, noti i dati di traffico, restituisce le emissioni prodotte da una corrente veicolare;
2) **un modello di dispersione** che permette di stimare le concentrazione di inquinanti nello spazio, note: *i*) le emissioni prodotte da una o più sorgenti (es. corrente di traffico); *ii*) le condizioni metereologiche al contorno (es. velocità e direzione del vento); *i*) la topografia del territorio.

I **modelli di emissione** esprimono le emissioni prodotte da una sorgente (veicolo) in funzione delle caratteristiche del moto oltre che dalle caratteristiche della sorgente (es. anzianità, classe EURO di emissione, stato di manutenzione). I modelli possono essere sia disaggregati che aggregati. Per i modelli disaggregati è necessaria la conoscenza della velocità e dell'accelerazione istantanea di ciascun veicolo che percorre un tratto stradale. Questi modelli vanno, quindi, accoppiati ad un modello di traffico in grado di simulare le condizioni del deflusso veicolare istante per istante. Sono, perciò, metodi di calcolo molto onerosi e si giustificano per analisi di dettaglio per aree territoriali molto limitate (es. intersezione stradale, quartiere di una città). Per le applicazioni di pianificazione/progettazione riguardanti aree territoriali più estese (es. città, regione), si ricorre in genere a <u>modelli aggregati</u>, che sono funzione di parametri medi del deflusso ed in particolare della velocità media di marcia di una corrente veicolare. Per entrambi gli approcci è possibile implementare (Tabella 41) sia modelli spaziali, il cui output sono le emissioni per unità di lunghezza (es. g/km), sia modelli temporali, finalizzati alla stima delle emissioni nell'unità di tempo (es. g/ora).

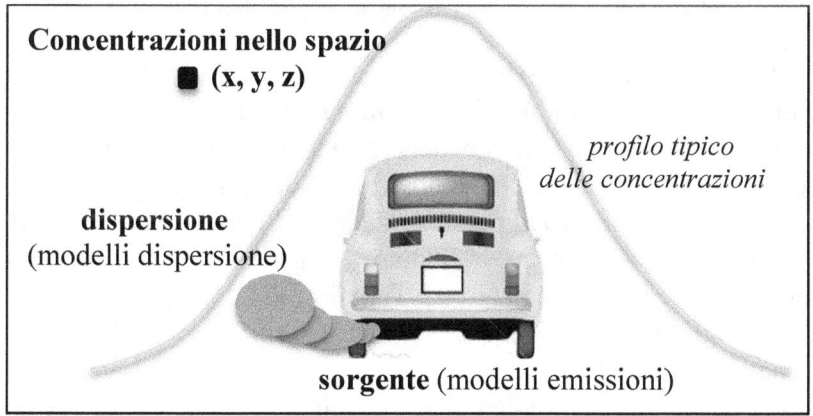

Figura 38 – Emissione e dispersione delle sostanze emesse da un motore a combustione interna

Processi decisionali e Pianificazione dei trasporti

Tipologia	Modelli medi (disaggregati)	Modelli istantanei (aggregati)	Unità di misura
Modelli spaziali	$e^k_{si} = e^k_{si}(v_{m,i})$	$e^k_{si} = e^k_{si}(v_i, a_i)$	[g/km]
Modelli temporali	$e^k_{ti} = e^k_{ti}(v_{m,i})$	$e^k_{ti} = e^k_{ti}(v_i, a_i)$	[g/ora]
e^k = tassi unitari di emissione riferiti alla generica sostanza emessa k (es. CO, PM10, CO2); s = modello spaziale (es. funzione dei km percorsi); t = modello temporale (es. funzione del tempo di viaggio); i = categoria di veicolo (es. auto, moto, veicolo merci); v_m = velocità commerciale media; v_i = velocità istantanea; a_i = accelerazione istantanea			

Tabella 41 – Modelli di emissione disaggregati ed aggregati

La Comunità Europea attraverso l'European Environment Agency (EEA) nell'ambito del programma CORINAIR, ha messo a punto un modello di calcolo denominato Co.P.E.R.T. (Computer Programme to calculate Emissions from Road Traffic) che fornisce le emissioni medie disaggregate per singolo componente emesso e per singola categoria veicolare (distinta per anno di omologazione/immatricolazione Tabella 42). In particolare, la metodologia di calcolo proposta nel Co.P.E.R.T. si basa sulle seguenti variabili di input:
- parco auto circolante in termini di numero di veicoli nell'unità di tempo, anno di immatricolazione, cilindrata (per le autovetture) e peso (per i veicoli commerciali);
- condizione media del deflusso in termini di velocità media e km percorsi nell'unità di tempo (per il modello aggregato);
- tipologia di combustibile utilizzata dal parco veicolare circolante (ripartizione percentuale tra diesel, benzina, GPL e metano);

- condizioni climatiche al contorno, in termini di temperature massime e minime nell'unità di tempo per l'area oggetto di studio;
- eventuali informazioni più di dettaglio per l'applicazione dei modelli disaggregati.

Il modello Co.P.E.R.T. stima le emissioni unitarie come la somma di tre tipologie di contributi:

$$E = Ehot + Ecold + Evap$$

dove:
- *Ehot*: emissioni a caldo, prodotte durante il funzionamento del motore alla temperatura di esercizio;
- *Ecold*: emissioni a freddo, prodotte nella fase di riscaldamento del motore;
- *Evap*: emissioni evaporative dovute alle fisiologiche evaporazioni di combustibile.

Poiché diversi <u>stili di guida</u> comportano differenti condizioni di funzionamento del motore (e quindi differenti tipologie di emissione), Co.P.E.R.T. considera tre differenti stili di guida: *i*) urbano; *ii*) extraurbano; *iii*) autostradale.

In genere le emissioni unitarie (aggregate) stimate tramite il modello Co.P.E.R.T. sono deducibili tramite l'equazione:

$$e^{k}{}_{si} = (a + c \times V + e \times V^2)/(1 + b \times V + d \times V^2) + f/V$$

dove *a, b, c, d, e, f* sono dei parametri funzione della tipologia di veicoli ed alimentazione (si vedano alcuni esempi nella Tabella 42)

Processi decisionali e Pianificazione dei trasporti

Sostanza	Classe EURO	a	b	c	d	e	f
CO	1	0,996		-0,019		0,00011	
CO	2	0,900		-0,017		0,00009	
CO	3	0,169		-0,003		0,00001	1,100
CO	4	0,169		-0,003		0,00001	1,100
NO$_X$	1	3,100	0,141	-0,006	-0,001	0,00042	
NO$_X$	2	2,400	0,077	-0,012	-0,001	0,00012	
NO$_X$	3	2,820	0,198	0,067	-0,001	-0,00046	
NO$_X$	4	1,110		-0,020		0,00015	
PM	1	0,114		-0,002		0,00002	
PM	2	0,087		-0,001		0,00001	
PM	3	0,052		-0,001		0,00001	
PM	4	0,045		-0,001		0,000003	

Tabella 42 – Un esempio di parametri del modello Co.P.E.R.T. per il calcolo delle emissioni di CO, NO$_X$ e PM in ambito urbano per automobili alimentate a diesel

Sostanza	Classe EURO	a	b	c	d	E	f
CO	1	11,200	0,129	-0,102	-0,0009	0,0007	
CO	2	60,500	3,500	0,152	-0,0252	-0,0002	
CO	3	71,700	35,400	11,400	-0,2480		
CO	4	0,136	-0,014	-0,001	0,00005		
NO$_X$	1	0,525		-0,010		0,0001	
NO$_X$	2	0,284	-0,023	-0,009	0,0004	0,0001	
NO$_X$	3	0,093	-0,012	-0,002	0,00004	0,00001	
NO$_X$	4	0,106		-0,002		0,00001	

Tabella 43 – Un esempio di parametri del modello Co.P.E.R.T. per il calcolo delle emissioni di CO, NO$_X$ e PM in ambito urbano per automobili alimentate a benzina

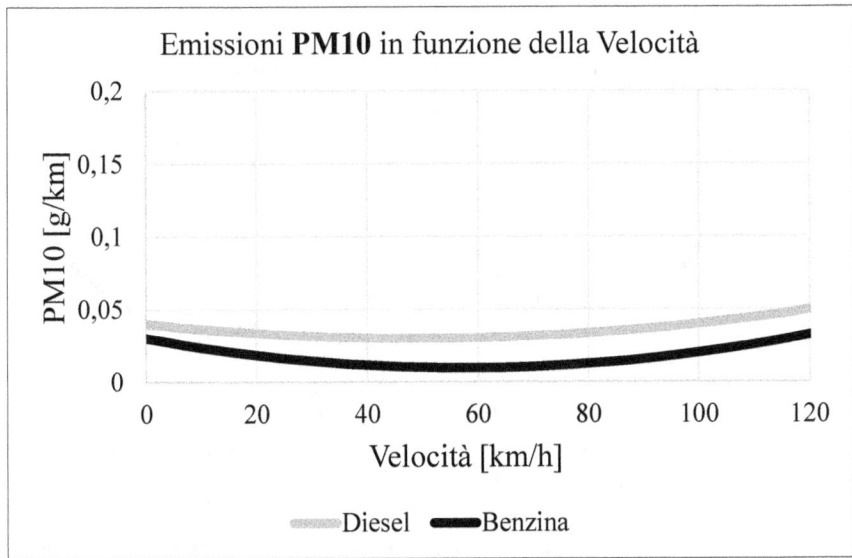

Figura 39 – Andamento delle emissioni unitaria in funzione della velocità media di marcia (automobili EURO 6)

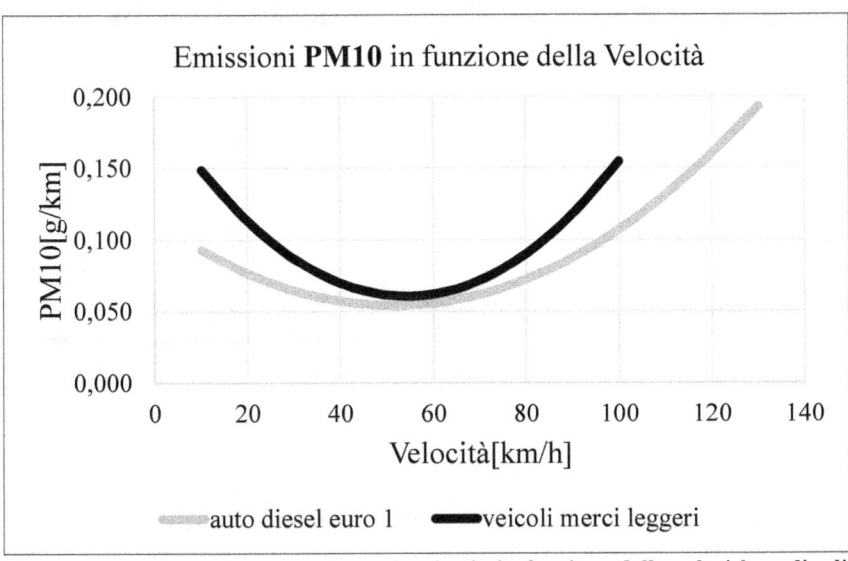

Figura 40 – Andamento delle emissioni unitaria in funzione della velocità media di marcia (automobili diesel EURO 1 e veicoli merci diesel leggeri)

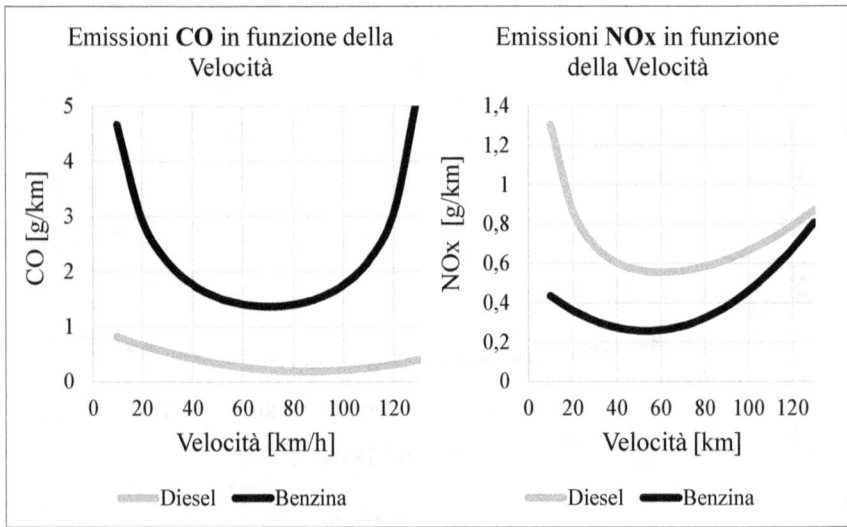

Figura 41 – Andamento delle emissioni unitaria in funzione della velocità media di marcia (automobili EURO 1)

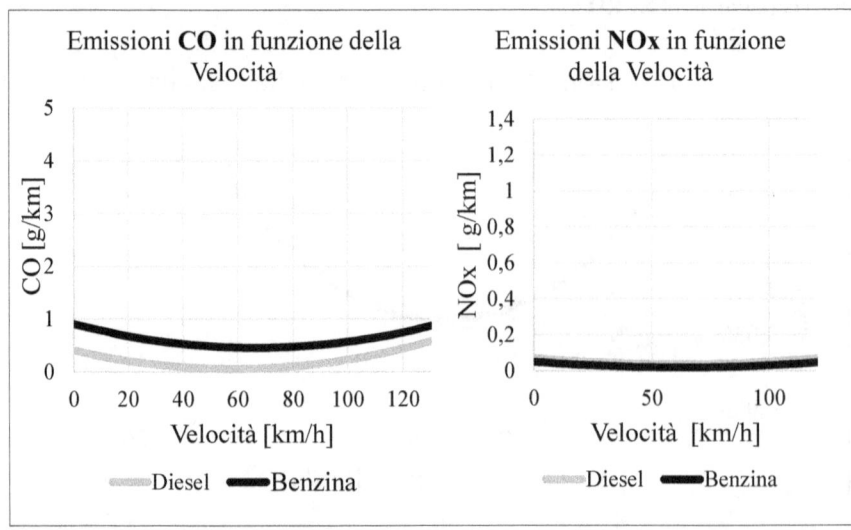

Figura 42 – Andamento delle emissioni unitaria in funzione della velocità media di marcia (automobili EURO 6)

I **modelli di dispersione** consentono, nota la fonte delle emissioni ed i livelli di sostanze emesse, di stimare (simulare) come queste sostanze si diffondono (disperdono) nell'ambiente. I principali fattori che influenzano il meccanismo di dispersione sono:
- fattori meteorologici (temperatura, vento);
- turbolenza del flusso di veicoli in moto;
- caratteristiche della strada.

Tra i modelli matematici utilizzati per stimare le concentrazioni in un generico punto dello spazio (x,y,z) vi sono i modelli Gaussiani:

$$C(E,u,x,y,z)= \frac{E}{u} \cdot \frac{1}{2\pi\sigma_y\sigma_z} e^{-\left(\frac{y^2}{2\sigma_y^2}+\frac{z^2}{2\sigma_z^2}\right)}$$

dove:
- C = concentrazione di inquinante nel punto di coordinate x, y, z [g/mc];
- E = emissione della sorgente nell'unità di tempo [g/sec];
- u = velocità media del vento [m/sec];
- σ_y, σ_z = coefficienti di dispersione = $\sigma(x, st)$ [m]:
  - x = distanza lungo la direzione del vento [m];
  - st = classe di stabilità atmosferica.

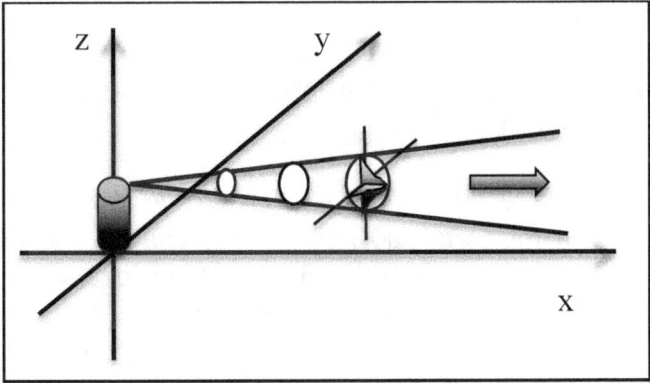

Figura 43 – Andamento qualitativo di un modello gaussiano di dispersione

Quantificare un costo esterno significa stimare il valore economico (monetario) degli effetti (impatti) prodotti da un intervento sul sistema dei trasporti. Con riferimento agli impatti sull'ambiente e sulla salute umana, si possono avere:
- **costi sanitari**: effetti negativi sulla salute umana (mortalità e morbilità), dovuti all'inalazione di inquinanti (in anni di vita persi);
- **danni materiali**: effetti negativi sugli edifici dovuti al degrado dei loro materiali costitutivi;
- **perdita di colture**: effetti negativi sugli ecosistemi (colture, suolo, foreste, corsi d'acqua, falde freatiche, vie d'acqua, ecc.) dovuti alla contaminazione, acidificazione ed eutrofizzazione causate dai metalli pesanti.

Per la **stimare gli effetti di un progetto P sull'ambientale e sulla salute umana** è possibile utilizzare due metodologie distinte, ovvero:
- a) moltiplicare le quantità di ciascun inquinante emesso imputabile al progetto per un costo marginale (€/tonnellata emessa), per poi confrontare le emissioni totali (o il loro valore economico) con quelle prodotte nello scenario di non progetto NP (quantificandone le diminuzioni o gli aumenti);
- b) moltiplicare le variazioni (tra Progetto e Non Progetto) di veicoli*km prodotte dal progetto per un costo marginale unitario (€/veicoli*km).

5.4.2.3 Carbon footprint e Life cycle assessment

Una politica di trasporto può ritenersi "sostenibile" se riduce gli impatti ambientali prodotti. Nella più recente visione della mobilità sostenibile, gli impatti prodotti da un intervento sul sistema dei trasporti vanno visti con riferimento non solo agli effetti "locali" (es. quante tonnellate di CO_2 si eliminano da un'area per aver

impedito l'accesso alle auto più inquinanti), ma anche con riferimento agli impatti legati all'intero ciclo di vita di quell'intervento (es. acquistando un nuovo autobus si richiederà che questo venga prodotto, impattando sull'ambiente, così come quando questo verrà rottamato). Esistono diversi indicatori "globali" per la stima degli impatti complessivi di una politica (di un intervento) di trasporto; tra questi i più largamente utilizzati sono:
- il *carbon footprint*;
- il *life cycle assessment* (LCA).

Il *carbon footprint* è un indicatore ambientale che misura l'impatto di un intervento/politica sul clima globale del pianeta. Esprime quantitativamente gli effetti prodotti sul clima da parte dei gas serra clima-alteranti definiti nel Protocollo di Kyoto (come ad esempio anidride carbonica CO_2, metano CH_4, protossido di azoto N_2O, ecc.), generati da una persona, da un'organizzazione, da un evento o da un intervento, nell'arco della sua intera vita (dall'estrazione delle materie prime e dalla loro lavorazione, al loro uso e al loro riciclaggio o smaltimento).

L'unità di misura del *carbon footprint* è la <u>tonnellata di anidride carbonica equivalente</u> (tonn ***CO_2 equiv.***). La ***CO_2 equiv.*** viene calcolata moltiplicando le emissioni di ciascuno dei gas ad effetto serra per il suo potenziale di riscaldamento globale (GWP), che rappresenta il rapporto fra il riscaldamento causato da un gas ad effetto serra in uno specifico intervallo di tempo (normalmente 100 anni) e il riscaldamento causato nello stesso periodo dalla stessa quantità di CO_2 (Tabella 44).

GAS SERRA	GPW100
Anidride carbonica CO_2	1
Metano CH_4	25
Protossido di azoto N_2O	320

Tabella 44 – Potenziale di riscaldamento globale a 100 anni

Secondo questo indicatore, quindi, anche utilizzare la bicicletta o andare a piedi ha degli impatti sull'ambiente (Figura 44): infatti, le calorie bruciate per spostarsi saranno integrate dal cibo che per essere prodotto ha impattato (negativamente) sull'ambiente[29].

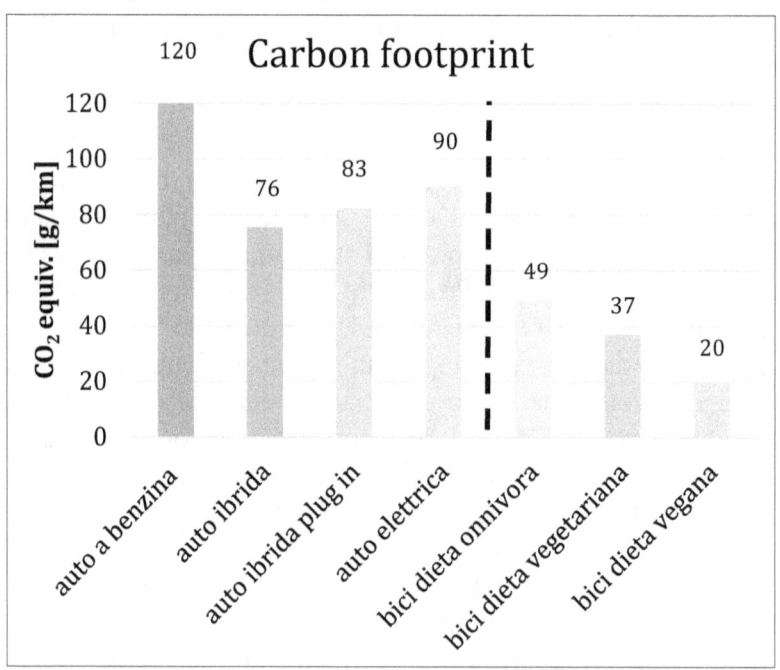

Figura 44 – Stima del *carbon footprint* pedio unitario per modalità di trasporto (fonte: elaborazioni su dati RSE - Ricerca Sistema Energetico)

Il *life cycle assessment* è un indicatore che valuta un insieme di interazioni che un prodotto/intervento/servizio ha sul pianeta, considerando il suo intero ciclo di vita, che include le fasi di pre-produzione (quindi anche estrazione e produzione dei materiali), produzione, distribuzione, uso (quindi anche riuso e

---

[29] Basti pensare che produrre 1 km di carne bovina occorrono oltre 15 mila litri di acqua.

manutenzione), riciclaggio e dismissione finale, in una visione globale. Mentre il *carbon footprint* valuta solo il potenziale di riscaldamento globale prodotto, il *life cycle assessment* valuta anche altre categorie di impatto ambientale, come ad esempio gli impatti sulla salute umana, la qualità degli ecosistemi, l'uso del suolo.

5.4.2.4 Un esempio numerico

Al fine di meglio comprendere i modelli di emissione descritti in precedenza (e le loro potenzialità applicative), si propone di seguito un esempio numerico. Nello specifico, si faccia riferimento ad uno **scenario di non progetto NP** composto da un'area urbana nella quale circola un parco veicolare costituito da una sola categoria, quella delle auto diesel EURO 1, che compiono complessivamente 1 milione di spostamenti all'anno, ognuno dei quali mediamente lungo 10 km, e con una velocità media su rete v_m di 30 km/h. Il modello di impatto di emissione spaziale s che si intende applicare risulta:

$$e^k_{s,EURO1} = \frac{a + c \cdot v_m + e \cdot v_m^2}{1 + b \cdot v_m + d \cdot v_m^2} \quad [g/km]$$

dove a, b, c, d, e sono parametri del modello tabellati in funzione del tipo di inquinante (Tabella 45).

Sostanza k	a	b	c	d	e
NO_x	3,1000	0,141	-0,00618	-0,000503	0,000422
PM_{10}	0,1140	0	-0,00230	0	0,000023

Tabella 45 – Parametri del modello di impatto ambientale (veicoli diesel Euro 1)

Moltiplicando le emissioni unitarie per la lunghezza media degli spostamenti e per il numero di spostamenti all'anno, si perviene alla determinazione delle emissioni annue totali.

Processi decisionali e Pianificazione dei trasporti

Moltiplicando a loro volta queste per il costo unitario dei singolo inquinanti (Tabella 46), è possibile calcolare il costo ambientale annuo totale (Tabella 47).

Sostanza k	Costo unitario [€/tonnellata]
NO_x	5.700
PM_{10}	48.000

Tabella 46 – Costi unitari degli inquinanti

Sostanza k	Emissioni [tonn./anno]	Costo [€/anno]	Costo totale [€/anno]
NO_x	6,9*	39.330	72.930
PM_{10}	0,7*	33.600	

(*approssimazioni differenti potrebbero produrre un risultato leggermente differente*)
Tabella 47 – Risultati dell'ESEMPIO NUMERICO (scenario di non progetto NP)

A partire dalla situazione attuale, si consideri uno **scenario di progetto P1**, in cui si ipotizzi di realizzare una nuova infrastruttura ed una riorganizzazione della circolazione, che permetta di ridurre la congestione e quindi di aumentare la velocità media su rete (da 30 a 50 km/h). In tal caso, riapplicando il modello precedente, è possibile quantificare gli impatti ambientai prodotti, ovvero una riduzione del costo ambientale annuo totale di circa il 16% (Tabella 48(*approssimazioni differenti potrebbero produrre un risultato leggermente differente*) Tabella 48).

Sostanza k	Emissioni [t/anno]	Costo [€/anno]	Costo totale [€/anno]	Var. %
NO_x	5,7*	32.490	61.290	-16%
PM_{10}	0,6*	28.800		

(*approssimazioni differenti potrebbero produrre un risultato leggermente differente*)
Tabella 48 – Risultati dell'ESEMPIO NUMERICO (scenario di progetto P1)

Si consideri, invece, un **secondo scenario di progetto P2**, caratterizzato da un incentivo economico all'acquisto di auto meno impattanti e che porti ad un rinnovo del 50% del parco circolante a veicoli EURO 6. Per le auto EURO 6 si utilizzi il modello di emissione seguente:

$$e_{s,EURO6}^{k} = a \cdot v_m^2 - b \cdot v_m + c \quad [g/km]$$

dove a, b, c sono parametri del modello tabellati in funzione del tipo di inquinante (Tabella 49).

Sostanza k	a	b	c
NO_x	0,000009	0,0011	0,07
PM_{10}	0,000004	0,0004	0,04

Tabella 49 – Parametri del modello di impatto ambientale (veicoli diesel Euro 6)

Ipotizzando di avere sempre 1 milioni di spostamenti all'anno ed una velocità media su rete v_m di 30 km/h, ed applicando i due modelli si perviene ad una riduzione del costo annuo totale di circa il 38% (Tabella 50).

Sostanza k	Emissioni [t/anno]	Costo [€/anno]	Costo totale [€/anno]	Var. %
NO_x	3,7*	21.090	45.090	-38%
PM_{10}	0,5*	24.000		

(*approssimazioni differenti potrebbero produrre un risultato leggermente differente)
Tabella 50 – Risultati dell'ESEMPIO NUMERICO (scenario di progetto P2)

Da un punto di vista dei soli impatti ambientali, il secondo progetto P2 risulta più conveniente. Per una scelta razionale occorre però valutare anche i costi degli interventi e gli altri impatti prodotti (es. riduzione dei tempi di viaggio, costi sociali, equità).

5.4.3 La stima degli impatti sull'incidentalità stradale[30]

Esistono diversi modelli di calcolo per la stima della frequenza di incidenti in una rete stradale utili per valutare il differenziale tra lo scenario di Progetto e quello di Non Progetto. I modelli più avanzati permettono anche una stima disaggregata degli incidenti suddivisi per:
- numero totale di incidenti, distinti tra incidenti tra veicoli e incidenti con pedoni;
- frequenze di incidenti, suddivisi per tipologia di collisione (es. collisioni per svolte a destra, svolta a sinistra, tamponamenti).

Ovviamente più si utilizza un modello disaggregato maggiore sarà il dettaglio delle variabili di input del modello stesso. Ad esempio, secondo il modello proposto da Montella et al. (2015) per la Tangenziale di Napoli, è possibile stimare la frequenza annua di incidenti A tramite la relazione:

$$A = L \cdot exp(\alpha + \delta \cdot ln(Q)) \cdot exp(\sum_i \gamma_i \cdot x_i) \cdot y_r$$

dove:
- L è la lunghezza del segmento stradale (metri);
- Q è il flusso medio giornaliero (veicoli/giorno);
- α, δ e γ sono parametri del modello da calibrare;
- x_i sono altre variabili esplicative, diverse da Q, e relative alla geometria della strada (es. sezione trasversale), al contesto (es. in galleria o all'aperto), all'allineamento orizzontale (tortuosità) e all'allineamento verticale (variabilità delle pendenze), ad esempio:

---

[30] I modelli di stima degli impatti dovuti all'incidentalità stradale esulano dagli obiettivi del testo e si riportano brevemente solo per completezza di esposizione. Si rimanda a testi specialistici per gli approfondimenti del caso.

- $x_1 = 1 / R^2$ [1 / km²], ovvero il reciproco del quadrato della curvatura orizzontale;
- $x_2 = Lt$ [km], ovvero la lunghezza della tangente che precede la curva;
- x_3=tunnel, ovvero una variabile binaria che vale 1 se in galleria, 0 altrimenti;
- ...

Parametro	Valore
α	-16,032
δ	0,996
γ_1	0,050
γ_2	0,465
γ_3	0,398
...	...
y_r	0,760

Tabella 51 – Parametri del modello di incidentalità proposto da Montella et al. (2015) per la Tangenziale di Napoli.

Altri modelli disponibili riguardano la stima della frequenza annua di incidenti A riguardanti un'intersezione tramite, ad esempio, la relazione:

$$A = k \cdot Q^\alpha$$

dove:
- Q è il flusso medio giornaliero complessivo (entrante nella intersezione o che percorre l'arco stradale considerato);
- k e α sono parametri da calibrare, funzione della geometria e del contesto territoriale di applicazione.

Un altro modello più disaggregato, applicabile nel caso di un'intersezione a T con rami a doppio senso di circolazione (Figura 45), risulta:

Processi decisionali e Pianificazione dei trasporti

$$A = k \cdot Q_a^{\alpha} \cdot Q_b^{\beta} \cdot \exp(\delta \cdot Q_c^{\gamma})$$

dove:
- $Q_a = Q_D + Q_E + Q_F$
- $Q_D = Q1 \cdot Q2 + Q3 \cdot Q4 + Q5 \cdot Q6$
- $Q_E = Q1 \cdot Q6 + Q3 \cdot Q2 + Q5 \cdot Q4$
- $Q_F = Q2 \cdot Q4 + Q4 \cdot Q6 + Q6 \cdot Q2$
- $Q_b = 1$
- $Q_c = 3(P1+P2+P3+P4)+(P5+P6)$, dove Pi è il generico flusso pedonale di attraversamento dell'intersezione;
- k, α, δ e γ parametri da calibrare, funzione della geometria e del contesto territoriale di applicazione (es. k=0,025; α=0,622; δ=0,944; γ=0,2).

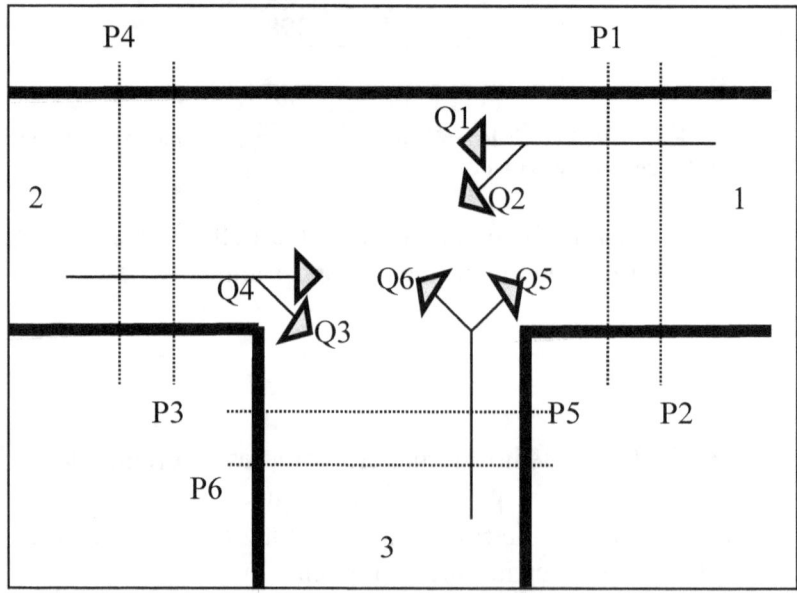

Figura 45 – Intersezione a T con rami a doppio senso di circolazione

Nel caso in cui si utilizzino modelli disaggregati per tipologia di manovra, è possibile stimare il numero medio di incidenti all'anno come somma su tutti quelli prodotti per le singole manovre:

$$A = \sum_i A^i$$

Ad esempio, nel caso di una intersezione a T (Figura 46) per la quale si vuole stimare il numero medio di incidenti per la i-esima manovra di svolta a sinistra, si può adoperare il modello:

$$A^i = \sum_i k^i \cdot Q_a^{i\alpha^i} \cdot Q_b^{i\beta^i} \cdot \exp\left(\delta^i \cdot Q_c^{i\gamma^i}\right)$$

dove:
- A^i è la frequenza annua per la tipologia *i-esima* di manovra/accesso (incidente), che può in generale riguardare:
  - un accesso principale: incidenti per veicoli isolati, incidenti per tamponamenti e per cambio di corsia, incidenti tra veicoli provenienti dalla strada principale e quelli provenienti dalla strada secondaria, incidenti per svolte a destra, incidenti dovuti a parcheggio, incidenti tra veicoli entranti dalla strada principale e pedoni, incidenti tra veicoli uscenti dalla strada principale e pedoni, altri incidenti con pedoni;
  - l'accesso secondario: incidenti per svolte a destra, incidenti per svolte a sinistra (come nel caso dell'esempio), incidenti tra veicoli e pedoni.
- Q_a^i, Q_b^i, Q_c^i sono le portate medie giornaliere annue caratteristiche per tipo di incidente, poste pari a:
  - Q_a = Q2
  - Q_b = Q4
  - Q_c = Q3
- α^i, β^i, δ^i, γ^i, k^i sono parametri da calibrare (es. α=0,524; β=0,753; δ=2,825; γ=0,1; k=0,002).

Processi decisionali e Pianificazione dei trasporti

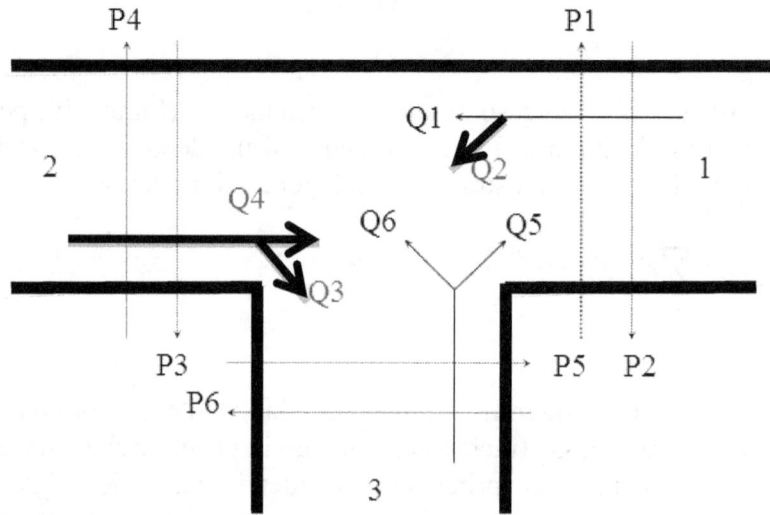

Figura 46 – Intersezione a T con rami a doppio senso di circolazione, nel caso di incidenti per svolta a sinistra

5.4.4 La stima degli impatti sul sistema delle attività e sul sistema economico[31]

Come detto nel Capitolo 2, gli interventi sul sistema dei trasporti possono produrre sia impatti interni al sistema dei trasporti, sia impatti esterni (di lungo periodo) sul sistema delle attività e sul sistema economico (oltre che su quello ambientale e paesaggistico). Questi ultimi possono riguardare, ad esempio, la delocalizzazioni di residenze o attività di produzione, o la nascita di nuove attività economiche generate da variazioni nell'accessibilità di un territorio (che, come detto, è il legame tra sistema dei trasporti e sistema delle attività) o sue parti (es. si aumenta l'accessibilità di un'area e come conseguenza aprono nuove attività al commercio). In genere, gli impatti prodotti sul sistema socio-economico vengono stimati

---

[31] I modelli di stima degli impatti sul sistema delle attività e sul sistema economico esulano dagli obiettivi del testo e si riportano brevemente solo per completezza di esposizione. Si rimanda a testi specialistici per gli approfondimenti del caso.

tramite i **modelli d'interazione trasporti-territorio**. Tra questi, ne esistono numerosi in letteratura:
- il modello di Interazione spaziale (Lowry, 1964);
- il modello di Massimizzazione dell'entropia (Wilson, 1970);
- i modelli Input/Output (MEPLAN, TRANUS);
- i modelli "Activities based" (Bifulco et al., 2010)
- i modelli di Approccio comportamentale d'equilibrio.

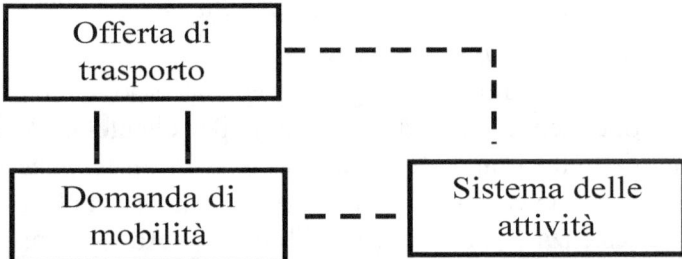

Figura 47 – Le interazioni tra sistema dei trasporti e sistema delle attività (interazioni trasporti-territorio)

Gli interventi sul sistema di trasporti, nel lungo periodo, hanno impatti su una o più componenti del sistema della attività oggetto di studio:
- sulla popolazione: ad esempio, sul numero di residenti nell'area di studio o sulla localizzazione di tali residenti all'interno dell'area di studio;
- sul mercato della produzione di beni e servizi: ad esempio, sulla localizzazione delle attività economiche di base e delle imprese;
- sul mercato immobiliare: ad esempio, sulla dimensione degli immobili e sui prezzi delle abitazioni.

Il sistema delle attività è costituito da residenze ed attività economiche; quest'ultime possono essere vincolate e non vincolate. Il settore delle attività vincolate è costituito da quelle attività la cui localizzazione non è indotta da variazioni della configurazione

dell'offerta di trasporto (accessibilità trasportistica), ma dipende dagli indirizzi di pianificazione territoriale stabiliti dall'Amministrazione Pubblica o da fattori localizzativi macro-aziendali. Esempi sono: le grandi industrie, la Pubblica Amministrazione, la Difesa, la Sanità, l'Istruzione, altri servizi pubblici e sociali. Il settore delle attività non vincolate è, invece, costituito dalle:
- attività rivolte alla densità di domanda;
- attività rivolte al controllo;
- attività che utilizzano altre strutture urbane;
- attività a bassa efficienza spaziale.

Le <u>attività rivolte alla densità di domanda</u> sono quelle la cui localizzazione segue la distribuzione della clientela. A questa categoria di settori appartengono: le *attività di commercio al dettaglio* (supermercati o negozi) e le *aziende di servizi* (servizi per uffici, assistenza informatica, librerie). Ad esempio, la localizzazione delle attività commerciali che vendono prodotti a largo consumo (es. prodotti alimentari) è influenzata dalla distribuzione dei residenti (potenziali clienti) sul territorio. Queste attività si localizzano sia in funzione dell'accessibilità trasportistica che in funzione della distribuzione di altri soggetti economici (es. clienti, residenti, aziende). La localizzazione di tali attività può avvenire anche in luoghi poco accessibili (centri urbani fortemente congestionati o zone pedonali).

Le <u>attività rivolte al controllo</u> sono particolari attività che richiedono localizzazioni di prestigio e facilità di comunicazione (sedi centrali di banche, istituti assicurativi, attività direzionali, negozi di alta moda, ecc.). Fattori determinanti per queste attività sono il prestigio della zona in cui ci si localizza e la visibilità al pubblico, più che l'accessibilità trasportistica. Per quanto concerne la loro localizzazione si può distinguere tra *sedi centrali*, che svolgono funzioni di rappresentanza e che quindi si basano su fattori legati alla centralità e prestigio della zona di localizzazione, e *sedi operative*, che, fornendo servizi ai clienti, sono legate all'accessibilità passiva rispetto alle residenze e alle attività economiche.

Le <u>attività che utilizzano altre strutture urbane</u> sono quelle che necessitano di una elevata accessibilità trasportistica ad alcuni altri servizi urbani. Esempi sono alcuni studi professionali (es. medici ed avvocati) che si vanno spesso a localizzare in prossimità di altre strutture di riferimento affini, come tribunali, ospedali, università.

Le <u>attività a bassa efficienza spaziale</u> sono, infine, quelle che necessitano di grandi spazi come, ad esempio, i magazzini, le industrie, le concessionarie di automobili. Per tali attività si può pensare ad un meccanismo di scelta localizzativa in cui il fattore determinante è il giusto compromesso tra dimensione e prezzo degli immobili ed accessibilità passiva ai potenziali clienti. Questo è l'esempio dei grandi centri commerciali che, per spuntare prezzi di acquisto dei suoli più bassi e disponibilità di grandi superfici, spesso si localizzano nelle aree periferiche a basso valore immobiliare.

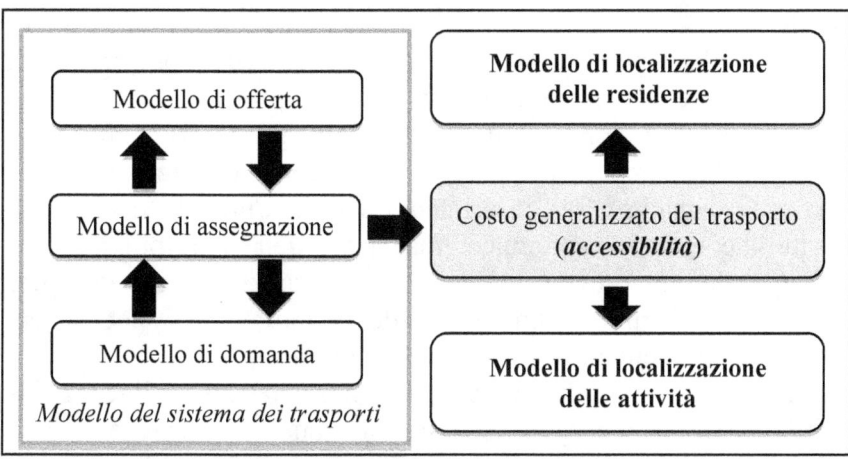

Figura 48 – Esempio di architettura logico-funzionale di un modello trasporti-territorio

6. Regole e documenti nella pianificazione dei trasporti

La redazione dei documenti di pianificazione dei trasporti rappresentano l'ultimo atto del processo decisionale prima della implementazione/realizzazione (Figura 1, pag. 14). I documenti di pianificazione si dividono in piani e progetti di trasporto:
- un **piano** è lo strumento (documento) del processo decisionale che raccoglie le decisioni (di pianificazione);
- un **progetto** è uno strumento (documento) a supporto della realizzazione degli interventi fisici e/o organizzativi previsti nei piani di trasporto.

Al fine di implementare un processo di pianificazione 3.0, sarebbe auspicabile disporre di linee guida standardizzate e condivise che disciplinino il processo decisionale e quindi la redazione dei documenti di pianificazione stessi, permettendo quindi un processo decisionale "più razionale" (documenti più trasparenti e quindi condivisi).

In Italia, per molti anni, si sono avute procedure di pianificazione legate ad un'impostazione dei primi anni '80, ovvero limitate alle sole componenti fisiche (infrastrutturali), senza tener conto delle componenti tecnologiche, delle caratteristiche dei servizi (es. qualità), dell'inserimento dei piani/progetti nel sistema territoriale e socio-economico, ma anche delle possibili minacce (ed opportunità) provenienti dal contesto sociale in cui un'opera andava ad inserirsi (condivisione del piano/progetto per evitare barriere ed aumentare la qualità delle scelte).

L'assenza in molti contesti di pianificazione di linee guida obbligatorie ha portato spesso ad analisi tecniche molto disomogenee, non ripetibili e spesso non confrontabili tra loro. Inoltre, il rischio *planning fallacy* e la contrazione dei fondi di finanziamento avuta negli ultimi anni ha ulteriormente complicato lo scenario di riferimento. Si pensi che dal 2008 al 2013 la spesa in infrastrutture di trasporto è passata da 14,5 a 5,8 miliardi di euro, con una riduzione di circa il 60% (fonte: Conto Nazionale delle Infrastrutture e dei Trasporti 2013-2014).

Tutto ciò ha portato ad una serie di conseguenze negative, tra cui:
- un ritardo infrastrutturale per l'Italia (soprattutto al sud), rispetto agli altri Paesi EU5;
- costi eccessivi legati agli investimenti nel settore dei trasporti anche legati all'*over design* (sovradimensionamento delle infrastrutture) che spesso accompagna i progetti di trasporto;
- elevati tempi per le realizzazioni e quindi aumenti dei costi legati alle perdite di opportunità (i benefici legati ad un'opera si maturano più tardi nel tempo);
- utilità e consenso pubblico spesso discutibili o disattesi;
- fondi di finanziamento talvolta insufficienti ma quasi sempre non certi (mancanza di programmazione).

Recentemente il Governo italiano ha deciso di invertire questa tendenza avviando una <u>nuova stagione di pianificazione dei trasporti</u> definendo prima gli obiettivi, le strategie e le azioni della nuova pianificazione, programmazione e progettazione delle infrastrutture dei trasporti (Allegato Documento di Economia e Finanza aprile, 2016 – ex Allegato Infrastrutture) e poi introducendo alcuni importanti nuovi elementi in materia di lavori pubblici (Nuovo Codice degli Appalti - D.lgs. 18 aprile 2016 n. 50). Con riferimento al settore dei trasporti, il Nuovo Codice degli Appalti prevede che vengano redatti specifici documenti di pianificazione e programmazione per i trasporti (Piano Generale dei Trasporti e della Logistica e i Documenti Pluriennali di Pianificazione). Affinché un'opera possa essere inserita all'interno dell'elenco degli interventi prioritari per lo sviluppo del Paese (e quindi finanziata), occorre che venga redatto il **progetto di fattibilità tecnica ed economica**. Nel progetto di fattibilità, si prevede che venga effettuato il confronto tra diverse alternative di progetto, al fine di individuare (scegliere) quella che presenta il miglior rapporto tra costi e benefici per la collettività. Il progetto di fattibilità deve, quindi, comprendere al suo interno (in una relazione tecnica) tutte le analisi necessarie per valutare la fattibilità e la convenienza economico-finanziaria di un intervento.

Ulteriore elemento di novità del Nuovo Codice degli Appalti è l'introduzione del **dibattito pubblico,** obbligatorio per *"le grandi opere"*, finalizzato a giungere a progetti il più possibile condivisi e da effettuarsi già sul progetto di fattibilità tecnica ed economica, ovvero quando ancora tutte le scelte possono ancora essere messe in discussione.

6.1 Caratterizzazione spaziale e temporale dei Piani di trasporto

Un piano/progetto di trasporto può riguardare differenti **livelli territoriali**:
- **nazionale/internazionale** (es. Unione Europea, Stati Membri);
- **regionale** (es. regioni italiane);
- **locale** (es. città metropolitane, comuni).

Vige chiaramente il principio secondo il quale se esiste una gerarchia, questa va rispettata, ovvero ciò che prescrive, ad esempio, un Piano nazionale deve essere recepito (e non contrastato) dai Piani Regionali e Locali. Tale condizionamento non deve risultare però un vincolo, nel senso che qualora non fosse stato redatto un Piano gerarchicamente superiore, non si deve "bloccare" il processo di pianificazione alle scale territoriali sottostati (es. anche se non esiste un Piano nazionale, le Regioni possono redigere comunque i Piani dei trasporti).

Un Piano di trasporto può, inoltre, avere differenti **prospettive temporali**, ovvero:

- una **prospettiva strategica**, relativa a scelte di tipo normativo o relative a servizi, regole, infrastrutture, tecnologie. Riguarda sia la pubblica amministrazione che gli operatori privati ed è caratterizzata da:
  - investimenti significativi (es. decine o centinaia di milioni di Euro);
  - lunghi tempi di realizzazione/implementazione (es. 5-10 anni tra progettazione e realizzazione);
  - basso livello di dettaglio delle decisioni prese (es. decidere di realizzare una nuova linea ferroviaria ad Alta Velocità per aumentare l'accessibilità del Mezzogiorno, senza però individuarne i dettagli tecnologici e di tracciato, per i quali si rimanda a successive fasi della pianificazione/progettazione);
  - benefici attesi per un lungo orizzonte temporale (es. la vita utile di ciò che si decide è in genere di diverse decine di anni e quindi anche gli impatti prodotti saranno validi per tale orizzonte temporale);
- una **prospettiva tattica**, relative a scelte di nuovi servizi, infrastrutture, tecnologie, veicoli. Riguarda sia la pubblica amministrazione che gli operatori privati ed è caratterizzata da:
  - investimenti limitati (es. pochi milioni di Euro);
  - contenuti tempi di realizzazione/implementazione (es. 6 mesi – 1 anno tra progettazione e realizzazione);
  - alto livello di dettaglio delle decisioni prese, e quindi una (quasi) diretta implementazione del piano (es. redigere un nuovo piano urbano del traffico definendo nel dettaglio i sensi di marcia e le caratteristiche dei cicli semaforici di tutte le intersezioni);
  - benefici attesi per un medio-breve orizzonte temporale (es. un piano urbano del traffico ha una vita utile operativa che non supera i 3-5 anni; passato tale termine occorre

quantomeno un suo aggiornamento, per valutare le variazioni di contesto che sono avvenute);
- una **prospettiva operativa**, relativa a scelte di nuovi servizi, tariffe, tecnologie, veicoli. Riguarda sia la pubblica amministrazione che gli operatori privati ed è caratterizzata da:
  - investimenti assenti o molto limitati (es. centinaia di migliaia di Euro);
  - ridotti tempi di realizzazione/implementazione (es. da pochi giorni sino ad alcuni mesi);
  - alto livello di dettaglio delle decisioni prese, e quindi una diretta implementazione delle decisioni (es. nuovi percorsi o fermate per una linea di autobus; nuovi turni del personale di un'azienda di TPL);
  - benefici attesi per un medio-breve orizzonte temporale.

Come detto nel Paragrafo 3.1.4 (Figura 13, pag. 59), le decisioni di tipo strategico riguardano il *"cosa"* implementare sul sistema, mentre le decisioni tattiche si concentrano anche sul *"come"* realizzare il risultato del processo decisionale.

A seconda del livello territoriale interessato e della prospettiva temporale si possono avere differenti Piani dei trasporti. Nella **pianificazione strategica** è possibile classificare i documenti di pianificazione in:
- **Piani direttori;**
- **Piani attuativi;**
- **Studi/Progetti fattibilità;**
- **Contratti di Partenariato Pubblico Privato - PPP** (es. *project financing*).

Nel **Piano Direttore** vengono identificati gli obiettivi generali e/o specifici, definiti i vincoli da rispettare e valutate le strategie (gli interventi) di tipo normativo, organizzativo, infrastrutturale e tecnologico. Il Piano Direttore viene redatto dal responsabile dei trasporti (alla scala territoriale all'interno della quale si pianifica)

ed è aggiornato con cadenza triennale. Questo Piano influenza l'intero processo di pianificazione (Figura 50), essendo preordinato rispetto ai successivi documenti di pianificazione (piano attuativo e studio/progetto di fattibilità). Esempi di Piani Direttori sono:
- alla scala nazionale: il **Piano Generale dei Trasporti e della Logistica (PGTL)** ed i Documenti Pluriennali Di Pianificazione (DPP);
- alla scala locale: il **Piano Urbano della Mobilità Sostenibile (PUMS)**.

Sempre nell'ambito della pianificazione strategica, il **Piano Attuativo** specifica alcune scelte del Piano Direttore completandolo o innovandolo ove necessario. Questo può essere un Piano di settore "modale", quando è specifico per un singolo modo di trasporto (es. Piano del trasporto aereo, Piano della portualità), ovvero un Piano di medio termine, quando è rappresentativo degli interventi che un Ente territoriale intende realizzare all'interno del proprio mandato. Il Piano Attuativo può essere elaborato dal responsabile dei trasporti, da soggetti concessionari (es. ANAS, FS) o da soggetti privati (operatori). È aggiornato con cadenza triennale ed è preordinato rispetto al successivo piano (studio/progetto di fattibilità).

Lo **Studio/Progetto di Fattibilità**, è un documento tecnico finalizzato alla valutazione e confronto di più alternative progettuali in ragione della fattibilità:
- tecnica, ovvero se gli interventi previsti sono realizzabili;
- funzionale, ovvero quali impatti (prestazioni) producono gli interventi previsti sul sistema dei trasporti (Paragrafo 5.4);
- finanziaria, ovvero se gli investimenti previsti (costi) ripagheranno nel tempo gli eventuali ricavi (es. da traffico) generati dal progetto (generando degli utili – Paragrafo 7.2);
- economica, ovvero se i costi per l'implementazione di un piano/progetto saranno compensati nel tempo dai benefici

apportati alla collettività nel suo complesso (es. impatti sugli utenti del sistema e sui non-utenti – Paragrafo 7.3);
- sociale, ovvero se e quale grado di accettazione sociale accompagna gli interventi previsti nel piano/progetto (Capitolo 4).

La recente approvazione del Nuovo Codice degli Appalti (Paragrafo 6.2.2) ha di fatto superato (recependone i principali contenuti) la normativa, tra l'altro molto avanzata nel panorama europeo, sugli Studi di Fattibilità, che prevedeva (art. 14, D.P.R. n. 207 del 2010):
- le analisi di più alternative progettuali e la relativa valutazione della fattibilità tecnica;
- la sostenibilità finanziaria ed economico-sociale;
- la compatibilità ambientale e la verifica procedurale;
- l'analisi del rischio e di sensitività.

I **contratti di PPP** definiscono diverse forme di cooperazione tra settore pubblico e settore privato, attraverso le quali le rispettive competenze e risorse si integrano per realizzare e gestire opere infrastrutturali in funzione delle diverse responsabilità ed obiettivi (Paragrafo 6.4). Si applica in tutti quei casi in cui il settore pubblico intenda realizzare un progetto che coinvolga un'opera pubblica, o di pubblica utilità, la cui progettazione, realizzazione, gestione e finanziamento (in tutto o in parte) siano affidati al settore privato.

I documenti di pianificazione tattica si differenziano a seconda del mercato a cui si riferiscono (monopoli naturali o mercati concorrenziali, per come sono stati definiti nel Paragrafo 3.1.1). Ad esempio, nel caso di pianificazione tattica di tipo locale è possibile distinguere tra:

Monopoli naturali
- Piano Urbano del Traffico (art. 36, comma 1, D.lgs. n. 285 del 30/04/1992 – Nuovo Codice della Strada);
- Piani del Traffico per la viabilità extraurbana (art. 36, comma 3, D.lgs. n. 285 del 30/04/1992 – Nuovo Codice della Strada);

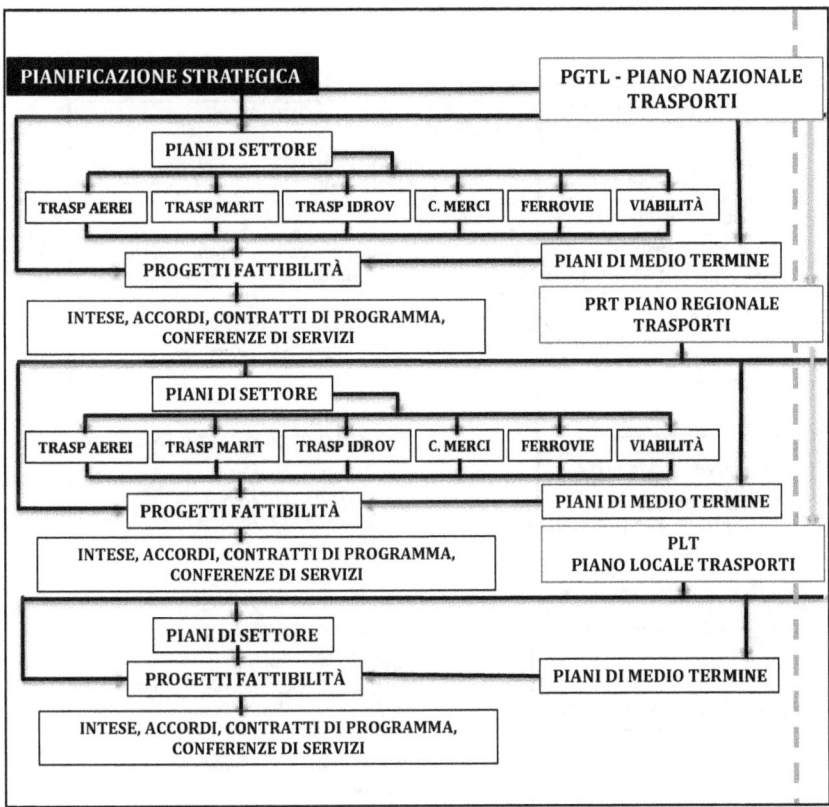

Figura 49 – Caratteristiche e condizionamenti dei documenti di pianificazione strategica e tattica (parte 1/2)

Processi decisionali e Pianificazione dei trasporti

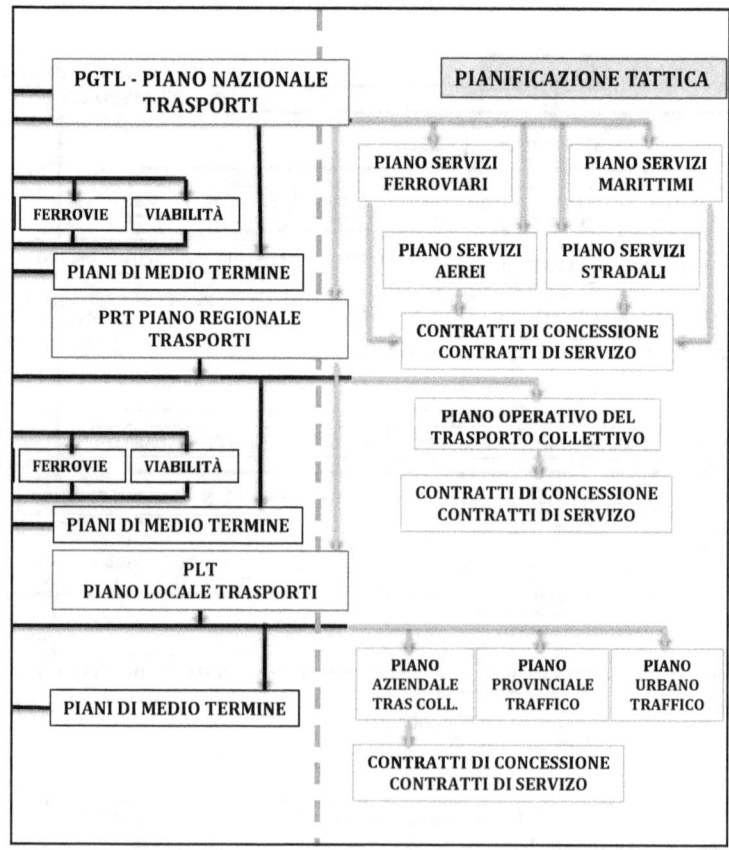

Figura 50 – Caratteristiche e condizionamenti dei documenti di pianificazione strategica e tattica (parte 2/2)

Mercati concorrenziali
- Programmi triennali dei servizi di Trasporto Pubblico Locale (contratti in concessione del Trasporto Pubblico Locale TPL);
- Contratti di servizio del TPL.

Infine, i documenti di <u>pianificazione operativa</u> sono costituiti essenzialmente dai **Documenti di progettazione** (relazioni ed elaborati) relativi a servizi (es. nuove linee o variazioni nell'esercizio), veicoli e tecnologie, che vengono redatti dalla pubblica amministrazione o da operatori privati e che non richiedono alcun investimento (o in misura limitata), nonché breve tempo per l'implementazione (settimane-mesi).

6.2 Il recente quadro normativo di riferimento in materia di pianificazione dei trasporti

6.2.1 L'Allegato Strategie per le infrastrutture di trasporto e logistica al Documento di Economia e Finanza (DEF, 2016)

L'allegato Infrastrutturale al Documento di Economia e Finanza 2016, meglio denominato come *Strategie per le infrastrutture di trasporto e logistica*, individua le principali criticità attuali e definisce gli obiettivi, le strategie e le azioni per la nuova politica di investimenti del Paese. Vengono in particolare definiti **quattro obiettivi** strategici:
1. accessibilità ai territori dell'Europa ed al Mediterraneo;
2. qualità della vita e competitività delle aree urbane;
3. sostenibilità alle politiche industriali di filiera;
4. mobilità sostenibile e sicura.

Nel testo viene sottolineato come l'evoluzione e lo sviluppo del Paese deve partire dalle aree urbane. Per far ciò occorre quindi aumentare l'accessibilità di queste aree del Paese, al fine di migliorare la qualità della vita della popolazione, nonché valorizzare e potenziare il turismo.

Oltre al miglioramento dell'accessibilità, nel documento si fa riferimento anche allo sviluppo della <u>mobilità sostenibile ed al trasporto multimodale</u> partendo dalle modalità di trasporto rapido di massa (es. metropolitane e tram) e sfruttando il naturale e rapido sviluppo di nuovi servizi di mobilità come la sharing-mobility (es. car-sharing, bike-sharing, park-sharing, car-pooling).

Sempre nel Documento di Economia e Finanza vengono individuati i target per raggiungere i quattro obiettivi strategici definiti:
- Target di accessibilità: +30% popolazione servita dall'Alta Velocità ferroviaria entro il 2030;
- Target di mobilità sostenibile:
  - ripartizione modale della mobilità urbana (40% trasporto pubblico e 10% mobilità ciclo-pedonale);
  - +20% di km di tram/metro per abitante, in aree urbane entro il 2030.

Al fine di raggiungere i target prefissati vengono anche individuate delle **strategie trasversali**:
a) sviluppo urbano sostenibile;
b) valorizzazione del patrimonio esistente;
c) infrastrutture utili, snelle e condivise;
d) integrazione modale ed intermodale.

Infine, per ciascuna di tali strategie, nel Documento vengono anche individuate una serie **di azioni** che il Ministero dei Trasporti intende implementare:
a) sviluppo urbano sostenibile:
   - cura del ferro nelle aree urbane;
   - accessibilità delle aree urbane e metropolitane;
   - qualità ed efficientamento del TPL;
   - sostenibilità del trasporto urbano;
   - tecnologie per città intelligenti;
b) valorizzazione del patrimonio esistente:
   - programmazione degli interventi di manutenzione;
   - miglioramento del servizio e della sicurezza;
   - efficientamento e potenziamento tecnologico;
   - incentivazione dei sistemi ITS;
   - efficientamento del trasporto aereo;
c) infrastrutture utili, snelle e condivise:
   - pianificazione nazionale unitaria;

- programmazione e monitoraggio degli interventi;
- miglioramento della qualità della progettazione;
d) integrazione modale ed intermodale:
- accessibilità ai nodi e interconnessione tra le reti;
- riequilibrio della domanda verso modalità di trasporto più sostenibili;
- promozione dell'intermodalità.

6.2.2 Il Nuovo Codice degli Appalti (D.lgs. n. 50/2016)

Con riferimento alla pianificazione sui sistemi di trasporto, il Nuovo Codice degli Appalti stabilisce che, *"al fine della individuazione delle infrastrutture e degli insediamenti prioritari per lo sviluppo del Paese"*, siano redatti specifici documenti di pianificazione e programmazione per i trasporti:
- il Piano Generale dei Trasporti e della Logistica – PGTL;
- i Documenti Pluriennali Di Pianificazione – DPP (di cui all'art. 2, comma 1, e all'art. 201 del D.lgs. n. 228 del 2011).

Il Piano Generale dei Trasporti e della Logistica (PGTL), è il documento di pianificazione strategica del Paese che, oltre a delineare gli scenari previsionali del sistema di mobilità nazionale, definisce gli obiettivi del sistema integrato dei trasporti.

Il Documento Pluriennale di Pianificazione, strumento di programmazione triennale delle risorse per gli investimenti pubblici, contiene sia l'elenco degli interventi prioritari per lo sviluppo del Paese, dei quali il Ministero delle Infrastrutture e dei Trasporti finanzia la realizzazione, sia l'elenco delle opere la cui progettazione di fattibilità è valutata meritevole di finanziamento (art. 201, comma 3 del D.lgs. n. 50 del 2016).

Il Nuovo Codice degli Appalti modifica le tradizionali fasi della progettazione, sostituendole con (art. 23, comma 1):
1. **il progetto di fattibilità tecnica ed economica;**
2. **il progetto definitivo;**
3. **il progetto esecutivo.**

Affinché un'opera possa essere inserita all'interno del DDP, le Regioni, le Province autonome, le Città Metropolitane e gli altri Enti competenti devono trasmettere al Ministero delle Infrastrutture e dei Trasporti proposte di interventi per i quali è stato redatto il progetto di fattibilità tecnica ed economica.

6.2.2.1 Il progetto di fattibilità tecnica ed economica

Il progetto di fattibilità tecnica ed economica (nel seguito del testo per semplicità indicato anche come semplicemente progetto di fattibilità) incorpora tutte le analisi che precedentemente erano previste nello Studio di Fattibilità (ai sensi dell'art. 14 del DPR n. 207 del 2010), vale a dire: *i*) le analisi di più alternative progettuali e la relativa fattibilità tecnica; *ii*) la sostenibilità finanziaria ed economico-sociale; *iii*) la compatibilità ambientale e la verifica procedurale; *iv*) l'analisi del rischio e di sensitività.

Nello specifico, il progetto di fattibilità può essere suddiviso in **due differenti fasi**:

1. **valutazione e confronto tra diverse alternative di progetto**, al fine di individuare (scegliere) quella che presenta il miglior rapporto tra costi e benefici per la collettività (art. 23, comma 5 del D.lgs. n. 50 del 2016);
2. **progettazione di dettaglio per la soluzione progettuale scelta**.

Nella prima fase del progetto di fattibilità, la valutazione ed il confronto di diverse alternative progettuali andrà fatto nel rispetto dei fabbisogni infrastrutturali (accessibilità) e di mobilità (sociali) definiti negli obiettivi e nelle strategie indicati nell'allegato infrastrutturale del Documento di Economia e Finanza (aprile, 2016), nonché nel rispetto degli obiettivi specifici e dei fabbisogni da porre a base dell'intervento e le specifiche esigenze qualitative e quantitative da soddisfare, tutti raccolti in un "*quadro esigenziale*" di sintesi. Ovviamente le analisi e le elaborazioni da produrre nel progetto di fattibilità saranno condizionate dalla dimensione e dalla tipologia dell'intervento in oggetto.

In questa **prima fase**, il progetto di fattibilità deve comprendere al suo interno (in una relazione tecnica di fattibilità) tutte le analisi necessarie per valutare la fattibilità e la convenienza economico-finanziaria di un intervento, tra cui:

1. **inquadramento territoriale e socio-economico** ed individuazione degli **obiettivi da perseguire**;
2. individuazione delle **possibili soluzioni/alternative di progetto,** definendo per ogni alternativa:
   a. caratteristiche progettuali, funzionali, tecniche, costruttive, impiantistiche, gestionali ed economico-finanziarie del tracciato;
   b. tempi di progettazione e realizzazione;
   c. indicazione delle procedure di realizzazione;
3. **analisi dell'offerta di trasporto attuale e di non intervento** (ovvero quella tendenziale considerando tutti gli interventi invarianti già programmati e/o previsti nel periodo di analisi);
4. **stime di traffico**, ovvero **analisi della domanda** attuale, di non intervento e prevista per le diverse soluzioni progettuali (comprensiva dell'eventuale domanda indotta e/o deviata);
5. analisi dei **costi d'investimento, di gestione e di manutenzione** per le diverse soluzioni progettuali individuate;
6. analisi **costi-efficacia** relativa a ciascuna delle alternative progettuali.

In particolare, queste attività non risultano sempre sufficienti per concludere la prima fase, soprattutto quando si voglia valutare la fattibilità di una "*grande opera*" (es. un'opera che prevede un investimento superiore a 10 milioni di euro o le opere prive di remunerabilità da introiti tariffari). In questo caso risultano quindi necessarie ulteriori analisi di maggior dettaglio tra cui:

7. **analisi territoriale** (es. verifiche geologiche, idrogeologiche ed idrauliche);

8. **analisi ambientale e paesaggistica** (es. vincoli ambientali, storici, archeologici e paesaggistici);
9. **analisi costi-ricavi** per valutare la fattibilità finanziaria delle differenti alternative progettuali;
10. **analisi costi-benefici** per valutare la fattibilità economica delle differenti alternative progettuali, attraverso la stima degli impatti socio-economici, territoriali ed ambientali;
11. **analisi del rischio e di sensitività** relativa alle diverse alternative progettuali.

La prima fase si conclude con la redazione di un documento di fattibilità relativo alle alternative progettuali, che riporta i risultati della valutazione e il confronto delle diverse soluzioni confrontate. In questa fase viene scelta l'alternativa progettuale migliore (o al più le migliori due), ovvero quella che presenta il miglior rapporto tra costi e benefici per la collettività (art. 23, comma 5 del D.lgs. n. 50 del 2016). Tale documento conclusivo risulta funzionale all'elaborazione della seconda fase del progetto di fattibilità che riguarderà la redazione di ulteriori analisi più di dettaglio per l'alternativa scelta. In particolare, nella **seconda fase** del progetto, oltre a tutti gli elaborati grafici utili per le analisi preliminare e di contesto, sarà necessario redigere i seguenti documenti:

a) **una relazione tecnica ed economica** che, a seguito degli studi tecnici condotti nella prima fase del progetto di fattibilità, riporterà i risultati di ulteriori indagini tecniche di maggiore approfondimento (es. analisi geologiche, sismiche, idrologiche, archeologiche, su mobilità e traffico);

b) **uno studio ambientale preliminare** che contenga: i) l'elenco delle autorizzazioni necessarie (es. concessioni, licenze, pareri); ii) le caratteristiche del progetto (es. superficie e volume del progetto; risorse naturali utilizzate; quantità di rifiuti prodotti); iii) un'analisi ambientale e paesaggistica che descriva nel dettaglio, ad esempio, le soluzioni progettuali per la minimizzazione dell'impatto ambientale e per il paesaggio, i criteri tecnici scelti nel rispetto delle norme ambientali, la stima degli effetti del progetto sull'ambiente e sulla salute umana. Questo studio dovrà inoltre prevedere, in funzione della tipologia dell'opera, la redazione di tutti i documenti di valutazione previsti dalla normativa vigente (es. Valutazione di Impatto Ambientale, Verifica di Assoggettabilità, D.lgs. n. 152/2006);

c) **la stima sommaria della spesa, il quadro economico e la redazione di un Piano Economico e Finanziario (PEF) di massima.**

Gli elaborati della seconda fase del progetto di fattibilità dovranno, inoltre, contenere anche delle analisi di dettaglio circa le soluzioni proposte per ridurre gli impatti ambientali nelle diverse fasi di cantiere per ridurre gli effetti sull'ambiente, sul paesaggio e sul patrimonio storico.

Il D.lgs. n. 50 del 2016 (Nuovo Codice degli Appalti) rimanda a successivi decreti e linee guida le indicazioni di dettaglio circa contenuti e parametri da utilizzare nelle analisi, con l'obiettivo di fornire una metodologia unitaria (riducendo le discrezionalità tecniche), oltre a uniformità e comparabilità dei risultati, per le opere candidate all'inserimento nel DPP.

6.2.2.2 Il dibattito pubblico

Ulteriore elemento di novità del Nuovo Codice degli Appalti è, come detto (e riportato nel Paragrafo 4.3), l'introduzione del **dibattito pubblico** (il termine anglosassone spesso utilizzato è Public Engagement o Stakeholder Engagement) **per giungere ad opere condivise** (art. 22 del D.lgs. n. 50 del 2016), e che risulta obbligatorio per le "*grandi opere*" (es. con investimento superiore a 10 milioni di euro o prive di remunerabilità da introiti tariffari). Nell'art. 22 del Nuovo Codice degli Appalti si descrivono inoltre gli elementi essenziali della consultazione pubblica, in particolare:

- le amministrazioni aggiudicatrici e gli enti aggiudicatori devono **rendere pubblici i progetti di fattibilità** per i grandi progetti infrastrutturali e di architettura di rilevanza sociale, aventi impatto sull'ambiente, sulle città o sull'assetto del territorio;
- il **dibattito deve essere effettuato sul progetto di fattibilità**, ovvero quando ancora tutte le scelte possono ancora essere messe in discussione (è infatti in questa fase che si decide il "valore" dell'opera finale);
- le amministrazioni aggiudicatrici e gli enti aggiudicatori devono **rendere pubblici gli esiti della consultazione pubblica**, riportando i resoconti degli incontri e dei dibattiti con i soggetti portatori di interesse;
- il dibattito deve concludersi **entro 4 mesi**, durante i quali si prevede la convocazione di conferenze, a cui sono invitate le amministrazioni interessate e altri portatori di interesse, compresi i comitati dei cittadini.

Nelle linee guida fornite dal Ministero delle Infrastrutture e dei Trasporti, per le opere definite secondo l'ex Allegato I, (DPCM n. 273 del 3 agosto 2012, punto 2.5) di categoria B[32], C[33] e D[34], per le quali si stimano significativi impatti territoriali (es. scelte tra più alternative di tracciato di una nuova infrastruttura stradale), si prevede che già nella fase preliminare del progetto di fattibilità venga condotta un'*indagine di conflict assessment* al fine di individuare potenziali conflitti territoriali connessi all'intervento oggetto di analisi. Seconda finalità di questa indagine preliminare è anche quella di recuperare informazioni utili per stimare i "pesi" da

---

[32] Opere di Categoria B: nuove opere puntuali, con investimenti inferiori ai 10 milioni di euro, prive di introiti tariffari.

[33] Opere di Categoria C: opere, con investimenti superiori ai 10 milioni di euro, prive di introiti tariffari.

[34] Opere di Categoria D: Opere di qualsiasi dimensione, escluse quelle di interventi di rinnovo del capitale (ovvero di tipo A), per le quali è prevista una tariffazione del servizio.

attribuire ai criteri di valutazione per le differenti alternative di intervento da confrontare.

Sempre nelle linee guida del Ministero, vengono esplicitati i criteri e la metodologia per la selezione delle opere da ammettere a finanziamento pubblico e da includere nel DPP. Ad esempio, è elemento di premialità, per le opere di tipo C e D, l'avvenuto dibattito pubblico o altre forme di Public Engagement. Saranno inoltre valutati positivamente:
- la pluralità dei punti di vista emersi nel corso del dibattito (valutando, ad esempio, la quantità di proposte e richieste di informazioni raccolte via email o con altri strumenti informatici e non);
- la capillarità con cui è stata svolta la partecipazione, l'informazione e la comunicazione;
- gli effetti del dibattito pubblico recepiti nel progetto (come, ad esempio, la quantità di elementi e/o valutazioni che hanno consentito di migliorare e/o integrare il progetto).

6.3 Il Piano Urbano della Mobilità Sostenibile (PUMS)

Le politiche per la mobilità sostenibile a scala urbana e la pianificazione dei trasporti sono da tempo al centro delle politiche europee, come dimostrano i numerosi documenti redatti negli ultimi anni, dalla Commissione Europea, tra cui:
- il Libro Verde (2004), in cui viene introdotta l'idea di un Piano di trasporto urbano sostenibile per tutte le città con più di 100 mila abitanti;
- il Piano d'azione sulla mobilità urbana (2010), in cui vengono introdotti i PUMS some strumento di supporto (non obbligatorio) e di incentivazione alla mobilità urbana sostenibile;
- il Libro Bianco sui Trasporti (2011), in cui si propone la possibilità di rendere obbligatori i PUMS per le città di una

certa dimensione sulla base di standard nazionali basati su Linee Guida Europee;
- Guidelines (2013) - Developing and Implementing a Sustainable Urban Mobility Plan.

In questo contesto di riferimento, il Piano Urbano della Mobilità Sostenibile – PUMS (*Sultaniale Urban Mobility Plan – SUMP*) rappresenta un piano strategico alla scala locale (con orizzonte temporale di circa 10 anni) finalizzato a soddisfare il bisogno di mobilità della popolazione e delle attività nelle città e nelle aree metropolitane, al fine di:
- migliorarne la qualità della vita, attraverso l'aumento dell'accessibilità (e dell'equità);
- migliorare la sicurezza;
- ridurre le emissioni ed il consumo di energia;
- rendere più efficiente ed efficace la mobilità delle persone e delle merci;
- aumentare la qualità dell'ambiente urbano nel suo complesso.

Il PUMS è <u>un piano rivolto alla popolazione nel suo complesso</u> e non solo agli utenti del sistema dei trasporti. È un nuovo strumento di pianificazione, che prevede il coinvolgimento attivo degli stakeholders e dei cittadini, oltre che all'esplicita assunzione di obiettivi di sostenibilità (sociale, economica, ambientale). Una città (area metropolitana) che si dota di un PUMS si pone inoltre in <u>una condizione premiante per l'accesso ai finanziamenti comunitari</u>.

Il PUMS, di fatto, sostituisce (integrandone i contenuti) il **Piano Urbano della Mobilità (PUM)**, introdotto dalla Legge n. 340 del 24/11/2000, e ne risulta la naturale evoluzione. Le principali differenze tra PUM e PUMS(si veda la figura seguente) solo legate sia alla maggiore attenzione del secondo Piano alla tematiche di sostenibilità ambientale, ma soprattutto al soggetto su cui viene fatta la pianificazione, che per i PUM è l'utente del sistema dei trasporti e per il PUMS è il cittadino anche non-utente del sistema.

La **metodologia di redazione** del PUMS prevede:
- la pianificazione integrata di tutti i settori urbani (territorio, mobilità ed ambiente);
- la cooperazione tra i diversi livelli della pubblica amministrazione;
- il coordinamento tra le istituzioni e le eventuali agenzie (es. agenzia per la mobilità, ambiente, urbanistica);
- che venga seguito un percorso composto da:
    a) redazione del Piano;
    b) implementazione del Piano;
    c) gestione e monitoraggio del Piano.

Processi decisionali e Pianificazione dei trasporti

PUM		PUMS
Si mettono al centro gli utenti del sistema dei trasporti	→	Si mettono al centro le persone (utenti e non utenti del sistema)
Obiettivi principali: congestione, tempi di viaggio, inquinamento	→	Obiettivi principali: accessibilità e qualità della vita, sostenibilità, fattibilità economica, equità sociale, salute
Focus modale	→	Sviluppo delle varie modalità di trasporto, incoraggiando al contempo l'utilizzo di quelle più sostenibili
Focus infrastrutturale	→	Gamma di soluzioni integrate per generare soluzioni, efficaci di qualità ed economiche (regole, tecnologie e servizi)
Documento di pianificazione di settore	→	Documento di pianificazione di settore coerente e coordinato con i documenti di piano di aree correlate (es. urbanistica e utilizzo del suolo, servizi sociali, salute, pianificazione e implementazione delle politiche cittadine)
Piano di breve-medio termine	→	Piano di medio-lungo termine (ottica strategica)
Relative ad un'area amministrativa	→	Relativo ad un'area funzionale basata sugli spostamenti effettivi (es. casa-lavoro)
Dominio degli ingegneri trasportisti	→	Gruppi di lavoro interdisciplinari (es. ingegneri, urbanisti, economisti, ambientalisti)
Pianificazione a cura di esperti	→	Pianificazione che coinvolge i portatori di interesse attraverso un approccio trasparente e partecipativo
Monitoraggio e valutazione degli impatti limitati	→	Monitoraggio regolare e valutazione degli impatti nell'ambito di un processo strutturato di apprendimento e miglioramento continui

Figura 51 – L'evoluzione dal Piano Urbano della Mobilità (PUM) al Piano Urbano della Mobilità Sostenibile (PUMS)

Le Linee Guida per la redazione dei PUMS proposte dalla Commissione Europea (*Guidelines - Developing and Implementing a Sustai-nable Urban Mobility Plan*, 2013), individuano anche nel dettaglio tutte le fasi per una redazione corretta del PUMS (Figura 53):
1. **attività propedeutiche al processo di Piano**:

a. definizione del potenziale di successo del PUMS in modo ambizioso e realistico (cosa è possibile ottenere e chi può essere coinvolto nel processo);
   b. definire il percorso da seguire e lo scopo del Piano;
   c. analizzare la situazione di partenza (mobilità) e individuare le opzioni future (alternative di intervento);
2. **individuazione di obiettivi razionali e trasparenti**:
   a. sviluppo di una visione condivisa della mobilità e temi correlati (quale città nei prossimi 20 anni?);
   b. definizione delle priorità ed individuazione di obiettivi misurabili;
   c. sviluppo di un set di misure (indicatori di performance) efficaci agli scopi e coerenti con gli obiettivi;
3. **elaborazione del Piano**:
   a. individuare in modo chiaro le responsabilità e l'allocazione delle risorse (fondi certi e quantificabili);

Processi decisionali e Pianificazione dei trasporti

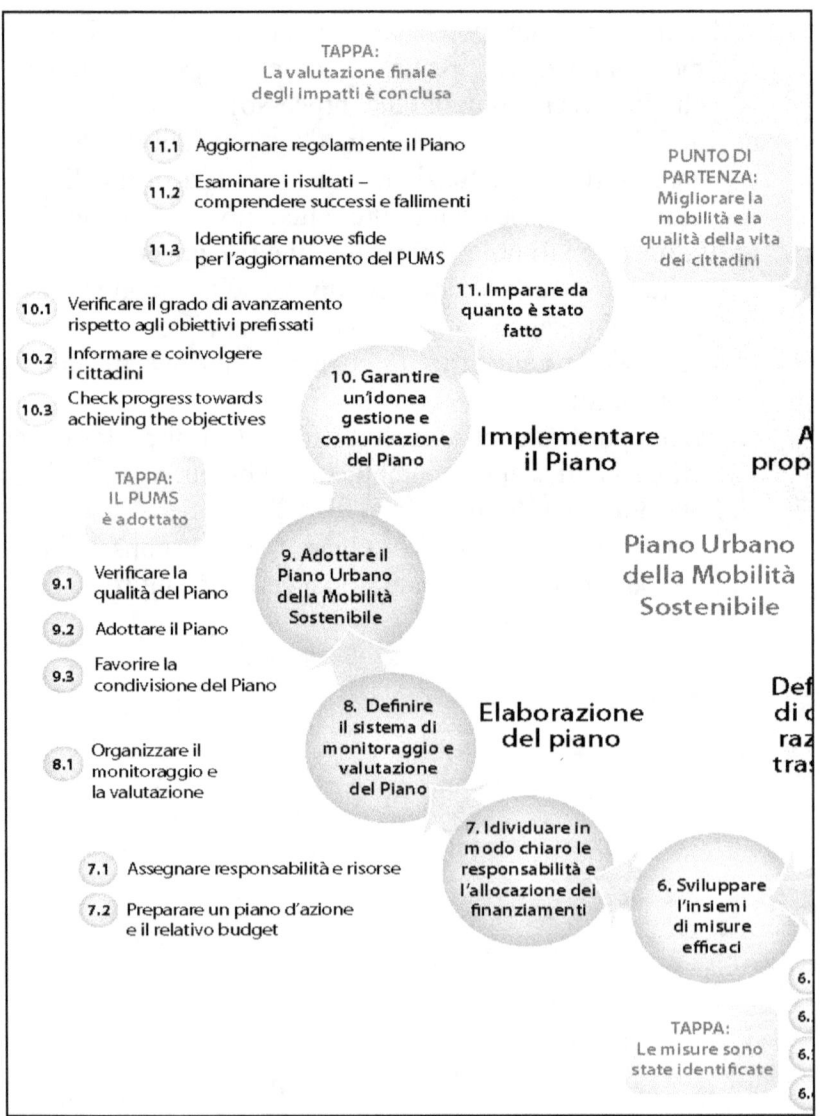

Figura 52 - Fasi per la redazione del PUMS (fonte: Commissione Europea, Guidelines (2013) - Developing and Implementing a Sustainable Urban Mobility Plan)

Armando Cartenì

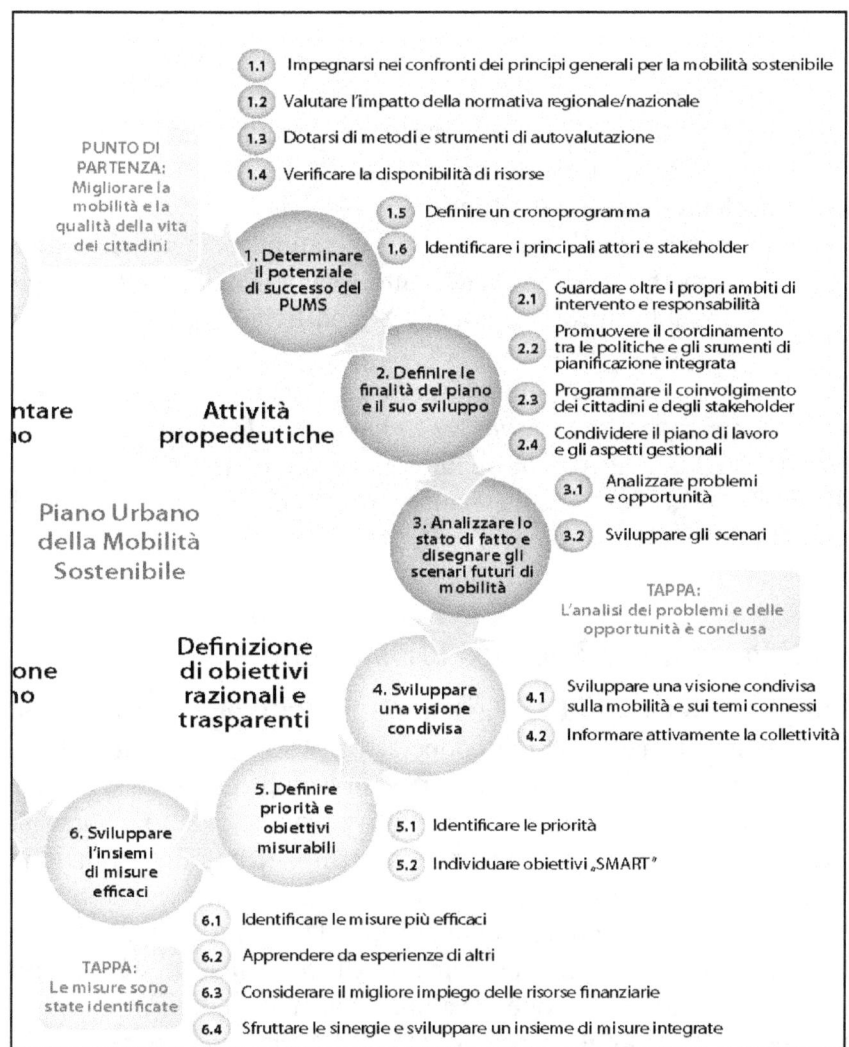

Figura 53 - Fasi per la redazione del PUMS (fonte: Commissione Europea, Guidelines (2013) - Developing and Implementing a Sustainable Urban Mobility Plan)

b. definire il sistema di monitoraggio e di valutazione del Piano;
c. adottare il Piano e comunicare i risultati (ad istituzioni e portatori di interesse);
4. **implementazione del Piano**:
   a. garantire un'idonea gestione e comunicazione del Piano;
   b. apprendere da quanto fatto (valutazione ex-post degli impatti) ed eventuali modifiche in corso di implementazione.

Per ogni fase, le Linee guida europee individuano (Figura 53) il punto di partenza (es. *"migliorare la mobilità e la qualità della vita dei cittadini"*), le attività da seguire ed i risultati attesi da ogni fase al fine di arrivare, una volta implementato il piano, al raggiungimento degli obiettivi prefissati.

6.4 Il Partenariato Pubblico Privato (PPP)

Con il termine **PPP (Partenariato Pubblico Privato)** si definiscono diverse forme di cooperazione (tramite la stipula di un vero e proprio contratto tra le parti) tra settore pubblico e settore privato, attraverso le quali le rispettive competenze e risorse si integrano per realizzare e gestire opere infrastrutturali in funzione delle diverse responsabilità ed obiettivi. Un PPP si applica in tutti quei casi in cui il settore pubblico intenda realizzare un progetto che coinvolga un'opera pubblica o di pubblica utilità, la cui progettazione, realizzazione, gestione e finanziamento (in tutto o in parte) siano affidati al settore privato. Ciò accade in genere quando le pubbliche amministrazioni non hanno a disposizione fondi per realizzare opere che ritengono prioritarie per lo sviluppo del sistema dei trasporti (e di quello territoriale e socio-economico) ed accettano quindi di farlo finanziare prima e gestire poi da soggetti privati per un orizzonte temporale prestabilito (da contratto). I settori nei quali si verificano spesso cooperazione di PPP sono quelli dei lavori pubblici e dei servizi di pubblica utilità che riguardano infrastrutture di trasporto (es. parcheggi, autostrade). In questi casi, l'affidamento avviene tramite una concessione che riguarda la progettazione esecutiva, l'esecuzione dei lavori, nonché la gestione funzionale ed economica dell'opera (es. i ricavi da pedaggio rappresentano il ritorno).

Esempi di modelli di Partenariato Pubblico Privato sono i seguenti:

- **BOOT** (*Build, Own, Operate and Transfer*): è la tecnica più diffusa per la realizzazione di infrastrutture pubbliche. Prevede il trasferimento del diritto di superficie (*own*) al concessionario che costruisce e gestisce l'infrastruttura e ne riconsegna la proprietà al termine della concessione;
- **BOT** (*Build, Operate and Transfer* oppure anche *Build, Own and Transfer*): viene messa a gara la concessione di costruzione e gestione di un'opera, con diritto di utilizzo commerciale limitato a un periodo di tempo determinato, e con possibilità finale di trasferire al soggetto pubblico concedente il possesso delle opere realizzate o di rinnovare la concessione di gestione;
- **DBOO** (*Design, Build, Own and Operate*): in questo schema, a differenza dei precedenti, non si prevede, al termine della concessione, il trasferimento all'amministrazione concedente dell'opera, che rimane di proprietà dell'operatore privato. Si tratta di uno schema che spesso viene utilizzato nell'ambito dei processi di privatizzazione;
- **BLT** (*Build, Lease and Transfer*): questo schema è utilizzato per la realizzazione di infrastrutture a tariffazione sulla pubblica amministrazione e prevede che l'amministrazione paghi un canone per la disponibilità dell'infrastruttura e dei servizi correlati.

Un Partenariato Pubblico Privato può essere effettuato su diverse tipologie di opere classificabili in ragione del loro grado di generare remunerazione del capitale. Queste possono essere suddivise in:

a) **opere "calde"**, dotate di un'intrinseca capacità di generare flussi di reddito tali da consentire di far fronte all'indebitamento contratto per la realizzazione dell'opera e alla remunerazione del capitale investito (es. opere in cui l'acquirente del servizio prodotto è la collettività e vengono imposte agli utenti tariffe a livello di mercato; esempi sono le autostrade a pedaggio o i parcheggi a pagamento);

b) **opere "tiepide"**, che richiedono una componente di contribuzione pubblica perché i redditi generati non sono in grado da soli di coprire l'investimento sostenuto (es. sempre le autostrade a pedaggio ma con traffici tali da non ripagare l'investimento nell'orizzonte temporale di durata della concessione). Per stabilire se un'opera è calda o tiepida si ricorre alle analisi finanziare (Paragrafo 7.2) svolte prima della stipula del contratto tra soggetto pubblico e soggetto privato e funzionali a quantificare se ed in che misura l'opera necessita di un co-finanziamento pubblico;

c) **opere "fredde" o "a diretta utilizzazione della Pubblica Amministrazione"**, per le quali il soggetto privato che le realizza e le gestisce fornisce direttamente servizi alla Pubblica Amministrazione e trae la propria remunerazione da pagamenti effettuati dalla stessa amministrazione sulla base dei volumi e della qualità delle prestazioni offerte (es. parcheggi gratuiti, carceri, scuole, ospedali).

Il *Project Financing* (PF) costituisce una delle modalità applicative del PPP (Figura 54) per la realizzazione di opere di pubblica utilità. È un'operazione di finanziamento a lungo termine che prevede il coinvolgimento di soggetti privati nella realizzazione e nella gestione di un'opera pubblica in vista di guadagni futuri, che rappresenta la caratteristica principale di tale operazione economica.

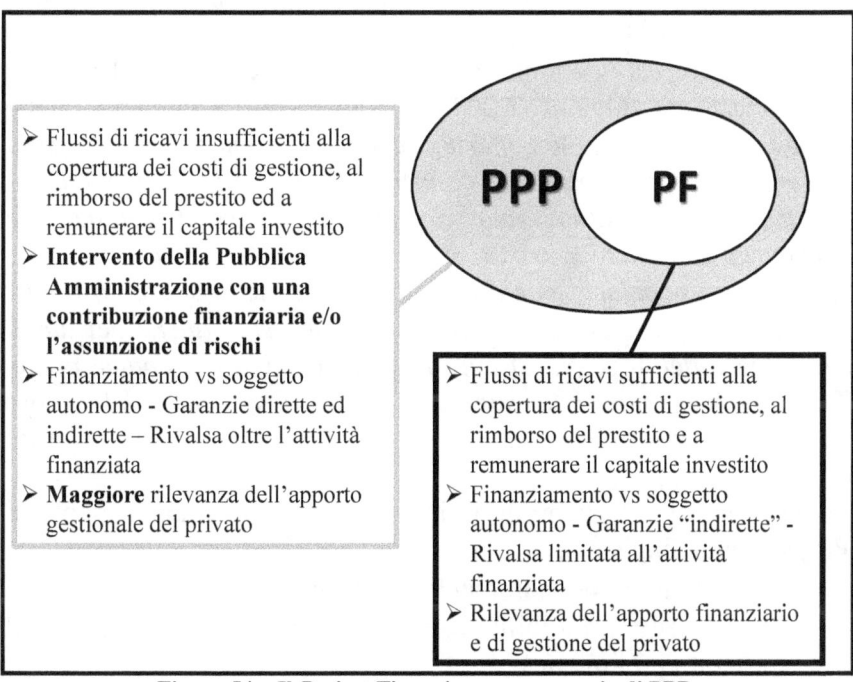

Figura 54 – Il *Project Financing* come esempio di PPP

I riferimenti normativi italiani sul PF sono tra i più avanzati in Europa e comprendono, tra l'altro:
- Legge n. 415 del 1998 (cd. legge Merloni-ter), che ha la finalità di contenere la spesa pubblica e fornire una modalità alternativa alla finanza d'impresa per la realizzazione di opere pubbliche;
- Legge n. 166 del 2002 (cd. legge Merloni-quater), che ha ampliato il numero dei potenziali soggetti promotori (includendovi le Camere di commercio e le fondazioni bancarie) ed abolito il limite temporale di durata della concessione.

- Legge n. 18 del 2005 (cd. legge comunitaria 2004). Adeguamento standard europei;
- Ulteriori aggiornamenti/modifiche nel D.L. n. 163 del 2006 e nel D.L. n. 152 del 2008.

In particolare, al Comma 9 dell'art. 153 del d.Lgs. 163/2006 (modificato dal d.lgs. 152/2008) si descrivono i contenuti delle offerte di PF: "... *le offerte devono contenere un progetto preliminare, una bozza di convenzione, un piano economico-finanziario asseverato da una banca nonché la specificazione delle caratteristiche del servizio e della gestione [...]. Il piano economico-finanziario comprende l'importo delle spese sostenute per la predisposizione delle offerte, comprensivo anche dei diritti sulle opere dell'ingegno di cui all'articolo 2578 del codice civile. Tale importo, non può superare il 2,5 per cento del valore dell'investimento, come desumibile dallo studio di fattibilità posto a base di gara [...]*".

I documenti tecnici da produrre in una richiesta di finanziamento di Project Financing sono:
- uno studio di inquadramento territoriale ed ambientale;
- un progetto di fattibilità (ovvero l'ex studio di fattibilità ed il progetto preliminare);
- una bozza di convenzione tra pubblico e privato;
- un Piano Economico-Finanziario (PEF);
- la specificazione di tutte le caratteristiche del servizio comprensive quelle della gestione dell'opera.

6.5 Il Piano Urbano del Traffico (PUT)

Il **Piano Urbano del Traffico (PUT)**, redatto in accordo con gli strumenti urbanistici vigenti e con i piani di trasporto (stabilendo in tal modo priorità e tempi di attuazione degli interventi), ha il fine di migliorare le condizioni di circolazione e della sicurezza stradale, di ridurre l'inquinamento acustico ed atmosferico ed aumentare il risparmio energetico. Il PUT andrebbe aggiornato con cadenza biennale e risulta obbligatorio per i comuni con popolazione residente superiore a 30 mila abitanti e per quelli, che pur con popolazione inferiore, sono caratterizzati da una particolare affluenza turistica o di pendolarismo. I comuni inadempienti sono invitati dal Ministero delle Infrastrutture e dei Trasporti, il quale provvede poi all'esecuzione d'ufficio del Piano e alla sua realizzazione.

Il PUT è articolato in tre livelli, rappresentativi anche del suo specifico iter di approvazione da parte degli organi istituzionali competenti:
1. il **Piano Generale del Traffico Urbano (PGTU)**: inteso come piano preliminare relativo all'intero centro abitato (con una scadenza temporale di 12 mesi dalle direttive);
2. i **Piani Particolareggiati**: intesi come progetti di massima per l'attuazione del PGTU e relativi ad un ambito territoriale più ristretto del primo (per la completa attuazione sono previsti due anni dall'adozione del PGTU);
3. i **Piani Esecutivi**: intesi come progetti esecutivi dei Piani Particolareggiati e possono riguardare lo stesso ambito territoriale del Piano Particolareggiato cui si riferiscono oppure parti ed aspetti dello stesso.

IL PGTU dovrebbe comprendere:
- una o più planimetrie descrittive dello stato attuale della rete stradale (in scala 1:10.000 o 1:5.000);
- il progetto del Piano Urbano del Traffico, ovvero:
  - uno o più schemi della rete viaria di progetto;
  - l'individuazione e la delimitazione di zone soggette a particolari condizioni di traffico (es. ZTL, aree pedonali);
  - l'individuazione delle intersezioni stradali sulle quali intervenire (es. nuovi cicli semaforici, rotatorie);

- l'adeguamento della segnaletica verticale e orizzontale, ove necessario;
- gli interventi riguardanti la sosta (es. strisce bianche e/o blu, parcheggi).

Il PUT viene adottato dalla Giunta Comunale ed approvato dal Consiglio Comunale. Resta in vigore per un due anni, trascorsi i quali deve essere, come detto, aggiornato.

6.6 Il Piano Urbano dei Parcheggi (PUP)

Un **parcheggio** è definito come quell'area (o infrastruttura) posta al di fuori della carreggiata e destinata alla sosta regolamentata. Per contro, **la sosta** è l'azione seguita da un automobilista volta a sospendere la marcia e che quindi può avvenire sia in un'area di parcheggio che direttamente sulla sede stradale. I parcheggi possono essere classificati in:

- **stanziali**, se destinati alla sosta di residenti;
- **di relazione**, se destinati alla sosta di breve o media durata (es. poche ore);
- **di scambio**, se destinati alla sosta di lungo periodo (es. 8-12 ore o anche più giorni).

Il **Piano Urbano Parcheggi (PUP)** è un altro documento di pianificazione tattica alla scala locale ed è disciplinato dalla Legge n. 122 del 24 marzo 1989. Il PUP può essere redatto all'interno del PUT o autonomamente ma in stretta relazione con il piano del traffico, di cui mutua alcune elaborazioni, e definisce le strategie di gestione dei parcheggi. Il PUP è da considerarsi uno strumento programmatico ed attuativo di tutti i parcheggi cittadini in sede propria (pubblici e privati) ed ha la finalità di individuare e programmare tutte le aree destinate alla sosta del centro urbano.

7. Metodi per la valutazione ed il confronto di interventi sul sistema dei trasporti

La pianificazione dei sistemi di trasporto riguarda, come detto, quella sequenza di azioni compiute per individuare degli interventi (prendere delle decisioni) sul sistema dei trasporti o su sue parti, al fine di raggiungere degli obiettivi prefissati tenendo conto dei vincoli esistenti. In un buon processo decisionale, l'attività di <u>valutazione e confronto</u> di più alternative progettuali rappresenta la fase conclusiva immediatamente precedente all'implementazione e successivo monitoraggio.

Il processo decisionale relativo agli interventi su di un sistema di trasporto è, di solito, molto più complesso ed articolato di quanto avviene in molti altri settori dell'ingegneria, soprattutto quando il decisore deve considerare, direttamente o indirettamente, anche gli effetti per la collettività e l'ambiente. Per tale motivo, nel seguito di questo capitolo si farà prevalentemente riferimento al caso di interventi complessi e che producono un più ampio spettro di impatti (a partire da questi, l'estensione a casi più semplici risulta infatti immediata).

Un processo decisionale razionale può riguardare sia la valutazione di un singolo progetto sia il confronto tra più soluzioni progettuali alternative (questo secondo caso è generalmente da preferire perché conduce a scelte più razionali). Nel primo caso si tratta di decidere circa la convenienza economico-finanziaria, di realizzare un progetto rispetto all'ipotesi di *"non fare"* (es. la realizzazione o meno di una nuova strada). Nel secondo caso il processo decisionale si conclude con lo scegliere la migliore fra le diverse soluzioni proposte per un progetto di cui si è preventivamente verificata la convenienza sia tecnica che sociale (es. la scelta del migliore tracciato autostradale che si ritiene utile realizzare).

La <u>valutazione quantitativa</u> degli impatti di interventi su di un sistema dei trasporti nasce negli Stati Uniti negli anni '30, nel corso del piano di riforme economiche e sociali (New Deal) promosso dal presidente Roosevelt, come criterio per la valutazione dei progetti riguardanti lo sfruttamento delle risorse idriche, per poi diffondersi rapidamente negli anni successivi ad altri settori (campi) di applicazione. A velocizzare la sua diffusione ha contribuito sicuramente anche il processo di liberalizzazione di alcuni settori del mercato del trasporto ed il coinvolgimento sempre più frequente dei capitali privati nel finanziamento delle infrastrutture e/o nella gestione di servizi di trasporto.

In genere, per eseguire una corretta valutazione di interventi è importante definire per conto di quale soggetto viene eseguita l'analisi. Gli interventi su di un sistema dei trasporti possono infatti essere progettati e verificati sia nell'ottica delle aziende (private e pubbliche) che producono servizi e/o gestiscono infrastrutture, ed il cui unico obiettivo è la massimizzazione del profitto (in genere in questo caso si parla di **analisi costi-ricavi** o talvolta anche di analisi finanziaria), ovvero nell'ottica della collettività il cui obiettivo è l'aumento del benessere (*welfare*) e della qualità della vita dei sui cittadini (ed in questo caso si parla di **analisi costi-benefici** o talvolta anche di analisi economica).

Nel caso dell'analisi finanziaria, i "benefici" ed i "costi" sono esprimibili in termini monetari; i primi sono composti dai ricavi conseguenti alla vendita del servizio di trasporto e da eventuali finanziamenti e rimborsi, i secondi sono i diversi costi finanziari connessi alla produzione del servizio, quali, ad esempio, il costo di costruzione, i costi per la manutenzione e l'esercizio, le imposte, le tasse.

Per contro, nell'analisi economica, generalmente associata ad un decisore pubblico o ad uno privato che voglia accedere a forme di partenariato pubblico privato, la valutazione degli interventi diviene più complessa in quanto gli obiettivi divengono molteplici (e spesso contrastanti) e differenziati tra i diversi soggetti coinvolti. I progetti vanno valutati tenendo conto degli impatti positivi e negativi (benefici e costi) che essi hanno rispetto agli obiettivi che riguardano la collettività, o meglio, i diversi gruppi omogenei che la compongono (es. per caratteristiche socio-economiche e per tipologia di impatto ricevuto). Alcuni utenti del sistema di trasporto possono infatti ricevere dei benefici da un particolare progetto (es. aumento dei modi di trasporto disponibili, riduzione dei tempi o dei costi di viaggio, aumento di accessibilità) mentre altri potrebbero ricavarne vantaggi minori o addirittura degli svantaggi (es. aumento dei tempi e dei costi di viaggio). Ciò può verificarsi, ad esempio, in un'area urbana per il trasferimento della congestione da una zona ad un'altra in seguito alla realizzazione di interventi quali, ad esempio, la realizzazione di una zona a traffico limitato, strategie di controllo semaforico, pedaggiamento della sosta. Questo fenomeno è spesso ancora più evidente confrontando i benefici per gli utenti del sistema (es. gli automobilisti che beneficeranno dell'intervento) con i costi prodotti verso alcuni non utenti (es. i cittadini che risiedono nell'area dove verrà realizzata una nuova autostrada e che quindi subiranno maggiore inquinamento acustico ed ambientale).

Attività centrale per la valutazione ed il confronto degli interventi sui sistemi di trasporto è **la quantificazione (stima) degli effetti rilevanti** che si prevede un intervento produrrà sul sistema dei trasporti (Paragrafo 5.4).

I principali metodi utilizzati per la valutazione e il confronto di soluzioni progettuali per i sistemi di trasporto sono riconducibili essenzialmente a due tipologie[35], descritte nel seguito: l'analisi costi-ricavi, come valutazione finanziaria, e l'analisi costi-benefici, come valutazione economica. Parallelamente, nella pratica professionale, vengono talvolta impiegate le analisi di tipo Multi-

---

[35] Per ulteriori approfondimenti teorici ed analitici sulle analisi economico-finanziarie per interventi/servizi sui sistemi di trasporto, si faccia anche riferimento al testo: Cascetta E. (2006), Modelli per i sistemi di trasporto – Teoria e applicazioni, UTET.

Processi decisionali e Pianificazione dei trasporti

criteri, che però esulano dagli obiettivi del testo e per le quali si rimanda alla letteratura di settore.

È da precisare che l'obiettivo di questo testo non è quello di fornire una descrizione esaustiva delle metodologie costi-ricavi e costi-benefici, ma è quello di fornire al lettore un utile e pratico strumento didattico nonché di immediata applicazione professionale (delle linee guida tecniche) per le analisi e le valutazioni riguardanti i sistemi di trasporto.

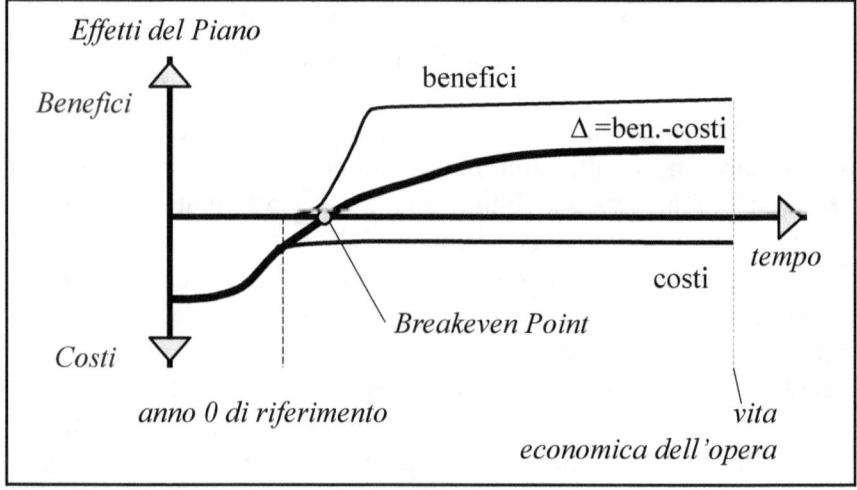

Figura 55 – L'orizzonte temporale di analisi e la convenienza finanziaria/economica di un investimento

7.1 Le attività preliminari: periodo di analisi, alternative progettuali, stime di traffico, tasso di sconto ed indicatori di redditività

LA DEFINIZIONE DEL PERIODO DI ANALISI

Il periodo di analisi (talvolta noto anche come orizzonte temporale di riferimento) rappresenta il numero di anni per i quali occorre stimare gli impatti dell'opera. Le previsioni in merito all'andamento futuro degli effetti di un progetto dovrebbero essere formulate per un periodo commisurato alla sua vita utile economica (ma non superiore) ed estendersi per un arco temporale sufficientemente lungo da poter ritenere che tutti i costi ed i principali benefici di medio-lungo periodo siano stati considerati. La scelta dell'orizzonte temporale può influire in modo determinante sui risultati del processo di valutazione e quindi la sua scelta risulta una delle attività centrali dell'analisi.

Il problema riguarda trovare il giusto compromesso tra un orizzonte temporale breve (es. 5 anni), per il quale l'affidabilità delle stime (es. previsioni di traffico) sarebbe elevato, ed un orizzonte temporale elevato (es. 100 anni), per il quale la qualità delle stime e l'attendibilità dei parametri finanziari (es. tasso di sconto) non risulterebbero più credibili.

Come sintetizzato nella Tabella 52, la Comunità Europea suggerisce periodi di analisi differenti in funzione della tipologia di infrastruttura di trasporto.

Settore	Periodo di analisi (anni)
Ferrovie	30
Strade	25-30
Porti e aeroporti	25
Trasporto urbano	25-30

Tabella 52 - Periodi di analisi in funzione della tipologia di infrastruttura (fonte: Regolamento delegato n. 480/2014 della Commissione Europea)

LE ALTERNATIVE PROGETTUALI DA CONFRONTARE

Attività preliminare alle analisi economiche e finanziarie, è quella della definizione delle alternative Progettuali (P) da confrontare (Paragrafo 5.2.2) rispetto allo scenario tendenziale di Non Progetto (NP). Al fine di meglio comprendere la metodologia proposta nel presente testo, verrà implementato un **esempio numerico**. Nello specifico, si farà riferimento ad un progetto di trasporto riguardante la riqualificazione di **un'autostrada a pedaggio** esistente, per la quale si confronteranno **tre differenti ipotesi di intervento:**

1. ampliamento tracciato esistente (**tracciato A**);
2. nuovo **tracciato B** e dismissione del tracciato attuale;
3. nuovo **tracciato C** e dismissione del tracciato attuale.

Si supporrà inoltre che le tre ipotesi di tracciato abbiano già superato una valutazione di fattibilità sia tecnica che sociale e che quindi vadano solo confrontate da un punto di vista finanziario (redditività per l'azienda che la dovrà gestire) ed economico (utilità per la collettività nel suo complesso). Con riferimento al periodo di analisi si farà riferimento ad un orizzonte temporale di 30 anni a partire dal completamento dell'opera. Poiché si ipotizzerà che non tutti i tracciati abbiano la stessa durata di realizzazione dell'opera (fase di cantiere), per semplicità ci si riferirà al trentennio 2021-2051 oltre la fase di cantiere distinta per i differenti tracciati.

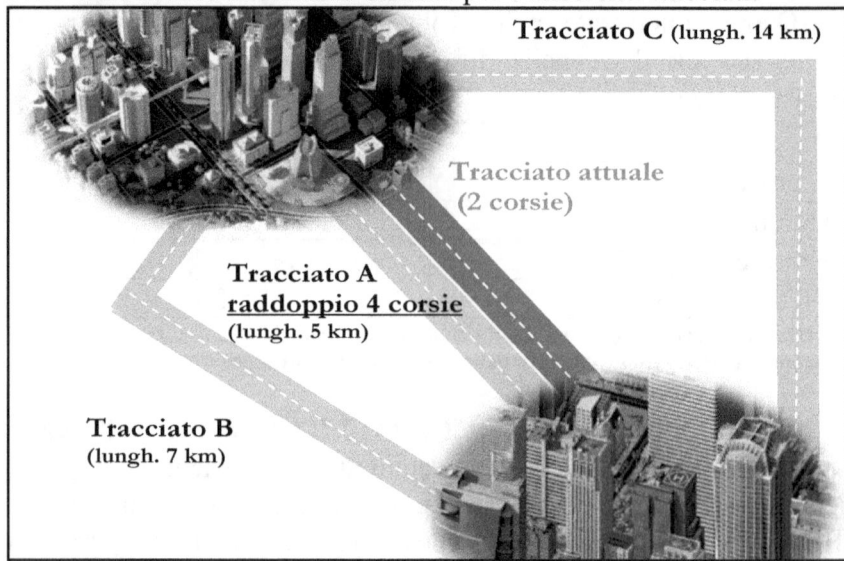

Figura 56 - ESEMPIO NUMERICO: Le tre ipotesi di tracciato da valutare

LE STIME ATTUALI E TENDENZIALI DELLA DOMANDA DI MOBILITÀ

Come descritto nel Capitolo 5, l'analisi, la progettazione ed il confronto di interventi su di un sistema di trasporto richiede che venga stimata la domanda di mobilità (stime di traffico) con riferimento a differenti scenari di analisi (es. attuale e di progetto) tenendo esplicitamente in conto di tutti gli interventi (anche quelli invarianti, ovvero già decisi e/o in corso di realizzazione) sul sistema di trasporto. I metodi comunemente utilizzati per le stime di traffico sono sostanzialmente di due tipologie: stime dirette e stima tramite modelli matematici (Paragrafo 5.3.2). Come detto, in genere, le stime di traffico si riferiscono a specifici anni di riferimento per i quali si prevede vi siano modifiche significative nell'offerta o nella domanda di mobilità (es. entrata in esercizio di nuove infrastrutture, nuovi servizi o nuove aree residenziali). Per tutti gli altri anni di analisi, in genere, si effettuano delle ipotesi di trend. Per l'esempio numerico sviluppato nel testo è stata fatta la seguente ipotesi per il Tracciato A:

- 2018 – 2021 (anni di costruzione): in questi 4 anni, a causa dei cantieri che saranno presenti sull'autostrada attuale (oggetto della riqualificazione), si prevede che vi siano dei disagi alla circolazione (costanti anno per anno) che produrranno un aumento dei tempi di viaggio (veicoli*ora) ed un allungamento delle percorrenze (veicoli*km) a seguito di variazioni nella scelta dei percorsi stradali seguiti;
- 2022: poiché si prevede che i lavori terminino a metà anno, verranno considerati il 50% degli impatti (benefici) annuali stimati;
- 2023 – 2024: le variazioni di traffico tra scenario programmatico NP e scenario di progetto P sono state considerate costanti;
- 2025 – 2035: è stato ipotizzato un trend delle variazioni tra i due scenari lineari a partire dai valori stimati per il 2025 e 2035 (output dei modelli di traffico).
- dal 2036: a vantaggio di sicurezza, si è ipotizzato che le variazioni di percorrenze restino costanti e pari a quelle stimate

per il 2035 dai modelli di traffico (affidabilità limitata delle previsioni di traffico).

Di seguito si riportano le variazioni (per singola tipologia di strada) di *veicoli*km* e *veicoli*ora* stimate a partire dai modelli di traffico e, a valle, dalle ipotesi di trend precedenti. Come si può notare, la riqualificazione dell'autostrada avrà come effetto quello di deviare parte del traffico urbano ed extraurbano interessante l'area di intervento.

	Δ veicoli*km	anno	Tracciato		
			A	B	C
Veic. leggeri	AUTOSTRADA	2025	25.000.000	185.000.000	150.000.000
	EXTRAURBANA		17.000.000	-70.000.000	75.000.000
	URBANA		-78.000.000	-55.000.000	-400.000.000
Veic. pesanti	AUTOSTRADA		5.000.000	70.000.000	90.000.000
	EXTRAURBANA		2.000.000	-17.000.000	21.000.000
	URBANA		-15.000.000	-6.000.000	-40.000.000
Veic. leggeri	AUTOSTRADA	2035	24.500.000	170.000.000	7.000.000
	EXTRAURBANA		22.000.000	-16.000.000	600.000
	URBANA		-80.000.000	-45.000.000	-60.000.000
Veic. pesanti	AUTOSTRADA		20.000.000	90.000.000	3.500.000
	EXTRAURBANA		-7.000.000	-16.000.000	600.000
	URBANA		-16.000.000	-7.000.000	-10.000.000

Tabella 53 - **ESEMPIO NUMERICO:** Variazioni assolute di veicoli*km, per tipologia di strada ed alternativa progettuale, stimate tramite modelli di traffico

Armando Cartenì

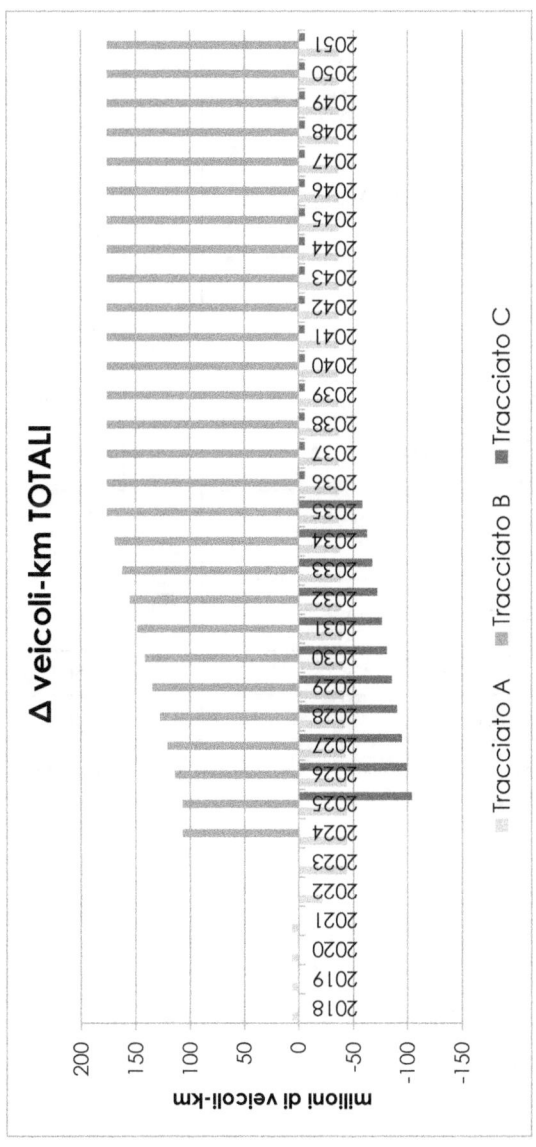

Figura 57 - ESEMPIO NUMERICO: Andamento delle variazioni assolute di veicoli*km totali per le diverse alternative progettuali

Processi decisionali e Pianificazione dei trasporti

Δ veicoli*ora		anno	Tracciato		
			A	B	C
Veic. leggeri	AUTOSTRADA	2025	-1.700.000	-3.200.000	-3.875.000
	EXTRAURBANA		-150.000	-700.000	-3.100.000
	URBANA		-2.700.000	-2.800.000	-12.400.000
Veic. pesanti	AUTOSTRADA		-400.000	-1.200.000	-1.550.000
	EXTRAURBANA		-10.000	-200.000	-775.000
	URBANA		-350.000	-250.000	-1.085.000
Veic. leggeri	AUTOSTRADA	2035	-1.600.000	-3.000.000	-110.000
	EXTRAURBANA		-300.000	100.000	20.000
	URBANA		-3.200.000	-3.000.000	-450.000
Veic. pesanti	AUTOSTRADA		-300.000	-1.000.000	-40.000
	EXTRAURBANA		-150.000	-100.000	-10.000
	URBANA		-400.000	-500.000	-70.000

Tabella 54 - ESEMPIO NUMERICO: Variazioni assolute di veicoli*ora, per tipologia di strada ed alternativa progettuale, stimate tramite modelli di traffico

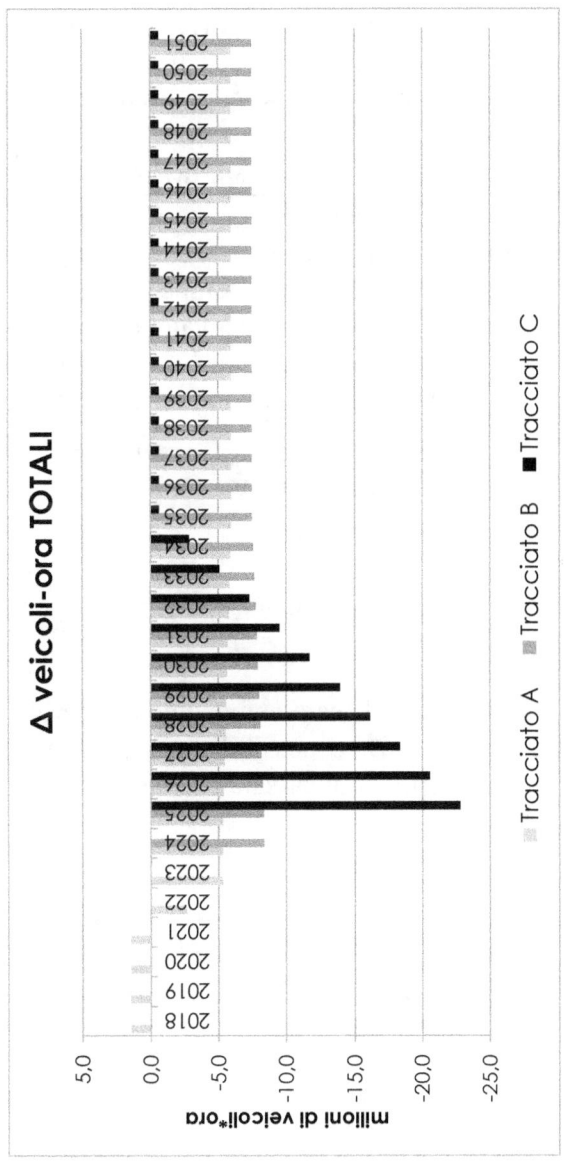

Figura 58 - ESEMPIO NUMERICO: Andamento delle variazioni assolute di veicoli*ora totali per le diverse alternative progettuali

IL TASSO DI SCONTO O DI ATTUALIZZAZIONE

Uno degli aspetti cruciali delle analisi economico-finanziarie è quello di confrontare benefici e costi relativi ad anni differenti. Tale problema viene risolto attraverso il **fattore (o tasso) di attualizzazione (o di sconto) $1/(1+r)$**, ovvero il coefficiente (minore di 1) di attualizzazione (o di anticipazione o di sconto) di una somma (beneficio o costo) che ne permette di stimare il valore monetario "indietro" nel tempo. A partire da questo fattore di attualizzazione, è possibile valutare una somma M (beneficio o costo) disponibile all'anno $t+1$ (es. un costo che si verifica all'anno $t+1$) quanto varrebbe l'anno precedente t:

$$M^t = \frac{M^{t+1}}{(1+r)}$$

ovvero due anni prima:

$$M^{t-1} = \frac{M^t}{(1+r)} = \frac{M^{t+1}}{(1+r)^2}$$

Più in generale, fissato come anno di riferimento ad esempio quello attuale (anno 0), è possibile stimare il valore attuale M_o di una somma M^t spesa o incassata fra t anni tramite la relazione:

$$M_o = \frac{M^t}{(1+r)^t}$$

Il tasso r può essere definito come un interesse, ovvero l'incremento percentuale di valore di una somma M dopo un anno:

$$r = \frac{M^{t+1} - M^t}{M^t}$$

Quasi sempre, per le analisi economico-finanziarie riguardanti il settore dei trasporti, il tasso di interesse r viene chiamato, in maniera non del tutto rigorosa, tasso di sconto, intendendo per "sconto" il fine dell'operazione finanziaria, ovvero l'attualizzazione (lo sconto) di una somma. Coerentemente con questa prassi, nel seguito del testo si farà spesso riferimento ad r come al tasso di sconto, ricordando che è al fattore di attualizzazione $1/(1+r)$ che ci si riferisce nello specifico.

In matematica finanziaria, infatti, il tasso di sconto è sostanzialmente differente dal tasso di interesse. Il primo si applica quando si vuole conoscere il valore attuale di un somma futura (es. flussi di cassa); il tasso d'interesse si applica invece quando, a partire da una somma attuale, si vuole conoscere il montante futuro (es. la redditività di un investimento dopo t anni). A titolo di esempio, si consideri di avere una somma $M_0 = 80$ con la quale acquistare un bond che rimborsa $M_1 = 100$ dopo un anno. Il tasso di sconto s rappresenta lo sconto sul capitale futuro di 100:

$s = (100 - 80)/100 = 20\%$;

Il tasso di interesse r, al contrario, è calcolato come variazione % del capitale dopo un anno rispetto al valore attuale:

$r = (100 - 80)/80 = 25\%$;

Si noti che il tasso d'interesse r è sempre maggiore del tasso di sconto s e che dall'uno si può sempre determinare l'altro tramite la relazione:

$r = s/(1+s)$

Il tasso r viene in genere fissato da organi internazionali o dalle singole banche centrali dei Paesi attraverso metodologie più o meno complesse (che esulano dagli obiettivi di questo testo). Per il contesto italiano non esiste un valore standard fissato a priori. La

Guida NUVV (2003), suggeriva nei primi anni 2000 un tasso del 5%. Lo stesso valore veniva suggerito come benchmark internazionale nella prima versione della Guida all'Analisi Costi-Benefici dell'EU. Tale valore è stato rivisto al ribasso nel corso del tempo, pari prima al 3,5% (Guida all'Analisi Costi-Benefici dell'EU DG Regio, 2008) e più recentemente al 3% (Commissione Europea, Regolamento di esecuzione (UE) n. 207/2015), per le aree ad esempio che non hanno accesso ai Fondi di Coesione.-

GLI INDICATORI DI REDDITIVITÀ ECONOMICO-SOCIALE

Una volta definiti e quantificati (in termini monetari) gli effetti rilevanti per l'analisi (descritti in dettaglio nel seguito), rappresentati da opportuni indicatori di prestazione o misure di efficacia, *MOE - Measure Of Effectiveness* (es. variazioni di veicoli*km; variazioni di tonnellate di gas climalteranti/anno), i diversi progetti alternativi (P) sono confrontati con lo scenario di non intervento NP tramite opportuni indicatori di redditività economico-sociale. Tra questi i più comunemente utilizzati nelle pratiche applicazioni sono:

Valore Attuale Netto (VAN) che riporta all'anno iniziale i diversi effetti relativi al progetto *i*, calcolati per il periodo di analisi *T* come:

$$VAN_i(r) = \sum_{t=0}^{T} \left(\frac{\sum_j B_j^t - \sum_j C_j^t}{(1+r)^t} \right)$$

Saggio di Rendimento Interno (SRI)* o *Tasso (Saggio) Interno di Rendimento (TIR o SIRE) (IRR, dall'acronimo inglese Internal Rate of Return) definito come il valore del tasso di sconto r_o che annulla il *VAN* calcolato in un periodo di *T* anni relativo al progetto *i*:

$$SRI_i = r_o; \quad VAN_i(r_o) = 0$$

Rapporto benefici / costi (B_i/C_i) definito come il rapporto in valore assoluto tra i benefici ed i costi attualizzati all'anno iniziale:

$$B_i / C_i = \sum_{t=0}^{T} \left| \frac{\sum_j B_j^t}{(1+r)^t} \right| \bigg/ \sum_{t=0}^{T} \left| \frac{\sum_j C_j^t}{(1+r)^t} \right|$$

PayBack Period (PBP_i) attualizzato, ovvero il numero minimo di anni T_{min} oltre il quale si verifica un VAN positivo (vi è il ritorno dell'investimento):

$$PBP_i = T_{min}; \quad VAN_i(r) > 0$$

Il valore attuale netto VAN è la somma algebrica di tutti i flussi di cassa attualizzati generati dal progetto. Il flusso di cassa riferito ad un anno *t* (o cash flow) è la differenza tra tutte le entrate B_j e le uscite monetarie o monetizzabili C_j relative a quell'anno (es. benefici - costi o ricavi - costi) di un progetto. Il VAN esprime la ricchezza incrementale creata o distrutta dal progetto, in unità monetarie. Se il VAN è positivo c'è quindi creazione di valore, al contrario se è negativo.

Nelle analisi finanziarie i flussi di cassa rappresentano solo i ricavi B_j (con segno positivo) ed i costi C_j (con segno negativo) monetari (es. ricavi da traffico e costi di costruzione e gestione)

Per le analisi economiche, invece, i flussi di cassa rappresentano tutti i benefici B_j (monetari o monetizzabili) ed i costi C_j ritenuti utili per valutare gli impatti di un progetto.

Definito per conto di quale soggetto viene svolta l'analisi (es. collettività nel suo complesso o una singola amministrazione comunale), è possibile valutare le principali tipologie di variabili che andranno tenute in conto nell'analisi. In maniera non esaustiva, andrebbe stimata:
- la differenza tra il costo di costruzione del Progetto e gli eventuali costi di costruzione e manutenzione straordinaria di Non Progetto (incluse le realizzazioni già decise da atri piani o progetti);
- la differenza fra costi di investimento in mezzi (veicoli o tecnologie) del Progetto e del Non Progetto;
- la differenza fra i costi di manutenzione ed esercizio del Progetto e quelli del Non Progetto;
- la differenza fra i ricavi della vendita dei servizi di trasporto nel Progetto e nel Non Progetto (questa voce è sempre presente nelle analisi finanziarie ma talvolta non viene considerata nelle analisi economiche, se riferite alla collettività nel suo complesso, perché espressione di un costo per gli utenti e di un ricavo per l'azienda);
- la differenza fra gli introiti per tasse e imposte conseguenti al Progetto e quelli del Non Progetto (anche in questo caso dipende da quale punto di vista viene svolta l'analisi; nel caso più generale quelli che sono costi per le aziende rappresentano ricavi per lo Stato e quindi tale impatto può non essere considerato);
- la variazione di surplus percepito dagli utenti del sistema di trasporto nel Progetto rispetto al Non Progetto espresso in unità monetarie. Questo è l'effetto trasportistico del progetto e, nel caso più generale, va valutato come somma delle variazioni di surplus percepito per i diversi utenti e i diversi motivi dello spostamento;
- le variazioni di benefici non percepiti dagli utenti fra il Progetto e il Non Progetto. In questi impatti possono rientrare le

variazioni di costi dovuti ad eventuali voci non già considerate all'interno del calcolo del surplus quali, ad esempio, l'incidentalità, l'usura dei veicoli (es. lubrificanti, pneumatici, manutenzione, ecc.). È da precisare che questa variabile ha segno positivo se c'è una riduzione di tali costi;
- la variazione degli effetti per i non-utenti fra il Progetto e il Non Progetto. In questa variabile possono essere compresi gli impatti sull'ambiente (es. riduzione delle emissioni inquinanti monetizzate), sul sistema economico, sul sistema territoriale. Questa variabile è talvolta indicata come beneficio indiretto e ha segno positivo per un incremento di tali impatti (es. riduzione dell'inquinamento).

Con riferimento al *VAN*, il generico Progetto *i* è preferibile rispetto al Non Progetto *NP* se il suo *VAN* è positivo; inoltre il Progetto *i* è preferibile al Progetto *j* se $VAN_i > VAN_j$. La preferenza di un progetto P_i rispetto ad un altro P_j può dipendere significativamente dal tasso di sconto *r* utilizzato per il calcolo del *VAN* (Figura 59).

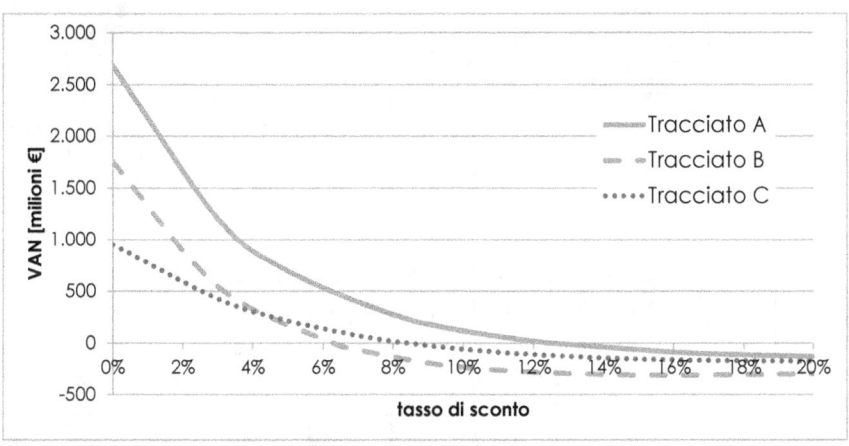

Figura 59 – Esempio di andamento del VAN in funzione del tasso *r* di sconto per differenti alternative progettuali

Il tasso di sconto "pesa" in maniera differente i benefici ed i costi nei diversi anni. In particolare, un tasso di sconto elevato penalizza i benefici "lontani" nel tempo ma avvantaggia rispetto ai costi che si verificano più avanti negli anni (nel senso che impattano come meno negativi). A titolo di esempio, per meglio comprendere questa circostanza, si riposta nella successiva figura l'influenza del tasso di sconto sul VAN per due progetti (A e B).

Alternativa	r	anno	0	1	2	3	4	5	6	7	8	9	10	Somma	
A	1%	costi	10	0	0	0	0	0	0	0	0	0	0	10	
		benefici	0	0	0	0	0	0	0	0	0	0	30	30	
		flussi cassa attualizzati	-10,0	0,0	0,0	0,0	0,0	0,0	0,0	0,0	0,0	0,0	27,2	17,2	VAN
B	1%	costi	3	1	1	1	1	1	1	1	1	1	1	13	
		benefici	0	0	3	3	3	3	3	3	3	3	3	27	
		flussi cassa attualizzati	-3,0	-1,0	2,0	1,9	1,9	1,9	1,9	1,9	1,8	1,8	1,8	13,0	VAN

Alternativa	r	anno	0	1	2	3	4	5	6	7	8	9	10	Somma	
A	4%	costi	10	0	0	0	0	0	0	0	0	0	0	10	
		benefici	0	0	0	0	0	0	0	0	0	0	30	30	
		flussi cassa attualizzati	-10,0	0,0	0,0	0,0	0,0	0,0	0,0	0,0	0,0	0,0	20,4	10,4	VAN
B	4%	costi	3	1	1	1	1	1	1	1	1	1	1	13	
		benefici	0	0	3	3	3	3	3	3	3	3	3	27	
		flussi cassa attualizzati	-3,0	-1,0	1,9	1,8	1,7	1,6	1,6	1,5	1,5	1,4	1,4	10,4	VAN

Alternativa	r	anno	0	1	2	3	4	5	6	7	8	9	10	Somma	
A	10%	costi	10	0	0	0	0	0	0	0	0	0	0	10	
		benefici	0	0	0	0	0	0	0	0	0	0	30	30	
		flussi cassa attualizzati	-10,0	0,0	0,0	0,0	0,0	0,0	0,0	0,0	0,0	0,0	11,6	1,6	VAN
B	10%	costi	3	1	1	1	1	1	1	1	1	1	1	13	
		benefici	0	0	3	3	3	3	3	3	3	3	3	27	
		flussi cassa attualizzati	-3,0	-0,9	1,7	1,5	1,4	1,2	1,1	1,0	0,9	0,8	0,8	6,6	VAN

Figura 60 - ESEMPIO: l'influenza del tasso di sconto sul VAN

Come si può osservare per un tasso di sconto dell'1% il progetto A è preferibile a quello B (VAN maggiore) perché ha sia costi minori che benefici maggiori. Per contro, per tassi di sconto elevati (10%), il progetto B è da preferire a quello A perché ha sia costi che benefici spalmati nel tempo a fronte del progetto A che ha tutti i costi al primo anno (pago tutta l'opera subito) e benefici tutti l'ultimo anno (beneficio dell'opera solo a fine periodo di analisi).

Un Progetto i è invece preferibile al Non Progetto rispetto al Saggio di Rendimento Interno se il suo SRI è superiore al valore del tasso di sconto "sociale" preso a riferimento nell'analisi (es. 3%) ed è preferibile rispetto al progetto j se $SRI_i > SRI_j$.

Ovviamente può capitare che a fronte di un $VAN_i > VAN_j$ accada che $SRI_i < SRI_j$. In questo caso la scelta va fatta caso per caso analizzando le differenze assolute e percentuali tra i parametri stimati per i due progetti. Se ad esempio, il VAN_i fosse di poco maggiore del VAN_j (es. 500 M€ contro 450 M€), ma il SRI_i fosse molto minore di SRI_j (es. 4% contro 10%), sarebbe preferibile implementare il progetto j-esimo perché, a fronte di un VAN leggermente minore (minore redditività di 50 M€), si avrebbe un rischio su tale redditività molto minore. Questo perché se il tasso di sconto "sociale reale" (ovvero non quello ipotizzato nell'analisi pari al 3%, ma quello che nella pratica si verificherà negli anni, es. 4,5%) fosse nei fatti superiore a SRI_i, il progetto i-esimo risulterebbe addirittura non conveniente (VAN negativo), mentre quello j-esimo resterebbe sempre positivo (il VAN si annullerebbe per un $r = 10\%$).

Il rapporto benefici/costi attualizzati è un utile indicatore della convenienza di un investimento. Se questo è minore di 1, l'investimento è non conveniente (il VAN sarà negativo); quanto più è elevato (e maggiore di 1), tanto maggiore sarà la redditività dell'investimento.

Il concetto del PayBack Period (PBP) attualizzato è forse l'indicatore più semplice ed intuitivo poiché risponde alla domanda: *"fra quanto tempo recupererò dall'investimento?"*. Il PBP non è altro che il numero di periodi necessari affinché i flussi di cassa cumulati (benefici - costi o ricavi - costi) eguaglino l'investimento iniziale. In molti casi (soprattutto per investimenti privati) viene posto un limite temporale (*cutoff period*) entro il quale "si deve rientrare dall'investimento". In genere si ritiene che maggiore è il PBP, maggiore risulta il rischio insito di un investimento.

7.2 L'analisi costi-ricavi

La valutazione finanziaria di un progetto consiste in una valutazione di redditività di un investimento per tutti i soggetti (privati e pubblici) coinvolti nel Progetto (P). Consiste nel considerare gli effetti monetari come variazioni rispetto allo stato di Non Progetto (NP). Precisamente si valuta un unico aggregato economico in cui i diversi impatti vengono sommati algebricamente, considerando con il segno positivo i ricavi (le voci in "entrata") e con il segno negativo i costi (le voci in "uscita"). I *benefici* sono composti dai ricavi conseguenti alla vendita del servizio di trasporto e dalle eventuali sovvenzioni e rimborsi. I *costi* sono i diversi costi finanziari connessi alla produzione del servizio, quali, ad esempio, il costo di costruzione, i costi per la manutenzione e l'esercizio, le imposte, le tasse.

In genere queste analisi vengono redatte nell'ottica aziendale per la quale vi è la massimizzazione del profitto. Gli impatti ambientali o sociali del progetto non vengono tenuti in conto in questa analisi.

L'analisi è condotta con riferimento ai prezzi di mercato (attuali e/o previsti); pertanto il risultato della valutazione è espresso in termini monetari e permette di valutare la convenienza di differenti soggetti a partecipare alla pianificazione dei trasporti. Questa analisi mira ad identificare l'alternativa progettuale P da preferirsi sulla base della massimizzazione dei ricavi netti. Il criterio comunemente usato nella valutazione di accettabilità di un progetto è la quantificazione del valore attualizzato dei ricavi netti derivanti dal progetto a confronto con quelli della situazione di Non Progetto.

L'analisi finanziaria si articola nelle seguenti fasi:
    a) analisi dei flussi di cassa:
- *entrate*: fonti di investimento, vendite, prestiti;
- *uscite*: costi d'investimento, costi d'esercizio, interessi, rimborso prestiti, imposte;

    b) sostenibilità finanziaria e calcolo degli indicatori finanziari (es. VAN e SRI).

Il Flusso di Cassa annuo (FdC) è rappresentato dalla differenza tra le entrate e le uscite finanziarie per ogni anno di costruzione e di esercizio dell'opera. Si riporta nella successiva Tabella 58 un esempio di flussi di cassa attualizzati (a prezzi 2016).

7.2.1 La stima dei costi

Tra i costi da considerare nelle analisi finanziarie vi sono i costi connessi alla produzione del servizio a prezzi di mercato; tra questi vi sono il costo di costruzione, i costi per la manutenzione e l'esercizio, le imposte, le tasse, ecc.. Poiché spesso l'orizzonte temporale di analisi (il periodo di valutazione) è inferiore alla vita economica del progetto (opera), si prevede un **valore residuo dell'investimento** per considerare i ricavi ed i costi del progetto oltre tale orizzonte temporale. Tale valore, rappresentando un'entrata del progetto, andrà incluso nel conto dei costi d'investimento con segno opposto (segno positivo) rispetto ai costi di costruzione, manutenzione e gestione. Tale valore residuo dovrebbe includere il valore attualizzato di ogni entrata netta futura prevista dopo l'orizzonte temporale dell'analisi. In generale, il valore residuo di un progetto può essere calcolato secondo diverse metodologie[36]:

- considerando la differenza fra il costo iniziale dell'opera e la cumulata delle rate di ammortamento, determinate in base ai coefficienti contabili di degrado previsti per la tipologia di opera in questione;
- considerando il valore residuo finanziario a fine periodo di analisi, ovvero la liquidità di cassa giacente presso le banche;
- calcolando il valore attuale netto dei flussi di cassa attualizzati nei restanti anni di vita utile dell'opera in base alla sua capacità di generare reddito;
- moltiplicando i costi d'investimento totali del progetto per la percentuale della sua vita residua (es. 70 anni/100 anni = 0,7) al termine del periodo di analisi (es. 30 anni).

In alternativa, in via semplificata, si può fare riferimento alla prescrizione della Delibera CIPE n. 11/2004 che stima il valore residuo di un'opera come il 5-10% del costo complessivo dell'investimento. Tale percentuale rappresenta ovviamente una stima molto prudenziale (a vantaggio di sicurezza), risultando la vita utile residua quasi sempre molto superiore al 5-10% di quella totale.

Con riferimento all'esercizio numerico proposto, nella successiva tabella si riportano i costi (a prezzi di mercato) di investimento ed i costi di gestione e manutenzione (ordinaria e straordinaria) per le tre alternative di tracciato. Per l'esempio numerico proposto si è ipotizzato che il tracciato A sia quello meno costoso dei tre.

Come valore residuo del progetto (voce di costo C3.) si è considerato il 10% del costo complessivo dell'investimento.

---

[36] per ulteriori dettagli si faccia riferimento alle Linee guida emanate del Ministero delle Infrastrutture e dei Trasporti, nonché alle Linee guida per la redazione di studi di fattibilità della Regione Lombardia del 2014.

7.2.2 La stima dei ricavi

Tra i ricavi da considerare nelle analisi finanziarie vi sono le entrate finanziarie conseguenti alla vendita del servizio di trasporto (es. biglietti venduti) e da eventuali finanziamenti e rimborsi. La stima dei primi è legata ai risultati delle stime di traffico e più precisamente alle variazioni di traffico rispetto allo scenario di non intervento.

	Tracciato A	Tracciato B	Tracciato C
Costi investimento [Mln €]			
Opere civili	400	1.000	1.200
Impianti e Macchinari	30	50	50
Espropri	70	150	150
Altro (es. spese gen.)	180	200	230
Imprevisti	20	100	70
C1. Totale Investimento	**700**	**1.500**	**1.700**
Costi investimento [Mln €]			
C2. Costi gestione e manut. ordinaria e straordinaria	19	323	390

Tabella 55 – ESEMPIO NUMERICO: I costi di investimento a prezzi di mercato per le tre differenti ipotesi di tracciato autostradale

7.2.3 Gli indicatori di redditività finanziaria

Una volta stimati i flussi di cassa, i diversi progetti alternativi sono confrontati utilizzando gli indicatori di redditività finanziaria descritti in precedenza. Di seguito si riportano, a titolo di esempio, i valori stimati nel caso di una nuova infrastruttura autostradale per la quale si vogliano valutare 3 ipotesi di tracciato. Come si può osservare l'ipotesi di tracciato B risulta quella più conveniente da un punto di vista finanziario (maggiore redditività in 30 anni). È da notare che per il tracciato C si ha un PayBack Period di soli 13 anni (il più basso tra le tre alternative); nonostante ciò, tale ipotesi progettuale non è da preferire alle altre perché, a fronte di un più veloce rientro dell'investimento, si stima una redditività molto inferiore alle altre (29 Mln€ di VAN contro i 378 Mln€ ed i 547 Mln€ per gli altri due tracciati) ed un SRI troppo basso e pericolosamente vicino al tasso di sconto r del 3% utilizzato per le analisi (ciò comporta un elevato rischio perché, qualora il tasso di sconto "reale" fosse proprio del 3,5% o superiore, l'investimento sul tracciato C risulterebbe addirittura in perdita con un VAN negativo).

Indicatore	Tracciato A	Tracciato B	Tracciato C
VAN [Mln €]	378	**547**	29
SRI	6,7%	**6,1%**	3,5%
B/C	1,8	**1,5**	1,0
PAYBACK [anni]	21	**22**	13

Tabella 56 - ESEMPIO NUMERICO: gli indicatori sintetici di valutaz. economica

			periodo analisi 30	2018	2019	2020	2021
			TOTALE A PREZZI COSTANTI	1	2	3	4
				Costruzione (a prezzi costanti)			
COSTI	C1. Costi investimento (progettaz. e costruz.)	mEUR	-573,8	-57,4	-172,1	-229,5	-114,8
COSTI	C2. Costi gestione e manut. ord. e straord.	mEUR	-19,1	-0,2	-0,2	-0,2	-0,2
COSTI	C3. Valore residuo investimento	mEUR	42,1				
COSTI	TOTALE COSTI (C1+C2+C3)	mEUR	-550,8	-57,6	-172,4	-229,7	-115,0
BENEF.	B1. Ricavi da traffico	mEUR	1.697,7	-4,1	-4,1	-4,1	-4,1
BENEF.	TOTALE BENEFICI (B1+B2+...+B8+B9)	mEUR	1.697,7	-4,1	-4,1	-4,1	-4,1
	BENEFICI - COSTI	mEUR	1.146,9	-61,7	-176,5	-233,8	-119,1

			TOTALI A PREZZI 2016 (r=3%)	1	2	3	4
				Costruzione (a prezzi 2016)			
COSTI	C1. Costi investimento (progettaz. e costruz.)	mEUR	-499,5	-52,5	-152,9	-198,0	-96,1
COSTI	C2. Costi gestione e manut. ord. e straord.	mEUR	-10,1	-0,2	-0,2	-0,2	-0,2
COSTI	C3. Valore residuo investimento	mEUR	17,3	0,0	0,0	0,0	0,0
COSTI	TOTALE COSTI (C1+C2+C3)	mEUR	-492,3	-52,7	-153,1	-198,2	-96,3
BENEF.	B1. Ricavi da traffico	mEUR	870,5	-3,8	-3,7	-3,6	-3,4
BENEF.	TOTALE BENEFICI (B1+B2+...+B8+B9)	mEUR	870,5	-3,8	-3,7	-3,6	-3,4
	BENEFICI - COSTI	mEUR	378,2	-56,5	-156,8	-201,7	-99,7
	CUMULATA BENEFICI - COSTI	mEUR	378,2	-56,5	-213,3	-415,0	-514,7

VAN [mEUR]	378,2
SRI	6,7%
RAPPORTO B/C	1,8
PAYBACK PERIOD [anni]	21

flussi di cassa cumulati

flussi di cassa

Tabella 57 - ESEMPIO NUMERICO: I risultati analisi ricavi-costi tracciato A

Processi decisionali e Pianificazione dei trasporti

2022	2023	2024	2025	2026	2027	2028	2029	2030	2031	2032	2033	2034	2035	2036
5	6	7	8	9	10	11	12	13	14	15	16	17	18	19
Gestione e Manutenzione (a prezzi costanti)															
-0,2	-0,2	-0,2	-0,3	-0,3	-0,4	-0,5	-0,5	-0,6	-0,7	-0,7	-0,7	-0,7	-0,7	-0,7
-0,2	-0,2	-0,2	-0,3	-0,3	-0,4	-0,5	-0,5	-0,6	-0,7	-0,7	-0,7	-0,7	-0,7	-0,7
17,1	34,1	34,1	34,1	37,4	40,7	44,0	47,3	50,6	53,9	57,2	60,5	63,7	67,0	67,0
17,1	34,1	34,1	34,1	37,4	40,7	44,0	47,3	50,6	53,9	57,2	60,5	63,7	67,0	67,0
16,8	33,9	33,9	33,9	37,1	40,3	43,5	46,8	50,0	53,2	56,5	59,8	63,1	66,3	66,3

	5	6	7	8	9	10	11	12	13	14	15	16	17	18	19
	Gestione e Manutenzione (a prezzi 2016)														
	-0,2	-0,2	-0,2	-0,2	-0,2	-0,3	-0,3	-0,3	-0,4	-0,4	-0,4	-0,4	-0,4	-0,4	-0,4
	0,0	0,0	0,0	0,0	0,0	0,0	0,0	0,0	0,0	0,0	0,0	0,0	0,0	0,0	0,0
	-0,2	-0,2	-0,2	-0,2	-0,2	-0,3	-0,3	-0,3	-0,4	-0,4	-0,4	-0,4	-0,4	-0,4	-0,4
	13,9	26,9	26,1	25,4	27,0	28,5	30,0	31,3	32,5	33,6	34,6	35,5	36,4	37,1	36,0
	13,9	26,9	26,1	25,4	27,0	28,5	30,0	31,3	32,5	33,6	34,6	35,5	36,4	37,1	36,0
	13,7	26,7	26,0	25,2	26,8	28,2	29,6	30,9	32,1	33,2	34,2	35,1	36,0	36,7	35,7
	-501,1	-474,3	-448,4	-423,2	-396,4	-368,1	-338,5	-307,6	-275,5	-242,3	-208,2	-173,0	-137,1	-100,3	-64,7

flussi di cassa cumulati (attualizzati)   flussi di cassa (attualizzati)

Tabella 58 - ESEMPIO NUMERICO: I risultati analisi ricavi-costi tracciato A

2037	2038	2039	2040	2041	2042	2043	2044	2045	2046	2047	2048	2049	2050	2051
20	21	22	23	24	25	26	27	28	29	30	31	32	33	34
Gestione e Manutenzione (a prezzi costanti)															
-0,7	-0,7	-0,7	-0,7	-0,7	-0,7	-0,7	-0,7	-0,7	-0,7	-0,7	-0,7	-0,7	-0,7	-0,7
														42,1
-0,7	-0,7	-0,7	-0,7	-0,7	-0,7	-0,7	-0,7	-0,7	-0,7	-0,7	-0,7	-0,7	-0,7	41,3
67,0	67,0	67,0	67,0	67,0	67,0	67,0	67,0	67,0	67,0	67,0	67,0	67,0	67,0	67,0
67,0	67,0	67,0	67,0	67,0	67,0	67,0	67,0	67,0	67,0	67,0	67,0	67,0	67,0	67,0
66,3	66,3	66,3	66,3	66,3	66,3	66,3	66,3	66,3	66,3	66,3	66,3	66,3	66,3	108,4

20	**21**	22	23	24	25	26	27	28	29	30	31	32	33	34
Gestione e Manutenzione (a prezzi 2016)													
-0,4	-0,4	-0,4	-0,3	-0,3	-0,3	-0,3	-0,3	-0,3	-0,3	-0,3	-0,3	-0,3	-0,3	-0,2
0,0	0,0	0,0	0,0	0,0	0,0	0,0	0,0	0,0	0,0	0,0	0,0	0,0	0,0	17,3
-0,4	-0,4	-0,4	-0,3	-0,3	-0,3	-0,3	-0,3	-0,3	-0,3	-0,3	-0,3	-0,3	-0,3	17,1
35,0	34,0	33,0	32,0	31,1	30,2	29,3	28,4	27,6	26,8	26,0	25,3	24,5	23,8	23,1
35,0	34,0	33,0	32,0	31,1	30,2	29,3	28,4	27,6	26,8	26,0	25,3	24,5	23,8	23,1
34,6	33,6	32,6	31,7	30,7	29,9	29,0	28,1	27,3	26,5	25,8	25,0	24,3	23,6	40,2
-30,1	3,5	36,1	67,8	98,3	128,4	157,4	185,5	212,9	239,4	265,1	290,1	314,3	338,0	378,2

il primo anno in cui la cumulata dei flussi di cassa è positiva è il **PayBack Period**   VAN

Tabella 59 - ESEMPIO NUMERICO: I risultati analisi ricavi-costi tracciato A

			periodo analisi 30 anni	2018	2019	2020	2021	2022	2023
			TOTALE A PREZZI COSTANTI	1	2	3	4	5	6
					Costruzione (a prezzi costanti)				
COSTI	C1. Costi investimento (progettaz. e costruz.)	mEUR	-1.236,5		-123,6	-247,3	-370,9	-370,9	-123,6
	C2. Costi gestione e manut. ord. e straord.	mEUR	-322,7	0,0	-6,8	-6,9	-7,1	-7,1	-7,2
	C3. Valore residuo investimento	mEUR	100,9						
	TOTALE COSTI (C1+C2+C3)	mEUR	-1.458,1	0,0	-130,4	-254,1	-377,9	-378,0	-130,9
BENEF.	B1. Ricavi da traffico	mEUR	3.261,7	0,0	0,0	0,0	0,0	0,0	0,0
	TOTALE BENEFICI (B1+B2+...+B8+B9)	mEUR	3.261,7	0,0	0,0	0,0	0,0	0,0	0,0
	BENEFICI - COSTI	mEUR	1.803,5	0,0	-130,4	-254,1	-377,9	-378,0	-130,9

			TOTALI A PREZZI 2016 (r=3%)	1	2	3	4	5	6
					Costruzione (a prezzi 2016)				
COSTI	C1. Costi investimento (progettaz. e costruz.)	mEUR	-1.032,9		-109,8	-213,3	-310,6	-301,6	-97,5
	C2. Costi gestione e manut. ord. e straord.	mEUR	-176,5	0,0	-6,0	-5,9	-5,9	-5,8	-5,7
	C3. Valore residuo investimento	mEUR	41,6	0,0	0,0	0,0	0,0	0,0	0,0
	TOTALE COSTI (C1+C2+C3)	mEUR	-1.167,8	0,0	-115,9	-219,2	-316,5	-307,4	-103,3
BENEF.	B1. Ricavi da traffico	mEUR	1.714,4	0,0	0,0	0,0	0,0	0,0	0,0
	TOTALE BENEFICI (B1+B2+...+B8+B9)	mEUR	1.714,4	0,0	0,0	0,0	0,0	0,0	0,0
	BENEFICI - COSTI	mEUR	546,6	0,0	-115,9	-219,2	-316,5	-307,4	-103,3
	CUMULATA BENEFICI - COSTI	mEUR	546,6	0,0	-115,9	-335,1	-651,6	-959,0	-1.062,3

VAN [mEUR]	546,6
SRI	6,1%
RAPPORTO B/C	1,5
PAYBACK PERIOD [anni]	22

2024	2025	2026	2027	2028	2029	2030	2031	2032	2033	2034	2035	2036	2037
7	8	9	10	11	12	13	14	15	16	17	18	19	20
Gestione e Manutenzione (a prezzi costanti)													
-7,3	-7,5	-7,7	-7,7	-7,9	-8,0	-8,5	-9,2	-9,6	-9,9	-10,2	-10,9	-11,1	-11,3
-7,3	-7,5	-7,7	-7,7	-7,9	-8,0	-8,5	-9,2	-9,6	-9,9	-10,2	-10,9	-11,1	-11,3
108,6	108,6	109,7	110,7	111,7	112,7	113,7	114,8	115,8	116,8	117,8	118,9	118,9	118,9
108,6	108,6	109,7	110,7	111,7	112,7	113,7	114,8	115,8	116,8	117,8	118,9	118,9	118,9
101,3	101,1	102,0	102,9	103,8	104,7	105,0	105,6	106,2	106,9	107,6	108,0	107,8	107,6

7	8	9	10	11	12	13	14	15	16	17	18	19	20
Gestione e Manutenzione (a prezzi 2016)													
-5,6	-5,6	-5,5	-5,4	-5,4	-5,3	-5,6	-5,7	-5,8	-5,8	-5,8	-6,0	-5,9	-5,9
0,0	0,0	0,0	0,0	0,0	0,0	0,0	0,0	0,0	0,0	0,0	0,0	0,0	0,0
-5,6	-5,6	-5,5	-5,4	-5,4	-5,3	-5,6	-5,7	-5,8	-5,8	-5,8	-6,0	-5,9	-5,9
83,3	80,8	79,2	77,6	76,1	74,5	73,0	71,5	70,1	68,6	67,2	65,8	63,9	62,0
83,3	80,8	79,2	77,6	76,1	74,5	73,0	71,5	70,1	68,6	67,2	65,8	63,9	62,0
77,7	75,3	73,7	72,2	70,7	69,2	67,4	65,8	64,2	62,8	61,4	59,8	58,0	56,1
-984,6	-909,3	-835,7	-763,5	-692,8	-623,5	-556,1	-490,3	-426,1	-363,3	-301,9	-242,1	-184,2	-128,0

Tabella 60 - ESEMPIO NUMERICO: I risultati analisi ricavi-costi Tracciato B

Processi decisionali e Pianificazione dei trasporti

2038	2039	2040	2041	2042	2043	2044	2045	2046	2047	2048	2049	2050	2051
21	22	23	24	25	26	27	28	29	30	31	32	33	34
Gestione e Manutenzione (a prezzi costanti)													
-11,5	-11,5	-11,5	-11,5	-11,5	-11,5	-11,5	-11,5	-11,5	-11,5	-11,5	-11,5	-11,5	-11,5
													100,9
-11,5	-11,5	-11,5	-11,5	-11,5	-11,5	-11,5	-11,5	-11,5	-11,5	-11,5	-11,5	-11,5	89,5
118,9	118,9	118,9	118,9	118,9	118,9	118,9	118,9	118,9	118,9	118,9	118,9	118,9	118,9
118,9	118,9	118,9	118,9	118,9	118,9	118,9	118,9	118,9	118,9	118,9	118,9	118,9	118,9
107,4	107,4	107,4	107,4	107,4	107,4	107,4	107,4	107,4	107,4	107,4	107,4	107,4	208,3

21	22	23	24	25	26	27	28	29	30	31	32	33	34
Gestione e Manutenzione (a prezzi 2016)													
-5,8	-5,6	-5,5	-5,3	-5,2	-5,0	-4,9	-4,7	-4,6	-4,5	-4,3	-4,2	-4,1	-4,0
0,0	0,0	0,0	0,0	0,0	0,0	0,0	0,0	0,0	0,0	0,0	0,0	0,0	41,6
-5,8	-5,6	-5,5	-5,3	-5,2	-5,0	-4,9	-4,7	-4,6	-4,5	-4,3	-4,2	-4,1	37,6
60,2	58,5	56,8	55,1	53,5	52,0	50,4	49,0	47,5	46,2	44,8	43,5	42,2	41,0
60,2	58,5	56,8	55,1	53,5	52,0	50,4	49,0	47,5	46,2	44,8	43,5	42,2	41,0
54,4	52,8	51,3	49,8	48,3	46,9	45,6	44,2	43,0	41,7	40,5	39,3	38,2	78,6
-73,6	-20,8	30,5	80,3	128,6	175,6	221,1	265,4	308,3	350,0	390,5	429,8	468,0	546,6

Tabella 61 - ESEMPIO NUMERICO: I risultati analisi ricavi-costi Tracciato B

			periodo analisi 30 anni	2018	2019	2020	2021	2022	2023	2024
			TOTALE A PREZZI COSTANTI	1	2	3	4	5	6	7
						Costruzione (a prezzi costanti)				
COSTI	C1. Costi investimento (progettaz. e costruz.)	mEUR	-1.401,3			-140,1	-280,3	-420,4	-420,4	-140,1
	C2. Costi gestione e manut. ord. e straord.	mEUR	-390,0	0,0	0,0	-8,6	-8,8	-8,8	-9,0	-9,2
	C3. Valore residuo investimento	mEUR	117,5							
	TOTALE COSTI (C1+C2+C3)	mEUR	-1.673,5	0,0	0,0	-148,7	-289,0	-429,2	-429,4	-149,3
BENEF.	B1. Ricavi da traffico	mEUR	1.961,2	0,0	0,0	0,0	0,0	0,0	0,0	0,0
	TOTALE BENEFICI (B1+B2+...+B8+B9)	mEUR	1.961,2	0,0	0,0	0,0	0,0	0,0	0,0	0,0
	BENEFICI - COSTI	mEUR	287,6	0,0	0,0	-148,7	-289,0	-429,2	-429,4	-149,3
			TOTALI A PREZZI 2016 (r=3%)	1	2	3	4	5	6	7
						Costruzione (a prezzi 2016)				
COSTI	C1. Costi investimento (progettaz. e costruz.)	mEUR	-1.136,7			-120,9	-234,7	-341,8	-331,9	-107,4
	C2. Costi gestione e manut. ord. e straord.	mEUR	-210,6	0,0	0,0	-7,4	-7,3	-7,2	-7,1	-7,0
	C3. Valore residuo investimento	mEUR	48,5	0,0	0,0	0,0	0,0	0,0	0,0	0,0
	TOTALE COSTI (C1+C2+C3)	mEUR	-1.298,8	0,0	0,0	-128,3	-242,1	-349,0	-339,0	-114,4
BENEF.	B1. Ricavi da traffico	mEUR	1.327,3	0,0	0,0	0,0	0,0	0,0	0,0	0,0
	TOTALE BENEFICI (B1+B2+...+B8+B9)	mEUR	1.327,3	0,0	0,0	0,0	0,0	0,0	0,0	0,0
	BENEFICI - COSTI	mEUR	28,5	0,0	0,0	-128,3	-242,1	-349,0	-339,0	-114,4
	CUMULATA BENEFICI - COSTI	mEUR	28,5	0,0	0,0	-128,3	-370,3	-719,3	-1.058,3	-1.172,8

VAN [mEUR]	28,5
SRI	3,5%
RAPPORTO B/C	1,0
PAYBACK PERIOD [anni]	13

Tabella 62 - ESEMPIO NUMERICO: I risultati analisi ricavi-costi tracciato C

2025	2026	2027	2028	2029	2030	2031	2032	2033	2034	2035	2036	2037	2038
8	9	10	11	12	13	14	15	16	17	18	19	20	21
Gestione e Manutenzione (a prezzi costanti)													
-9,3	-9,4	-9,5	-9,7	-9,9	-10,9	-11,3	-11,8	-12,3	-12,8	-13,5	-13,7	-13,9	-14,1
-9,3	-9,4	-9,5	-9,7	-9,9	-10,9	-11,3	-11,8	-12,3	-12,8	-13,5	-13,7	-13,9	-14,1
338,2	305,8	273,4	241,0	208,6	176,2	143,8	111,4	79,0	46,6	14,2	1,4	1,4	1,4
338,2	305,8	273,4	241,0	208,6	176,2	143,8	111,4	79,0	46,6	14,2	1,4	1,4	1,4
328,9	296,4	263,9	231,3	198,8	165,3	132,5	99,6	66,7	33,8	0,7	-12,3	-12,5	-12,7

8	9	10	11	12	13	14	15	16	17	18	19	20	21
Gestione e Manutenzione (a prezzi 2016)													
-6,9	-6,8	-6,7	-6,6	-6,5	-7,0	-7,0	-7,1	-7,2	-7,3	-7,5	-7,4	-7,3	-7,1
0,0	0,0	0,0	0,0	0,0	0,0	0,0	0,0	0,0	0,0	0,0	0,0	0,0	0,0
-6,9	-6,8	-6,7	-6,6	-6,5	-7,0	-7,0	-7,1	-7,2	-7,3	-7,5	-7,4	-7,3	-7,1
251,7	220,9	191,8	164,1	137,9	113,1	89,6	67,4	46,4	26,6	7,9	0,8	0,7	0,7
251,7	220,9	191,8	164,1	137,9	113,1	89,6	67,4	46,4	26,6	7,9	0,8	0,7	0,7
244,8	214,1	185,1	157,5	131,4	106,1	82,6	60,3	39,2	19,3	0,4	-6,6	-6,5	-6,4
-928,0	-713,9	-528,8	-371,3	-239,9	-133,8	-51,2	9,1	48,3	67,5	67,9	61,3	54,8	48,4

2039	2040	2041	2042	2043	2044	2045	2046	2047	2048	2049	2050	2051
22	23	24	25	26	27	28	29	30	31	32	33	34
Gestione e Manutenzione (a prezzi costanti)												
-14,1	-14,1	-14,1	-14,1	-14,1	-14,1	-14,1	-14,1	-14,1	-14,1	-14,1	-14,1	-14,1
												117,8
-14,1	-14,1	-14,1	-14,1	-14,1	-14,1	-14,1	-14,1	-14,1	-14,1	-14,1	-14,1	103,7
1,4	1,4	1,4	1,4	1,4	1,4	1,4	1,4	1,4	1,4	1,4	1,4	1,4
1,4	1,4	1,4	1,4	1,4	1,4	1,4	1,4	1,4	1,4	1,4	1,4	1,4
-12,7	-12,7	-12,7	-12,7	-12,7	-12,7	-12,7	-12,7	-12,7	-12,7	-12,7	-12,7	105,1

22	23	24	25	26	27	28	29	30	31	32	33	34
Gestione e Manutenzione (a prezzi 2016)												
-6,9	-6,7	-6,5	-6,4	-6,2	-6,0	-5,8	-5,6	-5,5	-5,3	-5,2	-5,0	-4,9
0,0	0,0	0,0	0,0	0,0	0,0	0,0	0,0	0,0	0,0	0,0	0,0	48,5
-6,9	-6,7	-6,5	-6,4	-6,2	-6,0	-5,8	-5,6	-5,5	-5,3	-5,2	-5,0	43,7
0,7	0,7	0,7	0,6	0,6	0,6	0,6	0,6	0,6	0,5	0,5	0,5	0,5
0,7	0,7	0,7	0,6	0,6	0,6	0,6	0,6	0,6	0,5	0,5	0,5	0,5
-6,2	-6,1	-5,9	-5,7	-5,5	-5,4	-5,2	-5,1	-4,9	-4,8	-4,6	-4,5	44,1
42,1	36,1	30,2	24,5	18,9	13,5	8,3	3,2	-1,7	-6,5	-11,1	-15,6	28,5

Tabella 63 - ESEMPIO NUMERICO: I risultati analisi ricavi-costi tracciato C

7.3 L'analisi costi-benefici

L'Analisi Costi-Benefici (ABC) valuta la convenienza di uno o più Progetti (P) considerando gli effetti monetari o monetizzabili come variazioni rispetto allo stato di Non Progetto (NP). Si valuta un unico aggregato economico in cui i diversi impatti vengono sommati algebricamente, considerando con il segno positivo i benefici (le voci in "entrata") e con il segno negativo i costi (le voci in "uscita"). In genere, queste analisi vengono redatte nell'ottica del decisore pubblico ovvero quando un privato vuole accedere a forme di partenariato pubblico privato.

Al fine di fornire al lettore <u>un pratico strumento anche professionale immediatamente applicabile</u> per le valutazioni e per i confronti degli interventi sui sistemi di trasporto, nel presente paragrafo si forniscono alcune linee guida per la redazione dell'analisi costi-benefici desunta dai più recenti documenti e normative italiane ed europee tra cui:

- European Commission (2014); Guide to Cost-Benefit Analysis of Investment Projects;
- HEATCO - Developing Harmonised European Approaches for Transport Costing and Project Assessment (2006); Deliverable 5: Proposal for Harmonised Guidelines;
- Ministero delle Infrastrutture e dei Trasporti (2016); Decreti, Documenti e Linee Guida di settore, tra cui il Nuovo Codice degli Appalti, Le Strategie per le Infrastrutture di Trasporto e Logistica (ex Allegato Infrastrutture al DeF);
- Regione Lombardia (2014); Interventi infrastrutturali: linee guida per la redazione di studi di fattibilità;
- Ricardo-AEA DG MOVE (2014); Update of the Handbook on External Costs of Transport. Final Report. Report for the European Commission.

- Unità di Valutazione degli investimenti pubblici - UVAL (2014); Lo studio di fattibilità nei progetti locali realizzati in forma partenariale: una guida e uno strumento;

A partire da queste fonti, si riporta una metodologia di valutazione economica suddivisa in cinque fasi distinte:

1. **Individuazione dello scenario di riferimento e delle alternative progettuali;**
2. **Stima dei traffici attesi per le ipotesi progettuali e nell'orizzonte temporale di analisi**, ad esempio stima delle:
    a. variazioni di veicoli*km e passeggeri*km;
    b. variazioni di veicoli*ora e passeggeri*ora;
    c. variazioni del parco veicolare circolante;
3. **Stima dei costi:**
    a. di investimento;
    b. di gestione e manutenzione (ordinaria e straordinaria);
    c. del valore residuo dell'investimento;

4. **Stima dei benefici:**
    a. per gli utenti del sistema:
        - percepiti: variazioni di "surplus del consumatore" (es. variazione di tempo e di costo del carburante);
        - non percepiti: variazioni dei costi operativi (es. usura veicolo);
    b. per i non utenti:
        - variazioni emissioni gas climalteranti;
        - variazioni emissioni inquinanti nocive all'uomo;
        - variazioni emissioni sonore;
        - variazioni incidentalità;
        - variazioni congestione stradale;
        - impatti negli altri settori (variazioni processi up- and downstream);

5. **Definizione e stima degli indicatori sintetici** per il confronto delle alternative (VAN, SRI, B/C, PayBack Period).

A titolo di esempio, nella successiva tabella si ripota una possibile schematizzazione degli impatti (costi e benefici) da stimare nel caso di progetti che si prevede impattino su un unico modo di trasporto, ovvero per i quali è possibile ipotizzare rigida/invariata la domanda di mobilità totale per i singoli modi di trasporto (maggiori dettagli su questo aspetto saranno forniti nel paragrafo 3.3.3).

COSTI		C1. Costi di investimento (progettazione e costruzione)
		C2. Costi di gestione e manutenzione ordinaria e straordinaria
		C3. Valore residuo dell'investimento
BENEFICI	UTENTI	B1. Benefici percepiti (es. valore del tempo)
		B2. Benefici percepiti (es. carburante)
		B3. Benefici non percepiti (es. costi operativi)
		...
	NON UTENTI	B4. Riduzione gas climalteranti
		B5. Riduzione emissioni inquinanti
		B6. Riduzione emissioni sonore
		B7. Riduzione incidentalità
		B8. Risparmio di congestione stradale
		B9. Impatti negli altri settori
		...

Tabella 64 – Esempio di variazioni dei costi e dei benefici da stimare

7.3.1 La stima dei costi

Così come suggerito dai principali testi di riferimento, per le valutazioni economiche (ad esempio UVAL, 2014) i costi di investimento da considerare nell'analisi necessitano di una "**correzione fiscale**" per evitare, ad esempio, che siano considerate tra le voci di costo somme che, benché costituiscano effettivamente parte della spesa, rientreranno in futuro nelle disponibilità finanziarie delle amministrazioni, e quindi della collettività, sotto forma di gettito fiscale. Ciò implica che vengano stornati dagli importi indicati dall'ente proponente, non soltanto le relative componenti di imposizione fiscale indiretta (es. IVA, accise), ma anche i rientri in termini di imposte indirette e dirette associate al complesso delle interazioni che originano la spesa.

Alle correzioni fiscali se ne aggiungono in genere altre, ovvero le "**correzioni attribuibili alle imperfezioni di mercato non fiscali**". In questo caso il fine è quello di stornare dai prezzi di mercato le distorsioni che li allontanano dai prezzi efficienti ovvero i "reali" prezzi economici.

Queste operazioni di "correzione" dei costi si traducono operativamente nell'applicazione di <u>coefficienti di conversione</u> che, moltiplicati per ciascuna voce di costo, ne permettono la correzione per la componente fiscale e per la componente attribuibile alle imperfezioni di mercato. Per la stima dei coefficienti di conversione si propone di far riferimento a quelli proposti dall'Unità di Valutazione degli investimenti pubblici (UVAL, 2014), per semplicità riportati in parte nella Tabella 65.

Come detto, poiché spesso l'orizzonte temporale di analisi (il periodo di valutazione) è inferiore alla vita economica del progetto (opera), si prevede un **valore residuo dell'investimento** per considerare i benefici e i costi del progetto oltre tale orizzonte temporale. Tale valore, rappresentando un'entrata del progetto, andrà incluso nel conto dei costi d'investimento con segno positivo. Tale valore residuo può essere calcolato secondo diverse metodologie (elencate nel paragrafo 3.2.1 riguardante la stima dei costi per l'analisi finanziaria).

Investimento	Coefficiente conversione
Investimenti in opere civili	0,82
Investimenti in impianti	0,88
Espropri	1,0
Manodopera (al loro degli oneri sociali)	0,44
Spese di progettazione	0,85
Altro (spese generali)	0,85
Imprevisti	0,85
Investimenti non ammissibili a contributo pubblico	1,00
Manutenzioni straordinarie negli anni di esercizio	0,84
Valore residuo finale	0,84
Ricavi d'esercizio	
Ricavi tariffari (al netto di IVA)	0,86
Canone di disponibilità	0,80
Costi di gestione	
Costi per servizi	0,90
Costi del personale (al lordo degli oneri sociali)	0,44
Oneri diversi di gestione	0,84
Manutenzioni ordinarie	0,85
Altri elementi	
Gettito fiscale da esercizio (add. irpef su MOL)	0,09
Contributo pubblico	0,30
Canone di disponibilità	0,30

Tabella 65 - Coefficienti di conversione per i costi di investimento (fonte: elab. a partire dalle Linee guida emanate dal Ministero delle Infrastrutture e dei Trasporti e da Unità di Valutazione degli investimenti pubblici – UVAL, 2014)

Con riferimento all'esercizio numerico proposto, nella successiva tabella si riportano i costi di investimento "reali", ovvero a prezzi di mercato, e "corretti" secondo i coefficienti precedentemente descritti. Si precisa che per le tre ipotesi di tracciato autostradale sono state ipotizzate differenti tempistiche realizzative ed in particolare:
- TRACCIATO A: fase di costruzione dal 2018 al 2021;
- TRACCIATO B: fase di costruzione dal 2019 al 2023;
- TRACCIATO C: fase di costruzione dal 2020 al 2024.

Come valore residuo dell'opera (C3) ci si è riferiti a quanto prescritto nella Delibera CIPE n. 11/2004 che propone di stimare, come detto, il <u>valore residuo</u> del progetto come il <u>10% del costo complessivo dell'investimento</u>.

Costi investimento [Mln €]	Tracciato A Valore		Tracciato B Valore		Tracciato C Valore	
	reale	corretto	reale	corretto	reale	corretto
Opere civili	400	330,2	1.000	825,4	1.200	990,5
Impianti e Macchinari	30	2,7	50	4,5	50	4,5
Espropri	70	70	150	150	150	150
Altro (es. spese gen.)	180	153,8	200	170,9	230	196,6
Imprevisti	20	17,1	100	85,5	70	59,8
C1. Totale Investimento	700	574,8	1.500	1.236,3	1.700	1.401,4

Tabella 66 – ESEMPIO NUMERICO: I costi di investimento per le tre differenti ipotesi di tracciato autostradale

Con riferimento ai costi di gestione e manutenzione ordinaria e straordinaria ci si è riferiti ai valori della successiva tabella.

[Mln €]	Tracciato A		Tracciato B		Tracciato C	
	Valore		Valore		Valore	
	reale	corretto	reale	corretto	reale	corretto
C2. Costi gestione e manut. ordinaria e straordinaria	19,1	16,2	322,7	274,3	390	331,5
C3. Valore residuo dell'investimento	50	42,1	120	100,9	140	117,8

Tabella 67 – ESEMPIO NUMERICO: I costi di gestione, manutenzione e valore residuo dell'opera

7.3.2 La stima dei benefici

7.3.2.1 I benefici per gli utenti

Come detto, I benefici per gli utenti vanno in genere stimati tramite la quantificazione della variazione (rispetto allo scenario di riferimento) del "*surplus del consumatore*", che a sua volta è funzione della variazione di costo generalizzato percepito di trasporto. Quest'ultimo è ottenuto sommando i risparmi di tempo di viaggio e i costi monetari, opportunamente pesati rispetto a coefficienti di reciproca sostituzione (valore del tempo – VTTS o VOT). Tra le voci di costo vanno considerati i pedaggi e i costi operativi (es. consumo di carburante). Parallelamente, tra i benefici per i non utenti andrebbe considerata la variazione di "*surplus del produttore*", ovvero l'eccedenza dei ricavi da traffico rispetto ai costi per chi produce o gestisce il servizio nonché la variazione delle entrate fiscali per lo Stato/Regioni.

Nel caso più generale in cui l'analisi è redatta nell'ottica della collettività nel suo complesso, gli utenti del sistema, i non utenti, il produttore del servizio, lo Stato/Regioni, fanno tutti parte della collettività e vanno tenuti in conto. Poiché la variazione dei ricavi da traffico rappresentano un costo (segno negativo) per gli utenti ed un beneficio (segno positivo) per il produttore del servizio e per lo Stato/Regioni (nella sua aliquota fiscale), è possibile in questo caso non considerarli nell'analisi economica (l'impatto complessivo sulla collettività è nullo).

Come detto nel Paragrafo 5.4.1, per la stima della **variazione di "surplus del consumatore"** bisogna distinguere il caso di progetti che interessano:
- più modalità di trasporto (con traffico generato e deviato da altri modi);
- un unico modo di trasporto (con domanda rigida/invariata).

Nel primo caso è possibile utilizzare una delle due relazioni seguenti:

Modello domanda comportamentale:
$$\Delta S_P = S_P - S_{NP} \tag{1}$$

Metodo domanda media:
$$\Delta S_P = \frac{1}{2}\left[d\left(g^P\right) + d\left(g^{NP}\right)\right]\left(g^{NP} - g^P\right) \tag{2}$$

Nel caso di progetti che interessano un unico modo di trasporto (con domanda rigida/invariata) la stima della variazione di "surplus del consumatore" è di più semplice ed immediata valutazione. Ad esempio è possibile utilizzare una relazione del tipo:

$\Delta S_P = \Delta CG_P = $ var. di tempo + var. di costo carburante =

$$= \Delta veicoli^*ora \cdot riemp. \cdot VTTS + \Delta veicoli^*km \cdot CONS \cdot Costo \tag{3}$$

B.1 Benefici percepiti: il valore del tempo

Per la stima del valore monetario del tempo si consiglia di far riferimento a specifiche stime (es. modelli di scelta del modo) relative all'area di studio oggetto di analisi. Quando non si dispone di stime specifiche si può far riferimento a testi/norme specifiche come, ad esempio, ai valori unitari proposti da:
- Regione Lombardia (2014); Interventi infrastrutturali: linee guida per la redazione di studi di fattibilità;
- Documento "Valori indicativi di riferimento dei costi di esercizio dell'impresa di autotrasporto per conto di terzi" in art. 1, comma 250 della Legge di stabilità 2015 n. 190;
- Wardman, Chintakayala, de Jong, (2012) European wide meta-analysis of Values of Travel Time. University of Leeds report;
- Progetto Developing Harmonised European Approaches for Transport Costing and Project Assessment "HEATCO D5" (2006).

Nelle tabelle seguenti si riportano alcuni esempi di valori medi del tempo (VTTS) per il contesto italiano, ottenuti tramite elaborazioni a partire dalle fonti citate.

Inoltre, poiché il valore del tempo potrà variare nel periodo di analisi, si suggerisce di considerare un'elasticità del VTTS alle variazioni attese del PIL variabile tra 0,7 ed 1,0. Poiché i benefici da risparmi di tempo rappresentano notoriamente una parte rilevante di quelli totali, in via prudenziale è buona prassi considerare un'elasticità al PIL pari a 0,5 (es. se si stima che il PIL crescerà dell'1%, è possibile ipotizzare che il VTTS cresca dello 0,5%).

Motivo dello spostamento		Modo	(€/ora)
Business		Aereo	35,29
		Bus	20,57
		Auto/Treno	25,63
Pendolarismo	Breve distanza	Aereo	15,16
		Bus	7,31
		Auto/Treno	10,16
	Lunga distanza	Aereo	19,47
		Bus	9,38
		Auto/Treno	13,04
Altri motivi	Breve distanza	Aereo	12,71
		Bus	6,12
		Auto/Treno	8,52
	Lunga distanza	Aereo	16,32
		Bus	7,86
		Auto/Treno	10,94

Tabella 68 – Un esempio di valori medi pesati del tempo (VTTS) per singola categoria di spostamento (fonte: HEATCO D5, 2006)

Tipologia veicolo	Motivo dello spostamento	Spost. urbani (€/ora)	Spost. medie e lunghe percorrenze (€/ora)
Autovetture	Affari	20,0	35,00
	Lavoro sistematico	7,50	12,00
	Turismo e svago	5,00	7,00

Tabella 69 – Un esempio di valori medi pesati del tempo (VTTS) per singola categoria di spostamento (fonte: elab. su Wardman, Chintakayala, de Jong, 2012, European wide meta-analysis of Values of Travel Time. University of Leeds report e Regione Lombardia, 2014)

Trasporto merci	
Tempo viaggio conducente[37]	15,64 senza diaria di trasferta (€/ora) 33,02 con diaria di trasferta (€/ora)
Valore tempo merce trasportata	1,64 per spost. su ferrovia (€/tonnellata*ora) 3,96 per spost. su strada (€/tonnellata*ora)

Tabella 70 – Un esempio di valori medi pesati del tempo (VTTS) per il trasporto delle merci (fonte: elaborazioni su dati progetto "HEATCO D5 2006 e documento "Valori indicativi di riferimento dei costi di esercizio dell'impresa di autotrasporto per conto di terzi" in art. 1, comma 250 della Legge di stabilità 2015 n. 190 e Regione Lombardia, 2014)

B.2 Benefici percepiti: il costo del carburante

Le variazioni del costo del carburante sono i benefici percepiti maggiormente considerati nelle analisi economiche per il settore dei trasporti (es. opere stradali). Queste sono funzioni delle variazioni dei veicoli*km, del consumo medio per tipologia veicolare e del costo unitario del carburante. Più precisamente, in queste analisi, è opportuno considerare il costo industriale del carburante e non quello "alla pompa" al fine di non considerare la componente fiscale sul carburante (es. le accise) che rappresentato un costo per l'utente ma un beneficio per lo Stato (si elidono a vicenda). Tra le possibili relazioni da utilizzare se ne riporta una di quelle più frequentemente utilizzate:

$$\Delta Carb_P = \Delta veicoli * km \cdot CONSUMO \cdot Costo \qquad (4)$$

dove:

$\Delta Carb_P$ è la variazione di costo di carburante imputabile al progetto P;

---

[37] da prendere in esame solo se non si è già considerato nei costi operativi dei veicoli merci.

$\Delta veicoli*km$ è la variazione di veicoli*km all'anno imputate al progetto P;
CONSUMO è il consumo medio di carburante (a km) di un veicolo;
Costo è il costo medio (industriale) del carburante.

Nella relazione precedente, per semplicità, è stata omessa la dipendenza dalle categorie veicolari (es. i veicoli merci consumano di più delle autovetture) e dalla tipologia di strada sulla quale avvengono gli spostamenti (es. in autostrada il consumo unitario è mediamente inferiore a quello sulle strade urbane).

Nelle successive tabelle si riportano i valori unitari da prendere come riferimento per l'applicazione della relazione (4).

Veicolo	Tipologia Strada	Consumo medio (litri/veicolo*km)
Autovetture e veicoli merci leggeri	Autostrada o Tangenziale	0,05
	Extraurbana	0,70
	Urbana	0,10
Veicoli merci pesanti	Autostrada o Tangenziale	0,12
	Extraurbana	0,16
	Urbana	0,31

Tabella 71 - Consumi medi per tipologia di veicolo e strada percorsa (fonte: elaborazione su dati Unione Petrolifera Italiana, rapporto APAT, 2007 e dati COPERT, 2012)

Tipologia di alimentazione	Costo industriale (€/litro)
Benzina	0,49
Diesel	0,47

Tabella 72 - Costo industriale carburante per tipologia di alimentazione (fonte: Ministero dello Sviluppo Economico, 2016)

Processi decisionali e Pianificazione dei trasporti

B.3 Benefici non percepiti: i costi operativi

L'ultima esternalità relativa agli utenti del sistema riguarda i costi operativi, ovvero quei costi non percepiti imputabili, ad esempio, alle variazioni di consumo di lubrificanti, pneumatici ed alla manutenzione e deprezzamento del veicolo. Questi impatteranno in misura differenziata in ragione (delle variazioni) delle percorrenze. Nella successiva Tabella 73 si riporta un esempio di valori unitari da utilizzare nelle analisi economiche e finanziarie.

Per la stima dei costi operativi, una buona approssimazione è quella di considerare un valore economico unitario per le auto pari a 0,080 €/veicolo*km (fonte: Linee guida per la redazione di studi di fattibilità redatte dalla regione Lombardia, 2014) o anche un valore inferiore qualora si voglia essere più prudenziali (es. 0,050 €/veicolo*km).

Voce di costo	Valori		Unità di misura (prezzi 2016)	% in relazione alle percorrenze
	Economici	Finanziari		
Assicurazione	-	475,00	€	0%
Pneumatici	0,02	0,02	€/veicolo*km	100%
Manutenzione	0,03	0,07	€/veicolo*km	50%
Deprezzamento	0,04	0,09	€/veicolo*km	50%

Tabella 73 - Costi operativi unitari (fonte: elab. su dati Regione Lombardia, 2014 e Istituto per la Vigilanza sulle Assicurazioni – IVASS, 2014)

7.3.2.2 I benefici per i non utenti

Una parte rilevante della valutazione economica riguarda la quantificazione degli effetti esterni (esternalità) prodotti dal progetto sia per l'ambiente (es. riscaldamento globale) che per l'uomo (es. inquinamento e sicurezza stradale). In genere, si ha un'esternalità quando la produzione (o il consumo) di un bene ha impatti sul benessere di un soggetto terzo (collettività) senza che vi sia alcun compenso o indennizzo ("internalizzazione") specifico. Nelle analisi economiche le esternalità non sono internalizzate nei conti finanziari. Queste possono essere negative (es. più veicoli che circolano consumeranno più carburante ed emetteranno più sostanze inquinanti) ovvero positive (es. meno emissioni, computate quindi con segno positivo).

Per la stima delle esternalità per i non utenti (costi o benefici) occorre:

a) stimare le variazioni prodotte dal piano/progetto per singola voce di beneficio/costo;

b) definire i costi sociali marginali unitari (es. €/Δtonnellata; €/Δveicolo*km);

c) stimare il trend temporale dei costi marginali per tutto il periodo di analisi (es. 30 anni);

d) monetizzare il costo (o beneficio) sociale prodotto dal piano/progetto, ovvero moltiplicare le variazioni prodotte per singola voce di beneficio/costo per i costi marginali unitari stimati[38].

È opportuno quindi, per ciascuna voce di impatto (descritta nel seguito), applicare iterativamente tale procedura di stima.

---

[38] È giusto il caso di sottolineare che spesso tali costi marginali stimati si riferiscono a prezzi relativi ad anni differenti (es. i costi unitari delle linee guida EU sono a prezzi 2010) e comunque non coincidenti con quello di riferimento per l'analisi (anno 0). Per ovviare a ciò **è opportuno attualizzare tali parametri unitari** ad esempio attraverso le tabelle dell'ISTAT "Indici nazionali dei prezzi al consumo per le famiglie di operai ed impiegati".

B.4 La congestione stradale

Oltre alla variazione del "surplus del consumatore" (tempi e costi monetari), che rappresentano i benefici individuali direttamente percepiti dagli utenti del sistema, tra le esternalità del trasporto stradale vi è anche quella che spesso viene chiamata "disutilità pura da traffico" (secondo l'accezione della Comunità Europea), ovvero il contributo che variazioni di domanda provocano alla congestione stradale e quindi alle performance di cui beneficiano gli altri utenti della strada (effetti non individuali). Un esempio è l'impatto che una diminuzione (aumento) di utilizzo di un'infrastruttura (es. a seguito della realizzazione di una nuova autostrada che catturerebbe parte del suo traffico) provoca sulla velocità di attraversamento (e sulla sua affidabilità), per i veicoli che continuano ad utilizzare l'infrastruttura e che di fatto aumenta (diminuisce) l'efficacia di utilizzo della capacità stradale (livello di servizio), circostanza che non viene percepita quando si effettuano le scelte individuali di viaggio (e quindi non sono contemplate nelle variazione di surplus del consumatore). Ovviamente più è alto il grado di saturazione (congestione) di partenza di una infrastruttura stradale, maggiore sarà il beneficio (costo) sociale derivante da una riduzione (aumento) di veicoli*km.

Per la stima di tali esternalità si suggerisce di far riferimento all'Update of the Handbook on External Costs of Transport dalla Comunità europea (Ricardo-AEA DG MOVE, 2014) di cui si riportano i valori principali nella Tabella 74.

Tipologia di veicolo	Area territoriale[39]	Tipo di Strada	Flusso libero[40] (€ct/vkm)	Flusso prossimo alla Capacità (€ct/vkm)	Flusso congestionato (€ct/vkm)
Autovetture	Metropolitana	Autostrada	0,00	28,63	65,70
		Strade principali	0,96	150,96	193,70
		Altre strade	2,67	170,40	259,19
	Urbana	Strade principali	0,64	52,03	80,98
		Altre strade	2,67	148,93	246,26
	Rurale	Autostrada	0,00	14,32	32,91
		Strade principali	0,43	19,55	64,85
		Altre strade	0,21	44,87	148,72
Veicoli merci[41]	Metropolitana	Autostrada	0,00	59,10	135,77
		Strade principali	2,08	311,86	400,01
		Altre strade	5,46	351,94	535,34
	Urbana	Strade principali	1,39	107,42	167,36
		Altre strade	5,46	307,69	508,75
	Rurale	Autostrada	0,00	29,51	67,84
		Strade principali	0,92	40,42	133,92
		Altre strade	0,46	92,70	307,23
Bus	Metropolitana	Autostrada	0,00	71,47	164,32
		Strade principali	2,46	377,46	484,08
		Altre strade	6,62	425,96	647,86
	Urbana	Strade principali	1,71	130,02	202,56
		Altre strade	6,62	372,43	615,70
	Rurale	Autostrada	0,00	35,79	82,16
		Strade principali	1,07	48,93	162,07
		Altre strade	0,53	112,18	371,90

Tabella 74- Costi marginali della congestione stradale (fonte: elab. su dati Ricardo-AEA DG MOVE, 2014 e ISTAT 2014-2016)

B.5 L'incidentalità

Gli effetti di un progetto sull'incidentalità stradale possono essere stimati attraverso due distinte metodologie:

---

[39] Ricardo-AEA DG MOVE (2014) definisce: Area Metropolitana - cities with the population > 250.000 people; Area Urbana - population > 10.000 people; Area Rurale - all other areas.
[40] Ricardo-AEA DG MOVE (2014) definisce: Flusso libero quando il rapporto flusso/capacità = 0,75; Flusso prossimo alla Capacità quando il rapporto flusso/capacità è > 0,75 ma < 1; Flusso congestionato quando il rapporto flusso/capacità è > 1.
[41] valori medi pesati sul parco italiano di tutti i veicoli merci pesanti (HGV).

1. moltiplicare le quantità di incidenti (le variazioni rispetto al non progetto) imputabili al progetto per un costo marginale (suddividendo tra variazioni stimate di morti e feriti);
2. moltiplicare le variazioni di veicoli*km prodotte imputabili al progetto (che sono direttamente correlate al tasso di incidentalità di una strada) per un costo marginale.

L'applicazione del primo metodo richiede la previsione del numero di incidenti (e della loro gravità) che potrebbero verificarsi negli scenari Progettuali (P) e nel Non Progetto (NP). Tale attività non è sempre di semplice realizzazione a causa del fatto che gli incidenti dipendono da molti fattori e i modelli di previsione degli stessi richiedono molti dati/variabili per essere applicati. Meno complesso è invece il secondo approccio che richiede di correlare i tassi di incidentalità alle variazioni di percorrenze (Δveicoli*km), suddivise per modo di trasporto (es. auto e veicoli merci) e tipologia di infrastruttura (es. autostrada, strade extraurbane, strade urbane).

Qualora si volesse implementare il secondo dei due approcci descritti è possibile utilizzare i coefficienti marginali proposti dalla Comunità Europea (Ricardo-AEA DG MOVE, 2014, Update of the Handbook on External Costs of Transport) attualizzati al 2016 e riassunti nella Tabella 76. Tali coefficienti risultano funzione, oltre che della categoria veicolare (più alti per i veicoli pesanti rispetto a quelli dei veicoli leggeri, a causa della differente frequenza di incidenti e della dannosità che provocano), anche della tipologia di strada (es. sempre per motivi di frequenza degli incidenti e danni correlati).

Incidentalità [€ a prezzi 2016]	
Morto	2.047.001
Ferito grave	263.033
Ferito lieve	20.085

Tabella 75 – Costi marginali associati agli incidenti (fonte: elab. su dati Ricardo-AEA DG MOVE, 2014 e ISTAT, 2016)

Incidentalità [€ct/vkm a prezzi 2016]		
Autostrade[42]	Autovetture	0,11
	Veicoli merci pesanti[43]	2,24
	Motocicli	0,11
Strade extraurbane	Autovetture	0,21
	Veicoli merci pesanti	1,07
	Motociclette	0,21
Strade urbane	Autovetture	0,64
	Veicoli merci pesanti	4,27
	Motocicli	1,60

Tabella 76 - Costi marginali imputabili all'incidentalità medi pesati sul parco veicolare italiano (fonte: elab. su dati Ricardo-AEA DG MOVE, 2014 e ISTAT, 2016)

B.6 I gas climalteranti

La stima degli impatti del progetto sul riscaldamento globale (gas climalteranti) risulta un'attività centrale per le analisi economiche. Le emissioni di gas serra (anidride carbonica CO_2, ossido di azoto N_2O e metano CH_4, di solito espresse tutte in unità equivalenti di CO_2) hanno effetti sul riscaldamento del pianeta. Come detto nel

---

[42] Ricardo-AEA DG MOVE (2014) definisce: Autostrade - Public road with dual carriageways and at least two lanes each way with central barrier or median present throughout the road (the minimum speed is not lower than 50 km/h and the maximum speed is not higher than 130 km/h); Strade extraurbane: road outside urban boundary signs; Strade urbane: road inside urban boundary signs.
[43] veicoli HGV secondo la definizione di Ricardo-AEA DG MOVE (2014).

Paragrafo 5.4.2, esistono prevalentemente due metodi per stimare questa esternalità:
1. moltiplicare le quantità di gas climalteranti (es. le CO_2 equivalenti) emesse (le variazioni) per un costo marginale unitario;
2. moltiplicare le variazioni di veicoli*km prodotte dal progetto per un costo marginale, imputabile al contributo al riscaldamento globale derivante da un km percorso (in più o in meno) per singola categoria veicolare.

Nel primo caso, il valore economico derivante da tale esternalità può essere stimato a partire dalla variazione assoluta (tonnellate) delle emissioni inquinanti derivanti dalla realizzazione di un intervento sul sistema dei trasporti (ΔE^k), ed il corrispondente **costo esterno totale** (**CE**) può essere stimato moltiplicando il ΔE^k (per i diversi inquinanti k) per il relativo costo esterno unitario (CE^k) tramite la relazione:

$$CE = \sum_{k} \Delta E^k \cdot CE^k \quad [\text{€}]$$

I costi marginali, essendo riferiti alla scala globale, non vanno differenziati in rapporto ai contesti in cui avvengono le emissioni (es. se in città o campagna). Essi sono invece differenziati nel tempo in ragione dei trend ipotizzati, ad esempio, per l'evoluzione del parco veicolare e sono funzione della tipologia di strada su cui circolano i veicoli (es. per i differenti regimi di velocità ed accelerazione, 1 km percorso da un veicolo su strade urbane emette più gas climalteranti rispetto a quelle emesse su di una strada extraurbana).

Qualora si volesse implementare il secondo dei due approcci descritti è possibile utilizzare i coefficienti unitari (attualizzati all'anno di riferimento) proposti dalla Comunità Europea (Ricardo-AEA DG MOVE, 2014, Update of the Handbook on External Costs of Transport), stimando un trend temporale sia della composizione del parco veicolare per tutta la durata dell'orizzonte temporale di analisi che delle percorrenze medie annue per classe EURO di emissione (il rinnovo del parco veicoli, a parità di percorrenze, produrrà in maniera naturale una riduzione delle emissioni di sostanze climalteranti).

A partire da queste considerazioni, la Tabella 77 riporta i valori di costo marginale (a partire dai dati Ricardo-AEA DG MOVE, 2014 attualizzati al 2016 secondo i valori ISTAT degli indici nazionali dei prezzi al consumo del 2016) medi pesati sia sul parco veicolare italiano[44] che sulle percorrenze medie annue per classe EURO di emissione secondo le relazioni seguenti:

Gas Climalteranti [€ct/vkm a prezzi 2016]		2016	2026	2036	2046
Circolazione su strade urbane[45]	Auto	2,42	2,37	2,36	2,36
	Veicoli merci[46]	3,51	3,28	3,21	3,17
	Bus	8,08	7,99	7,93	7,91
Circolazione su strade rurali	Auto	1,51	1,50	1,50	1,50
	Veicoli merci	2,31	2,07	2,00	1,97
	Bus	5,87	5,66	5,50	5,45
Circolazione su autostrada	Auto	1,62	1,60	1,61	1,61
	Veicoli merci	2,91	2,72	2,66	2,64
	Bus	5,34	5,12	4,96	4,91
Circolazione su strada media	Auto	1,78	1,76	1,76	1,76
	Veicoli merci	2,70	2,48	2,42	2,39
	Bus	6,47	6,33	6,23	6,20

Tabella 77 - Costi marginali dei gas climalteranti medi pesati sia sul parco veicolare italiano che sulle percorrenze medie per classe EURO di emissione (fonte: elaborazione su dati Ricardo-AEA DG MOVE, 2014; ACI, 2000-2016; ISPRA, 2015; ISTAT, 2016)

---

[44] ipotizzando che il numero totale di veicoli resti costante negli anni e cambi solo la ripartizione percentuale tra le differenti categorie e classi EURO di emissione.

[45] Ricardo-AEA DG MOVE (2014) definisce: Strade urbane - roads inside urban settlement areas (definition of urban area is country-specific (more than 50.000 inhabitants, in most cases); Autostrade – roads with separated lanes and central barrier; strade rurali - other roads outside urban settlement areas.

[46] Valori medi pesati sul parco italiano dei veicoli merci leggeri (LGV - Light commercial vehicles, with a maximum gross vehicle weight of 3,5 tonnes) e pesanti (HGV).

$$\text{€ct/vkm} = \frac{\sum_{i=EURO\_0...6} \text{€ct/vkm}^{EUROi} * vkm^{EUROi}}{\sum_{i=EURO\_0...6} vkm^{EUROi}}$$

dove:

€ct/vkm è il valore monetario (in centesimi di Euro) per ogni veicolo*km prodotto (risparmiato);

€ct/vkm^{EURO1} è il valore monetario (in centesimi di Euro) per ogni veicolo*km prodotto associato ad un veicolo della i-esima classe EURO di emissione;

vkm$^{EURO\,i}$ sono i veicoli*km percorsi dai veicoli della i-esima classe EURO di emissione, pari al prodotto della percorrenza media annua associata alla i-esima categoria per il numero di veicoli appartenenti alla i-esima classe di emissione.

Soltanto per la categoria veicolare dei BUS, non disponendo dell'andamento dei km/anno percorsi per le diverse classi EURO di emissione, è stato stimato il costo marginale associato ai gas climalteranti semplicemente come media pesata rispetto alla sola composizione del parco circolante.

Tipologia di Treno		Urbano[47]			Non Urbano		
		Costo Unitario [a prezzi 2016]		Fattore di carico	Costo Unitario [a prezzi 2016]		Fattore di carico
		€ct/pkm €ct/tkm	€ct/ treno*km	Passeggeri o Tonnellate	€ct/pkm €ct/tkm	€ct/ treno*km	Passeggeri o Tonnellate
Passeggeri	Locomotiva diesel	0,48	60,15	125	0,42	66,32	159
	Treno con vagoni-motrici[48]	0,35	42,61	120	0,37	44,90	120
Merci	Locomotiva diesel	0,28	134,95	500	0,28	134,95	500

Tabella 78 - Costi marginali dei gas climalteranti medi pesati per gli utenti e le merci delle ferrovie (fonte: elab. su dati Ricardo-AEA DG MOVE, 2014 e ISTAT, 2016)

B.7 Le emissioni inquinanti

Tra le esternalità da valutare vi sono quelle dannose per la salute umana ovvero, ad esempio, il biossido di zolfo (SO_2), gli ossidi di azoto (NO_x), il particolato (PM_{10}, $PM_{2,5}$) ed i composti organici volatili non metanici (COVNM). Anche per la stima di questi impatti esistono due metodologie distinte, ovvero:

---

[47] Ricardo-AEA DG MOVE (2014) definisce: Urban - rail network inside urban settlement areas (urban area is country-specific more than 50000 inhabitants);
[48] Ricardo-AEA DG MOVE (2014) definisce per questa categoria: meaning modern trains without an explicit locomotive unit, but where each railcar has its own engine

1. moltiplicare le quantità di ciascun inquinante emesso imputabili al progetto per un costo marginale;
2. moltiplicare le variazioni di veicoli*km prodotte dal progetto per un costo marginale.

Questi costi marginali <u>sono funzione del contesto territoriale in cui avvengono le emissioni</u> (la quantità - densità - di popolazione direttamente esposta a queste sostanze: il danno sarà maggiore dove la densità è più alta e inferiore nelle aree non edificate), nonché i diversi modi/veicoli di trasporto che le emettono (es. un veicolo EURO 0 emette più polveri sottili di un analogo veicolo EURO 6). Questi vanno inoltre differenziati nel tempo in ragione dei trend ipotizzati, ad esempio, secondo l'evoluzione del parco veicolare stimata.

Qualora si volesse implementare il primo dei due approcci, è possibile far riferimento ai coefficienti riportati nella tabella seguente.

CE^k [€/tonellata di sostanza emessa]	Sostanza emessa					
	NO_X	NMVCC	SO_2	PM2,5		
	Tutte le aree			Area urbana	Area Sub-urbana	Area rurale
Italia	10824	1242	9875	197361	50121	24562

Tabella 79 – **Alcuni esempi di valore monetario di una tonnellata di sostanza emessa** (fonte: Ricardo-AEA DG MOVE, 2014)

Per contro, implementando il secondo dei due approcci descritti è possibile utilizzare i coefficienti marginali proposti dalla Comunità Europea (Ricardo-AEA DG MOVE, 2014, Update of the Handbook on External Costs of Transport), ipotizzando un trend basato sulla stima della composizione del parco veicolare per tutta la durata dell'orizzonte temporale di analisi.

Anche in questo caso, così come stimato per i gas climalteranti, la Tabella 80 riporta i valori di costo marginale (fonte: Ricardo-AEA DG MOVE, 2014 ed attualizzati al 2016 secondo i valori ISTAT degli indici nazionali dei prezzi al consumo del 2016) medi pesati sia sul parco veicolare italiano (si veda il paragrafo 3.1.3.1) che sulle percorrenze medie annue per classe EURO di emissione (si veda il paragrafo 3.1.3.2).

Emissioni Inquinanti [€ct/vkm a prezzi 2016]		2016	2021	2026	2031	2036	2041	2046	2051
Area urbana[49]	Auto	1,16	0,84	0,69	0,59	0,57	0,56	0,56	0,56
	Veicoli merci[50]	5,25	3,36	2,83	2,48	2,25	2,03	1,95	1,88
	Bus	19,58	16,51	13,08	10,07	7,26	5,45	4,24	2,26
Area suburbana	Auto	0,62	0,44	0,34	0,28	0,26	0,25	0,25	0,25
	Veicoli merci	2,82	1,73	1,43	1,22	1,08	0,94	0,88	0,83
	Bus	13,06	11,10	8,98	7,04	5,19	3,77	2,76	1,05
Area rurale	Auto	0,39	0,27	0,21	0,17	0,16	0,15	0,15	0,15
	Veicoli merci	1,82	1,04	0,82	0,68	0,57	0,47	0,43	0,39
	Bus	9,00	7,55	6,00	4,59	3,28	2,27	1,61	0,51
Autostrada	Auto	0,41	0,28	0,21	0,17	0,16	0,15	0,15	0,15
	Veicoli merci	1,66	0,92	0,71	0,57	0,47	0,37	0,33	0,30
	Bus	7,45	6,18	4,82	3,59	2,49	1,67	1,18	0,38

Tabella 80 - Costi marginali delle emissioni inquinanti medi pesati sia sul parco veicolare italiano che sulle percorrenze medie per classe EURO di emissione (fonte: elab. su dati Ricardo-AEA DG MOVE, 2014; ACI, 2000-2016; ISPRA, 2015; ISTAT, 2016)

---

[49] Ricardo-AEA DG MOVE (2014) definisce: Area urbana - population density of 1.500 inhabitants/kmq; Area suburban - population density of 300 inhabitants/kmq; Area rurale e Autostrada - population density below 150 inhabitants/kmq.

[50] valori medi pesati sul parco italiano dei veicoli merci leggeri (LGV - Light commercial vehicles, with a maximum gross vehicle weight of 3,5 tonnes) e pesanti (HGV).

Processi decisionali e Pianificazione dei trasporti

Tipologia di treno			Urbano[51]			Suburbano			Rurale		
			Costo Unitario [a prezzi 2016]	Fattore di carico		Costo Unitario [a prezzi 2016]	Fattore di carico		Costo Unitario [a prezzi 2016]	Fattore di carico	
			(a)	(b)	(c)	(a)	(b)	(c)	(a)	(b)	(c)
Diesel	Passeggeri	Locomotori	2,99	372,54	125	1,50	186,11	125	0,96	159,94	159
		Treno con vagoni-motrici	2,67	314,42	120	1,18	144,98	120	0,96	114,10	120
	Merci	Locomotori							0,64	333,87	500
Elettrico	Passeggeri	Locomotori	0,86	173,18	195	0,21	45,09	195	0,10	18,06	195
		Elettromotrici radizionali	1,50	173,18	120	0,43	45,09	120	0,15	18,06	120
		Elettromotrici AV							0,19	30,02	154
	Merci	Locomotori							0,09	45,09	500

(a) centesimi di Euro per passeggero/km (centesimi di Euro per tonnellata/km)
(b) centesimi di Euro per treno/km
(c) passeggeri (tonnellate)
Tabella 81 - Costi marginali delle emissioni inquinanti medi pesati per gli utenti delle ferrovie (fonte: elab. su dati Ricardo-AEA DG MOVE, 2014 e ISTAT, 2016)

---

[51] Ricardo-AEA DG MOVE (2014) definisce: Urbano – population density of 1.500 inhabitants/kmq; Suburbano - population density of 300 inhabitants/kmq; Rurale - population density below 150 inhabitants/kmq. For suburban areas, the same unit emission factors as for urban areas are assumed.

B.8 Le emissioni sonore

Le emissioni sonore determinano costi sociali e hanno impatti sulla qualità della vita delle popolazioni coinvolte (danneggiando la salute fisica e psicologica). L'impatto del rumore relativo alle attività di trasporto dipende dal luogo e dalla durata delle emissioni, dal tipo di veicolo e dalle sue caratteristiche tecniche. I costi sociali dovuti al rumore sono normalmente dettagliati rispetto <u>al periodo del giorno</u> (diurno o notturno), <u>alla densità di traffico</u> ed <u>al luogo di emissione</u> (urbano, suburbano o rurale, in funzione della densità e del numero di persone esposte). Anche per questi impatti possono essere implementate le due metodologie di stima precedentemente descritte. Qualora si volesse implementare il secondo dei due approcci descritti è possibile utilizzare i coefficienti marginali proposti dalla Comunità Europea (Ricardo-AEA DG MOVE, 2014, Update of the Handbook on External Costs of Transport) e riportati nella Tabella 82 e Tabella 83.

Tipologia di veicolo	Periodo del giorno	Tipologia di traffico	Area urbana[52]	Area suburbana	Area rurale
Autovetture	Giorno	congestionato	9,40	0,53	0,11
		libero	22,86	1,50	0,21
	Notte	congestionato	17,20	0,96	0,11
		libero	41,56	2,67	0,43
Motocicli	Giorno	congestionato	18,91	1,18	0,11
		libero	45,62	2,88	0,43
	Notte	congestionato	34,29	2,03	0,21
		libero	83,23	5,45	0,64

Tabella 82 - Costi marginali (€ per 1000 veicoli*km a prezzi 2016) delle emissioni sonore (fonte: elaborazione Ricardo-AEA DG MOVE, 2014 e ISTAT, 2016)

---

[52] Ricardo-AEA DG MOVE (2014) definisce: Area urbana - population density of 3.000 inhabitants per km of road length; Area suburban - population density of 700 inhabitants per km of road length; Area rurale - population density of 500 inhabitants per km of road length. Area and traffic density types are defined by specific assumptions on traffic volume, share of freight transport, distance to road or track, population density, etc.

Tipologia di veicolo	Periodo del giorno	Tipologia di traffico	Area urbana[53]	Area suburbana	Area rurale
Veicoli merci[54]	Giorno	congestionato	53,33	2,92	0,48
		libero	129,63	8,27	0,97
	Notte	congestionato	97,33	5,46	0,85
		libero	235,96	15,35	1,79
Bus	Giorno	congestionato	47,01	2,56	0,43
		libero	114,32	7,26	0,85
	Notte	congestionato	85,79	4,81	0,75
		libero	208,01	13,57	1,60
Treno passeggeri	Giorno	congestionato	292,09	12,93	16,03
		libero	577,13	25,43	31,73
	Notte		963,24	42,52	52,99
Treno merci	Giorno	congestionato	517,95	25,53	31,94
		libero	0,12	49,47	61,75
	Notte		0,21	83,65	104,38

Tabella 83 - **Costi marginali (€ per 1000 veicoli*km a prezzi 2016) delle emissioni sonore (fonte: elaborazione Ricardo-AEA DG MOVE, 2014 e ISTAT, 2016)**

B.9 Gli impatti negli altri settori (processi di up-and downstream)

Gli effetti indiretti dovuti alla produzione di energia, alla costruzione dei veicoli e alle infrastrutture di trasporto causano esternalità (costi o benefici) esterni aggiuntivi rispetto a quelli precedentemente descritti. Tali costi si verificano in altri settori (mercati) differenti da quello dei trasporti (ad esempio nel mercato dell'energia). I processi più rilevanti che andrebbero tenuti in conto sono:

- **produzione di energia (pre-combustione: *well-to-tank emissions*)**: la produzione di tutti i tipi di energia provoca impatti ambientali supplementari dovuti all'estrazione, al

---

[53] Ricardo-AEA DG MOVE (2014) definisce: Area urbana - population density of 3.000 inhabitants per km of road length; Area suburban - population density of 700 inhabitants per km of road length; Area rurale - population density of 500 inhabitants per km of road length. Area and traffic density types are defined by specific assumptions on traffic volume, share of freight transport, distance to road or track, population density, etc.

[54] valori medi pesati sul parco italiano dei veicoli merci leggeri (LGV) e pesanti (HGV).

trasporto e alla produzione. Questi effetti dipendono direttamente dalla quantità dell'energia utilizzata (es. l'origine della produzione di energia elettrica per la trazione ferroviaria: rinnovabili vs non rinnovabili);
- **costruzione di infrastrutture, manutenzione e smaltimento**: la costruzione, la manutenzione e lo smaltimento di elementi infrastrutturali provoca effetti ambientali (emissioni di sostanze inquinanti e gas ad effetto serra);
- **produzione di veicoli, manutenzione e smaltimento**: la produzione, la manutenzione e lo smaltimento dei veicoli e del materiale rotabile provoca effetti ambientali (emissioni di sostanze inquinanti e gas ad effetto serra).

Anche in questo caso, così come stimato per i gas climalteranti e per le emissioni inquinanti, la Tabella 84 riporta i valori di costo marginale (fonte: Ricardo-AEA DG MOVE, 2014 ed attualizzati al 2016 secondo i valori ISTAT degli indici nazionali dei prezzi al consumo del 2016) medi pesati sia sul parco veicolare italiano (si veda il paragrafo 3.1.3.1) che sulle percorrenze medie annue per classe EURO di emissione (si veda il paragrafo 3.1.3.2). Soltanto per la categoria dei BUS, non avendo a disposizione l'andamento dei km percorsi per le diverse classi EURO di emissione, il costo marginale riportato in tabella è il risultato della media pesata rispetto alla sola composizione del parco circolante.

È bene osservare che per questo impatto, la differenziazione per tipologia di strada riflette solo le differenze nei regimi di velocità (consumi) e non di densità della popolazione interessata, poiché si ritiene che questi impatti siano sempre generati in aree a bassa densità abitativa dove usualmente sono localizzate raffinerie, centrali e condotti petroliferi.

Gli impatti in altri settori [€ct/vkm a prezzi 2016]		2016	2026	2036	2046
Circolazione su strade urbane[55]	Auto	1,12	1,09	1,08	1,08
	Veicoli merci[56]	1,52	1,42	1,39	1,37
	Bus	3,49	3,45	3,43	3,42
Circolazione su strade rurali	Auto	0,70	0,69	0,68	0,68
	Veicoli merci	1,03	0,98	0,97	0,97
	Bus	2,53	2,44	2,37	2,37
Circolazione su autostrada	Auto	0,79	0,78	0,78	0,78
	Veicoli merci	1,31	1,29	1,29	1,29
	Bus	2,31	2,22	2,16	2,14
Circolazione su strada media	Auto	0,80	0,79	0,79	0,79
	Veicoli merci	1,18	1,15	1,15	1,15
	Bus	2,82	2,74	2,69	2,67

Tabella 84 – Costi marginali dovuti agli impatti in altri settori (processi di up- and downstream) medi pesati sia sul parco veicolare italiano che sulle percorrenze medie per classe EURO di emissione (fonte: elab. su dati Ricardo-AEA DG MOVE, 2014; ACI, 2000-2016; ISPRA, 2015; ISTAT, 2016)

	Tipologia di Treno		Costo Unitario [a prezzi 2016] €ct/pkm o €ct/tkm
Diesel	Passeggeri	Locomotiva	1,69
		Vagone Ferroviario (unità multiple)	1,18
	Merci	Locomotiva	3,41
Elettrico	Passeggeri	Locomotiva	0,99
		Vagone Ferroviario (unità multiple)	0,79
		Alta Velocità	1,39
	Merci	Locomotiva	1,93

Tabella 85 - Costi marginali dovuti agli impatti in altri settori (processi di up- and downstream) riferiti agli utenti (passeggeri e merci) delle ferrovie (fonte: elab. su dati Ricardo-AEA DG MOVE, 2014 e ISTAT, 2016).

---

[55] Ricardo-AEA DG MOVE (2014) definisce: Strade urbane - roads inside urban settlement areas (definition of urban area is country-specific (more than 50.000 inhabitants, in most cases); Autostrade - non-urban motorways with separated lanes and central barrier; Strade rurali - other roads outside urban settlement areas.

[56] Valori medi pesati sul parco italiano dei veicoli merci leggeri (LGV) e pesanti (HGV).

7.3.3 Gli indicatori di redditività economico-sociale

Una volta definiti e quantificati gli effetti rilevanti per l'analisi in termini monetari, i diversi progetti alternativi vanno confrontati utilizzando gli indicatori di redditività economico-sociale descritti in precedenza. Di seguito si riportano, a titolo di esempio, i valori stimati nel caso di una nuova infrastruttura autostradale per la quale si vogliano valutare 3 ipotesi di tracciato. Come si può osservare l'ipotesi di tracciato A è quella economicamente più conveniente per quasi tutti gli indicatori sintetici.

È giusto il caso di notare che <u>i risultati di un'analisi economica possono portare ad una scelta diversa da quella della corrispondente analisi finanziaria</u>. Infatti, con riferimento all'esempio numerico riportato, come si può desumere dalla Tabella 86, il tracciato autostradale B è risultato quello più redditizio per un operatore privato (analisi finanziaria), mentre quello A è quello più socialmente utile da implementare (analisi economica).

Indicatore	Tracciato A	Tracciato B	Tracciato C
VAN [Mln €]	1.207	550	428
SRI	12,5%	6,3%	8,4%
B/C	3,5	1,5	1,3
PAYBACK [anni]	13	21	11

Tabella 86 - ESEMPIO NUMERICO: gli indicatori sintetici di valutazione economica

Processi decisionali e Pianificazione dei trasporti

			mEUR	periodo analisi 30 anni	
				TOTALI A PREZZI 2016 (r=3%)	TOTALE A PREZZI COSTANTI
COSTI		C1. Costi investimento (progettaz. e costruz.)	mEUR	-499,5	-573,8
		C2. Costi gestione e manut. ord. e straord.	mEUR	-10,1	-19,1
		C3. Valore residuo investimento	mEUR	17,3	42,1
		TOTALE COSTI (C1+C2+C3)	**mEUR**	**-492,3**	**-550,8**
BENEFICI	UTENTI	B1. Benefici percepiti (valore tempo)	mEUR	1.457,0	2.781,8
		B2. Benefici percepiti (carburante)	mEUR	95,4	177,1
		B3. Benefici non percepiti	mEUR	30,3	55,6
	NON UTENTI	B4. Risparmio di congestione	mEUR	17,1	32,3
		B5. Riduzione incidentalità	mEUR	11,9	21,8
		B6. Riduzione gas climalteranti	mEUR	26,0	47,9
		B7. Riduzione emissioni inquinanti	mEUR	15,1	27,7
		B8. Riduzione emissioni sonore	mEUR	34,8	64,8
		B9. Effetti up and downstream	mEUR	11,7	21,6
		TOTALE BENEFICI (B1+B2+B3+B4+B5+B6+B7+B8+B9)	**mEUR**	**1.699,2**	**3.230,7**
		BENEFICI - COSTI	**mEUR**	**1.206,9**	**2.679,9**

VAN [mEUR]	1.206,9
SRI	12,5%
RAPPORTO B/C	3,5
PAYBACK PERIOD [anni]	13

2018	2019	2020	2021	2022	2023	2026	2027	2028	2029	2030	2031	2032	2050	2051
1	2	3	4	5	6	9	10	11	12	13	14	15	33	34
Costruzione (a prezzi costanti)				Gestione e Manutenzione (a prezzi costanti)										
-57,4	-172,1	-229,5	-114,8											
-0,2	-0,2	-0,2	-0,2	-0,2	-0,2	-0,3	-0,4	-0,5	-0,5	-0,6	-0,7	-0,7	-0,7	-0,7
														42,1
-57,6	-172,4	-229,7	-115,0	-0,2	-0,2	-0,3	-0,4	-0,5	-0,5	-0,6	-0,7	-0,7	-0,7	41,3
-21,7	-21,8	-21,9	-22,0	42,9	86,1	87,8	89,1	90,4	91,7	93,0	94,3	95,6	103,7	104,0
-0,7	-0,7	-0,7	-0,7	3,1	6,2	6,2	6,2	6,2	6,2	6,1	6,1	6,1	6,1	6,1
-0,3	-0,3	-0,3	-0,3	1,1	2,2	2,2	2,1	2,1	2,1	2,0	2,0	1,9	1,8	1,8
-0,1	-0,1	-0,1	-0,1	0,5	0,9	1,0	1,0	1,0	1,0	1,1	1,1	1,1	1,2	1,2
-0,1	-0,1	-0,1	-0,1	0,5	0,9	0,9	0,9	0,9	0,9	0,8	0,8	0,8	0,7	0,7
-0,2	-0,2	-0,2	-0,2	0,9	1,8	1,8	1,8	1,7	1,7	1,7	1,7	1,7	1,6	1,6
-0,1	-0,1	-0,1	-0,1	0,6	1,1	1,0	1,0	1,0	1,0	1,0	1,0	1,0	0,9	0,9
-0,2	-0,2	-0,2	-0,2	1,1	2,2	2,2	2,2	2,2	2,2	2,2	2,2	2,2	2,2	2,2
-0,1	-0,1	-0,1	-0,1	0,4	0,8	0,8	0,8	0,8	0,8	0,8	0,8	0,7	0,7	0,7
-23,7	-23,8	-23,9	-24,0	51,0	102,3	103,9	105,1	106,3	107,5	108,7	110,0	111,2	119,0	119,2
-81,3	-196,1	-253,6	-139,0	50,8	102,1	103,6	104,7	105,8	107,0	108,1	109,3	110,5	118,2	160,6

Tabella 87 - ESEMPIO NUMERICO: I risultati dell'ABC per il tracciato A

Armando Cartenì

				periodo analisi 30 anni	
				TOTALI A PREZZI 2016 (r=3%)	TOTALE A PREZZI COSTANTI
COSTI		C1. Costi investimento (progettaz. e costruz.)	mEUR	-1.032,9	-1.236,3
		C2. Costi gestione e manut. ord. e straord.	mEUR	-176,5	-322,7
		C3. Valore residuo investimento	mEUR	41,6	100,9
		TOTALE COSTI (C1+C2+C3)	**mEUR**	**-1.167,8**	**-1.458,1**
BENEFICI	UTENTI	B1. Benefici percepiti (valore tempo)	mEUR	2.037,2	3.843,8
		B2. Benefici percepiti (carburante)	mEUR	-88,2	-175,4
		B3. Benefici non percepiti	mEUR	-114,8	-224,0
	NON UTENTI	B4. Risparmio di congestione	mEUR	20,0	36,5
		B5. Riduzione incidentalità	mEUR	-16,9	-33,3
		B6. Riduzione gas climalteranti	mEUR	-50,5	-98,5
		B7. Riduzione emissioni inquinanti	mEUR	-11,4	-22,2
		B8. Riduzione emissioni sonore	mEUR	-33,8	-68,9
		B9. Effetti up and downstream	mEUR	-24,0	-46,8
		TOTALE BENEFICI (B1+B2+B3+B4+B5+B6+B7+B8+B9)	**mEUR**	**1.717,7**	**3.211,4**
		BENEFICI - COSTI	**mEUR**	**549,9**	**1.753,4**

VAN [mEUR]	549,9
SRI	6,3%
RAPPORTO B/C	1,5
PAYBACK PERIOD [anni]	21

2018	2019	2020	2021	2022	2024	2025	2027	2028	2029	2030	2031	2032	2033	2051
1	2	3	4	5	7	8	10	11	12	13	14	15	16	34
	Costruzione (a prezzi costanti)						Gestione e Manutenzione (a prezzi costanti)							
	-123,6	-247,3	-370,9	-370,9										
0,0	-6,8	-6,9	-7,1	-7,1	-7,3	-7,5	-7,7	-7,9	-8,0	-8,8	-9,2	-9,6	-9,9	-11,5
														100,9
0,0	-130,4	-254,1	-377,9	-378,0	-7,3	-7,5	-7,7	-7,9	-8,0	-8,8	-9,2	-9,6	-9,9	89,5
0,0	0,0	0,0	0,0	0,0	142,3	142,6	140,8	139,9	139,0	138,1	137,1	136,2	135,3	139,2
0,0	0,0	0,0	0,0	0,0	-3,0	-3,0	-3,9	-4,3	-4,7	-5,1	-5,6	-6,0	-6,4	-7,2
0,0	0,0	0,0	0,0	0,0	-5,4	-5,4	-6,0	-6,4	-6,7	-7,1	-7,4	-7,8	-8,1	-8,8
0,0	0,0	0,0	0,0	0,0	1,8	1,8	1,7	1,7	1,6	1,5	1,5	1,4	1,3	1,2
0,0	0,0	0,0	0,0	0,0	-0,8	-0,8	-0,9	-1,0	-1,1	-1,1	-1,2	-1,2	-1,3	-1,4
0,0	0,0	0,0	0,0	0,0	-2,3	-2,3	-2,6	-2,8	-3,0	-3,1	-3,3	-3,4	-3,6	-3,9
0,0	0,0	0,0	0,0	0,0	-0,5	-0,5	-0,6	-0,6	-0,7	-0,7	-0,8	-0,8	-0,9	-0,8
0,0	0,0	0,0	0,0	0,0	-0,5	-0,5	-1,0	-1,3	-1,5	-1,8	-2,0	-2,3	-2,5	-3,0
0,0	0,0	0,0	0,0	0,0	-1,1	-1,1	-1,3	-1,3	-1,4	-1,5	-1,6	-1,6	-1,7	-1,8
0,0	0,0	0,0	0,0	0,0	130,3	130,8	126,1	123,8	121,5	119,1	116,8	114,5	112,1	113,5
0,0	-130,4	-254,1	-377,9	-378,0	123,0	123,3	118,4	115,9	113,5	110,4	107,6	104,9	102,2	202,9

Tabella 88 - ESEMPIO NUMERICO: I risultati dell'ABC per il tracciato B

Processi decisionali e Pianificazione dei trasporti

				periodo analisi 30 anni	
				TOTALI A PREZZI 2016 (r=3%)	TOTALE A PREZZI COSTANTI
COSTI		C1. Costi investimento (progettaz. e costruz.)	mEUR	-1.136,7	-1.401,3
		C2. Costi gestione e manut. ord. e straord.	mEUR	-210,6	-390,0
		C3. Valore residuo investimento	mEUR	48,5	117,8
		TOTALE COSTI (C1+C2+C3)	**mEUR**	**-1.298,8**	**-1.673,5**
BENEFICI	UTENTI	B1. Benefici percepiti (valore tempo)	mEUR	1.532,3	2.320,6
		B2. Benefici percepiti (carburante)	mEUR	86,0	132,7
		B3. Benefici non percepiti	mEUR	31,3	49,3
	NON UTENTI	B4. Risparmio di congestione	mEUR	16,7	25,1
		B5. Riduzione incidentalità	mEUR	8,5	13,1
		B6. Riduzione gas climalteranti	mEUR	22,6	35,1
		B7. Riduzione emissioni inquinanti	mEUR	9,0	14,1
		B8. Riduzione emissioni sonore	mEUR	10,0	16,9
		B9. Effetti up and downstream	mEUR	10,4	16,1
		TOTALE BENEFICI (B1+B2+B3+B4+B5+B6+B7+B8+B9)	**mEUR**	**1.726,7**	**2.623,0**
		BENEFICI - COSTI	**mEUR**	**428,0**	**949,5**

VAN [mEUR]	428,0
SRI	8,4%
RAPPORTO B/C	1,3
PAYBACK PERIOD [anni]	11

2018	2019	2020	2021	2025	2026	2028	2029	2030	2031	2032	2033	2034	2050	2051
1	2	3	4	8	9	11	12	13	14	15	16	17	33	34
		Costruzione				Gestione e Manutenzione (a prezzi costanti								
		-140,1	-280,3											
0,0	0,0	-8,6	-8,8	-9,3	-9,4	-9,7	-9,9	-10,9	-11,3	-11,8	-12,3	-12,8	-14,1	-14,1
														117,8
0,0	0,0	-148,7	-289,0	-9,3	-9,4	-9,7	-9,9	-10,9	-11,3	-11,8	-12,3	-12,8	-14,1	103,7
0,0	0,0	0,0	0,0	373,5	338,2	267,0	231,0	194,9	158,6	122,1	85,4	48,5	11,9	11,9
0,0	0,0	0,0	0,0	16,9	15,7	13,5	12,4	11,2	10,1	9,0	7,9	6,8	0,6	0,6
0,0	0,0	0,0	0,0	5,2	5,0	4,5	4,3	4,1	3,8	3,6	3,4	3,1	0,3	0,3
0,0	0,0	0,0	0,0	3,8	3,5	2,9	2,6	2,3	2,0	1,7	1,4	0,3	0,1	0,1
0,0	0,0	0,0	0,0	1,7	1,6	1,4	1,3	1,2	1,1	1,0	0,9	0,1	0,1	0,1
0,0	0,0	0,0	0,0	4,1	3,9	3,4	3,2	2,9	2,7	2,5	2,2	2,0	0,2	0,2
0,0	0,0	0,0	0,0	1,6	1,5	1,3	1,3	1,2	1,1	1,0	0,9	0,8	0,1	0,1
0,0	0,0	0,0	0,0	0,7	0,8	1,0	1,2	1,3	1,4	1,5	1,6	1,7	0,2	0,2
0,0	0,0	0,0	0,0	1,9	1,8	1,6	1,5	1,3	1,2	1,1	1,0	0,9	0,1	0,1
0,0	0,0	0,0	0,0	409,4	372,0	296,6	258,7	220,5	182,1	143,5	104,8	64,2	13,4	13,4
0,0	0,0	-148,7	-289,0	400,1	362,6	286,9	248,8	209,6	170,8	131,7	92,5	51,4	-0,7	117,1

Tabella 89 - ESEMPIO NUMERICO: I risultati dell'ABC per il tracciato C

7.3.4 I limiti dell'analisi costi-benefici

Se da un lato l'analisi costi-benefici presenta il vantaggio di essere di semplice applicazione pratica e produce risultati quasi sempre conclusivi (è possibile prendere una decisione), dall'altro esistono diverse critiche mosse a questa tipologia di analisi di valutazione e confronto che è possibile sinteticamente riassumere (in maniera non esaustiva) in:

- <u>non sommabilità</u> (impatto sull'equità) <u>degli effetti</u> per i soggetti o gruppi di soggetti, interessati in modo diverso dal progetto (*effetto compensatorio*). Ciò significa che il criterio secondo cui è possibile scegliere di implementare un progetto solo perché ha un VAN (e/o altri indicatori) maggiore di quello relativo alle altre alternative progettuali non è detto che porti sempre ad una scelta equa, nel senso che potrebbe verificarsi che il progetto con VAN maggiore produca impatti negativi (es. aumento dell'inquinamento) per una parte (minoritaria) della popolazione, a fronte di altri maggiori benefici (positivi) per la restante parte dei soggetti coinvolti dal progetto (es. riduzione dell'inquinamento). Per contro, si potrebbe scartare una soluzione progettuale perché ha un VAN minore anche qualora producesse benefici positivi (ma complessivamente minori) per tutta la collettività;
- <u>l'analisi è limitata ai soli effetti (impatti) monetari o monetizzabili</u>. Non tutti gli impatti imputabili ad un progetto di trasporto sono sempre monetizzabili (es. la bellezza architettonica, il comfort di viaggio); inoltre non è sempre semplice (ed oggettivo) valutare il costo sociale unitario per gli impatti non monetari (es. quanto vale un morto sulla strada? Per la famiglia che ha subito la perdita il costo è infinito, per la collettività è quantificato in circa 1,7 milioni di euro).

Per superare in parte questi limiti, spesso viene implementata ad integrazione anche un'analisi Multi-Criteri di cui si riporta una sintesi nel paragrafo seguente.

7.4 L'analisi Multicriteri[57]

Come detto in precedenza, gli interventi sul sistema di trasporto spesso producono impatti in differenti ambiti oltre a quello dei trasporti, da quello economico e sociale sino a quello paesaggistico ed ambientale. La pluralità di obiettivi che vengono fissati con riferimento ai diversi ambiti di interesse sono molto spesso numerosi e talvolta anche confliggenti. Si pensi ad esempio all'obiettivo di massimizzare il surplus degli utenti (o minimizzare il costo generalizzato del trasporto) che può facilmente essere in conflitto con la riduzione dell'inquinamento dell'aria o con quello della minimizzare degli investimenti. Per tale motivo spesso non è possibile individuare un progetto che contemporaneamente permetta di perseguire tutti gli obiettivi individuati. In aggiunta a questa considerazione, come detto, le analisi costi-benefici soffrono del limite della non sommabilità degli effetti, che è tanto più rilevante quanto maggiori sono gli ambiti di impatto degli interveti progettati. Per ovviare a tali problematiche spesso vengono affiancate all'analisi costi-benefici anche tecniche di valutazione multicriteriali che mirano ad individuare, non tanto la soluzione ottima, quanto la soluzione di "miglior compromesso" (in linea con i modelli decisionali a razionalità limitata) tra tutti gli obiettivi definiti dal decisone (e condivisi con gli stakeholder). Ciò significa individuare la soluzione progettuale i cui impatti siano quanto più vicino possibile al loro valore ottimale, e per la quale tutti i soggetti coinvolti nel processo decisionale ritengono di aver ottenuto il maggior guadagno possibile (quello più soddisfacente).

In questo contesto, l'Analisi Multi-Criteri (AMC) stabilisce le preferenze tra più alternative progettuali sulla base di come ciascuna di esse impatta sull'insieme di obiettivi che il decisore ha identificato e, per i quali, ha stabilito dei criteri di valutazione e

---

[57] La trattazione esaustiva dell'analisi multi-criteri esula dagli obiettivi del testo e si rimanda per approfondimenti alla letteratura di settore.

confronto. A differenza dall'Analisi Benefici-Costi (ABC), l'Analisi Multi-Criteri non richiede che tutti gli impatti di un intervento siano espressi in termini monetari (superando così anche il secondo limite della analisi ABC), bensì permette di misurare ciascun impatto del progetto utilizzando la scala (non per forza numerica) e l'unità di misura più appropriata. Ad esempio, l'impatto sul costo generalizzato del trasporto derivante dalla realizzazione di un'infrastruttura stradale può essere misurato in termini di ore/anno risparmiate, l'impatto sull'inquinamento atmosferico può essere quantificato con le tonnellate di CO_2 risparmiate, l'impatto sul paesaggio può essere valutato in termini di migliore, indifferente o peggiore inserimento che produce.

L'Analisi Multi-Criteri può essere redatta attraverso sette fasi distinte:
1. **definizione del contesto decisionale**, tramite la definizione di:
   a. obiettivi;
   b. alternative;
   c. criteri ed eventuali sotto-criteri;
2. **individuazione della matrice di valutazione**;
3. effettuazione di un'**analisi di dominanza** tra le alternative individuate;
4. **normalizzazione della matrice di valutazione**, per confrontare criteri con misure differenti;
5. **assegnazione dei "pesi"** a ciascun criterio, per definire la loro importanza relativa;
6. **ordinamento delle alternative** progettuali, per scegliere quella "più soddisfacente";
7. **analisi di sensitività** per valutare la "robustezza" della scelta presa.

7.3.5 Il contesto decisionale: obiettivi, alternative e criteri di valutazione

Al fine di effettuare una corretta selezione delle alternative progettuali messe a confronto, è necessario definire in maniera chiara quali sono gli obiettivi che si intende perseguire. Tali obiettivi dovrebbero essere specifici, misurabili, condivisi e realistici e, come visto, andrebbero definiti e condivisi tramite un Public Engagement. Definiti gli obiettivi, occorre individuare le alternative da confrontare. Anche queste dovrebbero essere il risultato di un processo razionale di individuazione, la cui lista finale è di fatto uno dei risultati del Public Engagement.

Il passo successivo è quello di "tradurre" gli obiettivi in criteri di valutazione e attributi (indicatori) di prestazione con cui misurare le performance delle alternative progettuali. I criteri rappresentano la misura delle prestazioni in base alle quali le alternative saranno giudicate e più precisamente:

- **criteri**: sono indicatori delle prestazioni delle varie alternative rispetto agli obiettivi, misurabili in modo quantitativo o qualitativo; possono essere previsti anche dei **sotto-criteri** e, in tal caso, sono questi lo strumento con cui le alternative vengono confrontate tra loro;
- **attributi**: misura (valore) di prestazione di una alternativa rispetto ad un obiettivo. Gli attributi possono essere quantitativi (es. numero di incidenti) o qualitativi (es. il grado di inserimento paesaggistico in termini di alto, basso, medio impatto).

Non esiste una regola precisa da seguire per scegliere criteri ed attributi ed occorre valutare caso per caso quali inserire nell'analisi. È buona prassi però rispettare un equilibrio tra obiettivi e criteri: un numero squilibrato di criteri (es. più criteri per un obiettivo) equivale implicitamente a creare uno squilibrio tra obiettivi (si ottengono obiettivi che peseranno di più o di meno, di fatto falsando il risultato della valutazione). Per chiarire la differenza tra criteri ed attributi si consideri, ad esempio, un intervento per il quale sia stato fissato come obiettivo quello di ridurre l'incidentalità; in questo caso, un criterio di valutazione potrebbe essere il numero di incidenti che si misura su ciascuna tratta stradale, mentre l'attributo (indicatore) da valutare sarebbe la performance (l'impatto) sul criterio individuato (es. l'alternativa A ha un attributo di 40 incidenti, l'alternativa B ha un attributo di 60 incidenti, 40 e 60 sono gli attributi che misurano la performance dei due progetti).

A titolo di esempio, si riporta di seguito (Tabella 90) un elenco di obiettivi e criteri individuati come possibile misura del grado di raggiungimento degli obiettivi corrispondenti.

OBIETTIVI	CRITERI
efficacia	variazione di accessibilità
efficienza	variazione dei costi di investimento e dei costi di esercizio
qualità	variazione del surplus
migliorare la salute dei cittadini	variazione del numero di morti, feriti per incidenti stradali, variazione di PM10, variazione del livello di rumore, ecc.
migliorare l'impatto ambientale	variazione di CO_2, variazione intrusione visiva, ecc.
ridurre le disuguaglianze	variazione della dispersione dei costi generalizzati del trasporto nella popolazione (es. deviazione standard)
promuovere lo sviluppo del territorio	variazione del livello di servizio per zone obiettivo (es. periferie), variazione della densità delle residenze o attività economiche per zone obiettivo
promuovere lo sviluppo economico	variazione del PIL, variazione del valore aggiunto, aumento degli occupati, aumento della competitività delle imprese
ampliare il consenso	numero di famiglie da delocalizzare, superficie di terreni da espropriare, grado di accettazione

Tabella 90 – Esempio di criteri utili per perseguire obiettivi prefissati

7.3.6 La matrice di valutazione

La matrice di valutazione o di impatto è quella matrice composta da tante colonne quante sono le alternative progettuali J da confrontare e tante righe quanti sono i criteri M e sotto criteri N individuati (si veda la Tabella 91). Il generico elemento della matrice rappresenta l'attributo (indicatore) x_{mj} scelto per misurare il criterio m-esimo riferito al progetto j-esimo.

Obiettivi	Criteri	Alternative progettuali da confrontare						Pesi
		1	2	...	j	...	J	
1	1	x_{11}	x_{12}	....	x_{1j}	....	x_{1J}	w_1
2	2	x_{21}	x_{22}	....	x_{2j}	....	x_{2J}	w_2
....	....	....	....	....	....	....	....	....
i	m	x_{m1}	x_{m1}	....	x_{mj}	....	x_{mJ}	w_m
....	....	....	....	....	....	....	....	....
....	....	....	....	....	....	....	....	....
N	M	x_{M1}	x_{M1}	....	x_{Mj}	....	x_{MJ}	w_M

Tabella 91 – Un esempio di matrice di valutazione di J progetti alternativi rispetto ad M criteri individuati per perseguire gli obiettivi N.

Al fine di meglio comprendere le nozioni teoriche introdotte in questo paragrafo, si consideri un esempio numerico nel quale si voglia valutare un insieme di investimenti alternativi per la realizzazione di un nuovo svincolo autostradale. In genere, per la stima della matrice di valutazione occorre preventivamente definire uno scenario di Non Progetto (NP) rispetto al quale si calcolano le variazioni degli attributi di ciascuna alternativa con riferimento a tutti i criteri individuati (si veda l'esempio nella Tabella 92). Come si può osservare in tabella, alcuni attributi possono essere qualitativi (es. qualità architettonica - indicati come fuzzy) e per essi è stata utilizzata per semplicità la seguente scala qualitativa a tre livelli di rappresentazione: 0 per nullo; 1 per basso; 2 per medio e 3 per alto.

	ALTERNATIVE					
CRITERI	A1	A2	A3	A4	A5	A6
Variaz. costi di investimento (Euro*1000)	-500	-1500	-2200	-1000	-700	-1500
Variazione tempo percorrenza veic (h)	1.5	1.44	1.55	1.23	1.1	0.8
Variazione inquinamento acustico (n.persone) con L.P.Sonora sopra soglia	200	167	0	150	260	289
Variazione qualità architettonica (fuzzy)	0	2	0	1	1	1
Variazione inserimento nel paesaggio (fuzzy)	2	1	0	1	0	1

Tabella 92 – ESEMPIO NUMERICO: Un esempio di matrice di valutazione con riferimento a 6 alternative progettuali per un nuovo svincolo autostradale

7.3.7 Analisi di dominanza

Prima di procedere con l'AMC, è buona prassi effettuare un'analisi di dominanza per valutare se vi sono alternative che possono essere scartate, o addirittura una o più soluzioni progettuali che prevalgono sulle altre per tutti i criteri fissati. Un progetto j si dice <u>dominato</u> se esiste almeno un progetto h che soddisfi in modo migliore o al più uguale tutti gli obiettivi, ovvero per il quale risulti:

$$x_{mj} \le x_{mh} \ \forall m = 1, ... M$$

con almeno una delle diseguaglianze precedenti soddisfatta in modo stretto. Un progetto dominato può essere scartato perché "non migliore" su tutti i criteri (e quindi obiettivi). Per contro, un progetto si dice <u>non dominato</u> se non esiste alcun progetto che sia "non peggiore" su tutti i criteri (e quindi obiettivi). Benché tale attività di dominanza è intuitiva e di immediata implementazione, esiste una procedura iterativa che può essere seguita, composta da più fasi sequenziali:
– si prendono le prime due alternative che vengono confrontate e, se una delle due domina l'altra, allora essa è eliminata dall'AMC;
– le alternative non eliminate vengono confrontate con una terza e, se vi sono alternative dominate, queste vengono eliminate;

– si continua iterativamente la procedura introducendo una nuova alternativa alla volta confrontandola con le precedenti ed eventualmente eliminando quelle dominate.

Con riferimento all'esempio numerico proposto, dalla precedente tabella è possibile desumere che nessun progetto risulta dominato. Il progetto A3 è peggiore su tutti gli attributi tranne che sul risparmio del tempo di viaggio e quindi non può essere scartato dall'analisi anche solo per il fatto di non essere il "non migliore" su di un criterio.

7.3.8 Normalizzazione della matrice di valutazione

L'operazione di normalizzazione (o standardizzazione) consente di relativizzare i risultati di ciascun criterio/attributo, in modo da evitare problemi di calcolo connessi alla presenza di differenti e specifiche unità di misura. In genere, tale attività rende uniforme l'informazione relativa ai criteri in una scala comune compresa nell'intervallo [0,1]. Esistono diverse tecniche che consentono di normalizzare gli attributi x_{mj} in numeri reali r_{ij} attraverso l'applicazione di formule matematiche. Tra le più comuni vi sono:

$$r_{ij} = \frac{x_{ij} - x_j^{min}}{x_j^{max} - x_j^{min}} \quad (1)$$

$$r_{ij} = \frac{x_{ij}}{x_j^{max}} \quad dove \ x_j^{max} = \max_i x_{ij}$$

$$r_{ij} = 1 - \frac{x_j^{min}}{x_{ij}} \quad dove \ x_j^{min} = \min_i x_{ij}$$

$$r_{ij} = \frac{x_j^{max} - x_{ij}}{x_j^{max} - x_j^{min}}$$

$$r_{ij} = \frac{x_{ij}}{\sqrt{\sum_{i=1}^{m} x_{ij}^2}}$$

Tra queste la più utilizzata è la prima (1). A titolo di esempio si riporta di seguito la normalizzazione di un indicatore stimato per 3 ipotetici progetti applicando la relazione (1).

X1	X2	X3
-500 (max)	-2200 (min)	-700

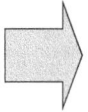

X1	X2	X3
1	0	0,88

Con riferimento all'esempio numerico implementato, si riporta di seguito la matrice di valutazione normalizzata.

(-500-(-2200))/(-500 – (-2200))   (-700-(-2200))/(-500 – (-2200))

CRITERI	ALTERNATIVE					
	A1	A2	A3	A4	A5	A6
Variaz. costi di investimento (Euro*1000)	1,00	0,41	0,00	0,71	0,88	0,41
Variazione tempo percorrenza veic (h)	0,93	0,85	1,00	0,57	0,40	0,00
Variazione inquinamento acustico (n.persone) con L.P.Sonora sopra soglia	0,69	0,58	0,00	0,52	0,90	1,00
Variazione qualità architettonica (fuzzy)	0,00	1,00	0,00	0,50	0,50	0,50
Variazione inserimento nel paesaggio (fuzzy)	1,00	0,50	0,00	0,50	0,00	0,50

Tabella 93 – ESEMPIO NUMERICO: La matrice di valutazione normalizzata tramite la relazione (1)

7.3.9 L'assegnazione dei "pesi"

L'attribuzione ad ogni criterio di un "peso" serve per esprimere un grado di importanza relativa di ciascun criterio rispetto a tutti gli altri. Tale attività è fondamentale per l'Analisi Multi-Criteri e consiste nell'attribuire a ciascun criterio m un peso $w_m \geq 0$ che ne misuri l'importanza relativa. Evidentemente, la definizione dei pesi è una operazione essenzialmente politica, e quindi soggettiva, nella quale il decisore, o più frequentemente i decisori ed i portatori di interesse, sono chiamati ad esprimere giudizi soggettivi di valore.

Processi decisionali e Pianificazione dei trasporti

Esistono diversi metodi per definire i pesi w_m; tra questi (ma ve ne sono molti altri):
- l'assegnazione diretta;
- il confronto a coppie;
- il metodo DELFI.

Con l'assegnazione diretta, i pesi vengono assegnati dal decisore direttamente sulla base di una scala di punteggio prestabilita, per esempio da 1 a 100, oppure ridistribuendo tra tutti i criteri il punteggio totale, in modo tale che la somma dei pesi di tutti i criteri sia pari a 100.

CRITERI	PESI	PESI NORMALIZZATI
Variaz. costi di investimento (Euro*1000)	20	0.20
Variazione tempo percorrenza veic (h)	30	0.30
Variazione inquinamento acustico (n.persone) con L.P.Sonora sopra soglia	30	0.30
Variazione qualità architettonica (fuzzy)	10	0.10
Variazione inserimento nel paesaggio (fuzzy)	10	0.10
TOTALE	100	1.0

Tabella 94 – ESEMPIO NUMERICO: Attribuzione dei pesi con il metodo della "assegnazione diretta"

La matrice di valutazione pesata si ottiene moltiplicando gli elementi della matrice di valutazione normalizzata per il vettore dei pesi normalizzato corrispondente. Per l'esempio numerico proposto, applicando il metodo dell'assegnazione diretta si ottiene la matrice pesata seguente.

CRITERI	ALTERNATIVE					
	A1	A2	A3	A4	A5	A6
Variaz. costi di investimento (Euro*1000)	0.20	0.08	0.00	0.14	0.18	0.08
Variazione tempo percorrenza veic (h)	0.28	0.26	0.30	0.17	0.12	0.00
Variazione inquinamento acustico (n.persone) con L.P.Sonora sopra soglia	0.21	0.17	0.00	0.16	0.27	0.30
Variazione qualità architettonica (fuzzy)	0.00	0.10	0.00	0.05	0.05	0.05
Variazione inserimento nel paesaggio (fuzzy)	0.10	0.05	0.00	0.05	0.00	0.05

Tabella 95 – ESEMPIO NUMERICO: Matrice di valutazione pesata attraverso la "assegnazione diretta" dei pesi

Alternativamente è possibile determinare i pesi tramite una comparazione a coppie. Questa tecnica si basa sul confronto a coppie tra criteri ed utilizza solo tre giudizi espressi da tre valori numerici:
- "1" quando si vuole esprimere l'importanza maggiore di un criterio rispetto a un altro;
- "0" nel caso si voglia esprimere l'importanza minore di un criterio rispetto a un altro;
- "0,5" se si considera uguale importanza tra due criteri.

Il peso di ogni singolo criterio sarà pari al rapporto tra la somma dei punteggi attribuiti a quel criterio (somma degli elementi di ogni riga) e la somma totale dei punteggi, in modo tale che sommando i pesi finali di tutti i criteri si ottenga un valore unitario (si veda l'esempio numerico di seguito riportato).

	COSTO	TEMPO	INQUINAMENTO ACU.	QUALITA' ARCH.	INSER. PAES.	TOT RIGA	PESI
COSTO	0.5	1	0	1	1	3.5	0.28
TEMPO	0	0.5	1	1	1	3.5	0.28
INQUINAMENTO ACU.	1	0	0.5	1	1	3.5	0.28
QUALITA' ARCH.	0	0	0	0.5	1	1.5	0.12
INSER. PAES	0	0	0	0	0.5	0.5	0.04
						12.5	1

Tabella 96 – ESEMPIO NUMERICO: Attribuzione dei pesi con il "confronto a coppie"

CRITERI	ALTERNATIVE					
	A1	A2	A3	A4	A5	A6
Variaz. costi di investimento (Euro*1000)	0.28	0.11	0.00	0.20	0.25	0.11
Variazione tempo percorrenza veic (h)	0.26	0.24	0.28	0.16	0.11	0.00
Variazione inquinamento acustico (n.persone) con L.P.Sonora sopra soglia	0.19	0.16	0.00	0.15	0.25	0.28
Variazione qualità architettonica (fuzzy)	0.00	0.12	0.00	0.06	0.06	0.06
Variazione inserimento nel paesaggio (fuzzy)	0.04	0.02	0.00	0.02	0.00	0.02
TOT	0.77	0.66	0.28	0.58	0.67	0.47

Tabella 97 – ESEMPIO NUMERICO: Matrice di valutazione pesata attraverso l'attribuzione dei pesi con il "confronto a coppie"

Processi decisionali e Pianificazione dei trasporti

L'approccio coerente con un processo decisionale razionale e partecipato è sicuramente il metodo DELFI. Questo metodo consiste in una indagine sequenziale; la prima fase consiste nel far dichiarare separatamente a ciascuna categoria di decisore o stakeholder individuato il peso relativo a ciascun criterio. Successivamente le interviste sono ripetute riportando a ciascun intervistato il vettore dei pesi dichiarati dagli altri decisori in forma anonima; tale circostanza influenza l'attribuzione dei nuovi pesi e la si ripete fino al raggiungimento (nella prassi si osserva sempre un condizionamento reciproco che porta a convergenza la procedura in 3-5 iterazioni) di una configurazione di "compromesso" sui valori dei pesi.

7.3.10 L'ordinamento delle alternative e la scelta

Per la scelta dell'alternativa progettuale da implementare è buona prassi introdurre una o più soglie, o "parametri di valutazione", per ciascuno dei criteri individuati. Le soglie possono essere di tre tipi:
1. "Minimo accettabile", ossia il valore peggiore, in termini di conseguimento dell'obiettivo, che il decisore è disposto ad accettare (es. minima riduzione dell'inquinamento accettabile);
2. "Minimo desiderabile", ossia il valore peggiore, in termini di conseguimento dell'obiettivo, che il decisore reputa soddisfacente (es. tutti i progetti che riducono l'inquinamento di più del 20% sono soddisfacenti);
3. "Target", ossia il valore ottimale dell'obiettivo (es. raggiungere una riduzione target del 40% dell'inquinamento).

Dopo aver definito le soglie, è possibile utilizzare una serie di tecniche per ordinare le alternative e scegliere quella da implementare. Tra queste le più diffuse sono:
- metodo Maxmin;
- metodo Maxmax;

- metodo della somma pesata.

Il metodo Maxmin permette di effettuare un ordinamento delle alternative assegnando ad esse un punteggio pari al valore dell'attributo più basso. Ciascuna alternativa viene rappresentata dal valore dell'attributo peggiore (caratteristica più debole) e si seleziona l'alternativa (le alternative) con il migliore tra tali valori. Come si può osservare dall'esempio riportato nella tabella seguente, con tale metodo si arriverebbe a scegliere l'alternativa che ha il "miglior" minimo, non tenendo però in considerazione in alcun modo dei valori stimati per gli altri criteri, soprattutto per quelli sui quali il generico progetto è "più forte".

CRITERI	ALTERNATIVE					
	A1	A2	A3	A4	A5	A6
Variaz. costi di investimento (Euro*1000)	0.20	0.08	0.00	0.14	0.18	0.08
Variazione tempo percorrenza veic (h)	0.28	0.26	0.30	0.17	0.12	0.00
Variazione inquinamento acustico (n.persone) con L.P.Sonora sopra soglia	0.21	0.17	0.00	0.16	0.27	0.30
Variazione qualità architettonica (fuzzy)	0.00	0.10	0.00	0.05	0.05	0.05
Variazione inserimento nel paesaggio (fuzzy)	0.10	0.05	0.00	0.05	0.00	0.05

Il progetto A2 ed A4 sono i migliori

Tabella 98 – ESEMPIO NUMERICO: Ordinamento e scelta secondo il metodo Maxmin

Il metodo Maxmax, diversamente dal metodo Maxmin, assegna un punteggio a ciascuna alternativa in base al suo attributo migliore. Ciascuna alternativa è rappresentata dal valore dell'attributo migliore (caratteristica più forte) e si seleziona l'alternativa (le alternative) con il migliore tra tali valori. Anche questo metodo ha il limite di scegliere secondo un solo indicatore che, benché è il migliore per ogni alternativa di progetto, ne limita la razionalità della valutazione.

Processi decisionali e Pianificazione dei trasporti

CRITERI	ALTERNATIVE					
	A1	A2	A3	A4	A5	A6
Variaz. costi di investimento (Euro*1000)	0.20	0.08	0.00	0.14	0.18	0.08
Variazione tempo percorrenza veic (h)	0.28	0.26	0.30	0.17	0.12	0.00
Variazione inquinamento acustico (n.persone) con L.P.Sonora sopra soglia	0.21	0.17	0.00	0.16	0.27	0.30
Variazione qualità architettonica (fuzzy)	0.00	0.10	0.00	0.05	0.05	0.05
Variazione inserimento nel paesaggio (fuzzy)	0.10	0.05	0.00	0.05	0.00	0.05

<u>Il progetto A3 ed A6 sono i migliori</u>

Tabella 99 – ESEMPIO NUMERICO: Ordinamento e scelta secondo il metodo Maxmax

Il metodo della somma pesata è quello che di fatto supera i limiti dei due metodi precedenti ed è da preferire perché permette di tenere in conto di tutti i valori stimati per ciascun criterio (sia i migliori che i peggiori). Con questo metodo, per ciascuna alternativa occorre calcolare la somma su tutti i criteri "pesati" (somma di colonna) per poi selezionare l'alternativa (o le alternative) la cui somma risulta maggiore.

Come si può vedere dalla tabella seguente, secondo questo metodo l'alternativa migliore per l'esempio numerico proposto risulta quella A1 che, fatta eccezione per il criterio di qualità architettonica, risulta tra le migliori per tutti i criteri individuati.

CRITERI	ALTERNATIVE					
	A1	A2	A3	A4	A5	A6
Variaz. costi di investimento (Euro*1000)	0.20	0.08	0.00	0.14	0.18	0.08
Variazione tempo percorrenza veic (h)	0.28	0.26	0.30	0.17	0.12	0.00
Variazione inquinamento acustico (n.persone) con L.P.Sonora sopra soglia	0.21	0.17	0.00	0.16	0.27	0.30
Variazione qualità architettonica (fuzzy)	0.00	0.10	0.00	0.05	0.05	0.05
Variazione inserimento nel paesaggio (fuzzy)	0.10	0.05	0.00	0.05	0.00	0.05
TOT	0.79	0.66	0.30	0.57	0.62	0.48

<u>Il progetto A1 è il migliore</u>

Tabella 100 – ESEMPIO NUMERICO: Ordinamento e scelta secondo il metodo della somma pesata

7.3.11 I limiti dell'analisi Multicriteri

Come già evidenziato nel Paragrafo 7.3.4 per l'analisi economica, anche per l'Analisi Multi Criteri è possibile individuare dei limiti intriseci che di fatto la rendono complementare e non sostitutiva all'Analisi Costi-Benefici. Tra questi vi sono sicuramente:
- una maggiore difficoltà in una standardizzazione della procedura che di fatto aumenta il <u>rischio di discrezionalità dei risultati</u> e talvolta anche una più difficile interpretazione degli stessi con riferimento al confronto di più proposte progettuali alternative. Questo si traduce in una <u>non riproducibilità dell'analisi</u>, ovvero, ad esempio, ipotizzando pesi differenti per gli attributi associati da altri decisori o stimati tramite altre procedure di assegnazione, si potrebbe giungere a conclusioni (scelte) differenti;
- il modello decisionale che porta all'ordinamento e scelta tra le alternative è di fatto basato su di un <u>singolo decisore</u> che considera un insieme di preferenze (obiettivi, attributi e pesi) che, per quanto razionali, non sono "concordate" così come prescritto nel Public Engagement.

Per ovviare a quest'ultima circostanza, negli ultimi anni si stanno sviluppando tecniche più avanzate basate su analisi di gruppo (es. *Multiple Agents Multi Criteria Decision Making*), ovvero l'introduzione delle analisi di valutazione direttamente all'interno del Public Engagement. Tra le tecniche più utilizzate vi è quella schematizzata nella tabella seguente secondo cui ad ogni stakeholder o categoria individuata viene chiesto di implementare un'analisi multi-criteri, ovvero prendere decisioni su criteri, attributi, pesi, ordinamenti, ecc.. Solo una volta giunti all'ordinamento per ciascuna categoria di decisori/stakeholder viene condivisa, in un'attività di confronto e scelta, la soluzione più soddisfacente da implementare secondo una delle tecniche di mediazione descritte nel capitolo dedicato al dibattito pubblico (Capitolo 4).

Stakeholder 1	Stakeholder 2	...	Stakeholder n
1. definizione del contesto decisionale	1. definizione del contesto decisionale		1. definizione del contesto decisionale
2. individuazione della matrice di valutazione	2. individuazione della matrice di valutazione		2. individuazione della matrice di valutazione
3. analisi di dominanza	3. analisi di dominanza		3. analisi di dominanza
4. normalizzazione della matrice di valutazione	4. normalizzazione della matrice di valutazione	...	4. normalizzazione della matrice di valutazione
5. assegnazione dei "pesi" a ciascun criterio	5. assegnazione dei "pesi" a ciascun criterio		5. assegnazione dei "pesi" a ciascun criterio
6. ordinamento delle alternative progettuali	6. ordinamento delle alternative progettuali		6. ordinamento delle alternative progettuali
scelta dell'alternativa "più soddisfacente" condivisa			
analisi di sensitività e del rischio			

Tabella 101 – L'evoluzione dell'Analisi Multi-Criteri: il Multiple Agents Multi Criteria Decision Making method

7.5 L'analisi di sensitività e del rischio

Al fine di verificare la robustezza dei risultati dell'attività di valutazione e confronto di uno o più scenari progettuali, è opportuno concludere la valutazione (sia essa ricavi-costi, costi-benefici o multicriteri) con un'analisi di sensitività e del rischio.

L'analisi di sensitività si basa sulla verifica di robustezza delle ipotesi fatte riguardanti sia le previsioni di traffico che i parametri monetari o di stima utilizzati (es. tasso di sconto, costo di una tonnellata di CO_2). Tale analisi è sicuramente cruciale per le analisi economiche per le quali spesso ci si deve accontentare di fare ipotesi più "deboli" (con maggiore discrezionalità e minore affidabilità delle stime). Tale analisi di sensitività consiste nell'applicare delle variazioni in positivo e negativo (es. ±10%, ±20%, ±30%) ai parametri/indicatori/tassi di sconto ipotizzati e valutare se, e in che misura, cambiano gli indicatori sintetici stimati (es. VAN e SRI). Ad esempio, se si ipotizza che il progetto A sia risultato preferibile al progetto B ($VAN_A > VAN_B$), si applica una variazione del 10% al tasso di sconto (un parametro per volta, ma da ripetere per tutti i parametri/indicatori dell'analisi) verificando: *i*) in che misura (es. il VAN diminuisce più o meno del 10%?) cambiano gli indicatori (elasticità degli indicatori di valutazione alla variazione imposta); *ii*) se cambia il risultato del confronto (es. il VAN del progetto B diviene maggiore di quello relativo al progetto A). Se ad una variazione, ad esempio del 10%, del tasso di sconto corrisponde una variazione in valore assoluto del VAN di più del 10% (elasticità maggiore di 1), si può concludere che il tasso di sconto è una variabile critica; se tale variazione è compresa tra il 3-5% ed il 10% (elasticità minore di 1 e maggiore di 0,3-0,5) si ritiene che il tasso di sconto sia una variabile mediamente critica (o "di attenzione"), ed infine se la variazione del VAN risulta inferiore al 3-5% si ritiene che la variabile è "non critica". Nel caso in cui, a fronte di una variazione imposta per una variabile, si giunga ad una conclusione differente per l'analisi (es. il progetto B diviene preferibile a quello A), si può concludere che i risultati del confronto relativo non sono robusti ed occorrono analisi di maggior dettaglio per meglio comprendere le ragioni di questa mancata robustezza.

Per sviluppare un'analisi di sensitività in genere occorre:
1) **individuare per ogni alternativa progettuale le variabili critiche**, ovvero quelle con elasticità maggiore di 1, per le quali ad una variazione di queste variabili (es. +10%) si ottiene una variazione percentuale (in valore assoluto) del VAN confrontabile o superiore (es. var. % VAN = -8%);

2) **per tutte le variabili risultate critiche, occorre confrontare più in dettaglio le singole alternative progettuali.** Potrebbe infatti capitare che, ad esempio, l'alternativa *second-best* possa essere più stabile rispetto alla *first-best* che invece, per perturbazioni di alcune variabili critiche, potrebbe diventare non più la migliore (o addirittura la peggiore). In questo caso sarebbe più saggio scegliere di implementare la seconda migliore alternativa, soprattutto se presenta indicatori sintetici prossimi a quelli della soluzione *first-best*;
3) talvolta può risultate utile anche **stimare i così detti "valori di rovesciamento"**, ossia le variazioni percentuali di singole variabili critiche che annullano il VAN (es. riducendo i veicoli*km del 25% si annulla il VAN), ovvero gruppi di più variabili critiche che, opportunamente combinate, creano uno **"scenario pessimistico"** per il quale si annulla il VAN (es. riducendo i veicoli*km del 10%, riducendo il valore del tempo del 15% e portando il tasso di sconto dal 3% al 3,5% si annulla il VAN).

In genere una delle prime analisi di sensitività da sviluppare è quella del VAN al tasso di sconto r (si veda l'esempio in Figura 61) che spesso è una delle variabili più critiche e sulle quali si ripone minore fiducia.

Oltre all'analisi di sensitività è opportuno condurre anche un'analisi del rischio che permette di descrivere ed individuare:
- i possibili rischi inerenti al progetto (**individuazione dei rischi**);
- la probabilità e l'impatto potenziale di alcuni rischi (**valutazione del rischio**);
- le possibili alternative/opzioni per il controllo del rischio (**gestione del rischio**).

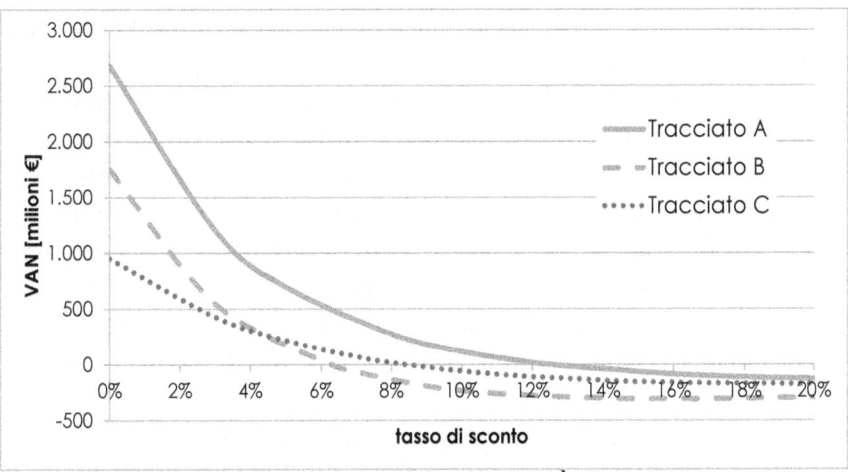

Figura 61 – ESEMPIO DI ANALISI DI SENSITIVITÀ: la variazione del VAN al variare del tasso di sconto

Benché l'analisi del rischio esula dai contenuti del testo[58], nel seguito si riportano alcune note metodologiche funzionali alla sua applicazione. In particolare l'analisi del rischio può essere condotta sia tramite approcci qualitativi che quantitativi. Per entrambi gli approcci la prima fase dell'analisi è inerente l'individuazione di tutti i rischi (dovuti sia all'ambiente esterno che interno) che se valutati come positivi rappresentano delle opportunità, mentre se valutati come negativi rappresentano delle minacce alla qualità/convenienza dell'opera (o di un'alternativa progettuale o di piano).

---

[58] Per approfondimenti si faccia riferimento, ad esempio, a:
- Commissione Europea (2014); Guide to Cost-benefit Analysis of Investment Projects, Economic appraisal tool for Cohesion Policy 2014-2020 (paragrafo 2.9)
- Unità di Valutazione, DG Politica Regionale e Coesione, Commissione Europea (2003); Guida all'analisi costi-benefici dei progetti di investimento, Fondi Strutturali, fondi di coesione e ISPA.
- UVAL (2014); Lo studio di fattibilità nei progetti locali realizzati in forma partenariale: una guida e uno strumento.

L'analisi qualitativa del rischio ha la finalità di individuare gli eventuali "*eventi avversi*" a cui il piano/progetto potrebbe essere soggetto, nonché individuarne possibili azioni di prevenzione o contenimento. Tale analisi dovrebbe comprendere:
- una lista di "eventi avversi" suddivisi per tipologia di rischio;
- una "matrice del rischio" che permetta di individuare, per ciascun evento avverso: *i*) le possibili cause, *ii*) gli effetti negativi sul piano/progetto; *iii*) i livelli qualitativi di probabilità di accadimento (es. raro, improbabile, probabile, molto probabile); *iv*) la gravità connessa al suo accadimento (moderata, grave, molto grave);
- alcune misure di prevenzione e contenimento.

Gli approcci basati su analisi quantitative del rischio consentono di completare le analisi di sensitività. Infatti, se queste ultime consentono di verificare gli effetti che variazioni percentuali di singole variabili critiche produrrebbero sugli indicatori sintetici, non riescono a quantificare la probabilità che tali variazioni si verifichino nella realtà. Per ovviare a ciò è talvolta opportuno implementare analisi quantitative del rischio che consistono nell'assegnare alle variabili critiche adeguate distribuzioni di probabilità per poi procedere al calcolo della distribuzione di probabilità degli indicatori economici (o finanziari) associati al progetto.

Uno dei modi di procedere può essere quello di procedere, tramite una simulazione "Montecarlo" (per dettagli si veda ad esempio: Mansueto et al., 2007), all'estrazione casuale all'interno dei rispettivi intervalli di definizione, di una serie di valori delle variabili critiche valutando i corrispettivi indicatori economici (o finanziari) del progetto derivanti da ciascun gruppo di valori estratti, avendo cura che la frequenza di presentazione dei valori delle variabili rispetti la distribuzione di probabilità predeterminata. Ripetendo questa procedura per un numero sufficientemente elevato di estrazioni (es. 1.000-1.500 volte) si perverrà ad una stima

della distribuzione di probabilità degli indicatori economici (o finanziari). In questo modo sarà possibile:
- assegnare un grado di rischio al progetto: verificando se la probabilità cumulata sia o meno superiore ad un prefissato valore di riferimento (valore critico);
- valutare quale sia la probabilità che il VAN (o altri indicatori sintetici) sia inferiore ad un prefissato valore soglia.

Per completezza di trattazione, di seguito si riportano i risultati delle analisi di sensitività per l'esempio descritto in questo Capitolo con riferimento all'analisi costi-benefici e con evidenziate le variabili più critiche (es. stime di traffico) e quelle meno (es. costi gas climalteranti ed inquinanti).

Processi decisionali e Pianificazione dei trasporti

	VARIABILE	Tracciato A	Tracciato B	Tracciato C
	VARIABILE	DIFF %	DIFF %	DIFF %	DIFF %
BENEFICI	Congestione	+20%	0,3%	0,7%	0,7%
BENEFICI	Congestione	-20%	-0,3%	-0,7%	-0,7%
BENEFICI	Up & Downstream	+20%	0,2%	-0,9%	-0,4%
BENEFICI	Up & Downstream	-20%	-0,2%	0,9%	0,4%
COSTI	Costi investimento	+20%	-8,3%	-35,1%	-89,6%
COSTI	Costi investimento	-20%	8,3%	35,1%	89,6%
COSTI	Costi gestione e manutenzione	+20%	-0,2%	-6,3%	-16,7%
COSTI	Costi gestione e manutenzione	-20%	0,2%	6,3%	16,7%
COSTI	Valore residuo dell'opera	+20%	0,3%	1,4%	3,8%
COSTI	Valore residuo dell'opera	-20%	-0,3%	-1,4%	-3,8%
COSTI	Costi non percepiti	+20%	0,5%	-4,1%	-2,5%
COSTI	Costi non percepiti	-20%	-0,5%	4,1%	2,5%
COSTI	Costi carburante	+20%	1,6%	-3,2%	-0,2%
COSTI	Costi carburante	-20%	-1,6%	3,2%	0,2%
T.SCONTO	Tasso di sconto	+67%	-42,2%	-68,3%	-126,2%
T.SCONTO	Tasso di sconto	+133%	-98,8%	-107,6%	-192,9%

	VARIABILE		Tracciato A	Tracciato B	Tracciato C
	VARIABILE	DIFF %	DIFF %	DIFF %	DIFF %
TRAFFICO	Veicoli*km	+20%	61,6%	-210,1%	-85,4%
TRAFFICO	Veicoli*km	-20%	-17,1%	34,1%	14,2%
TRAFFICO	Veicoli*Ora	+20%	385,7%	1097,0%	2057,3%
TRAFFICO	Veicoli*Ora	-20%	-66,7%	-193,9%	-352,8%
BENEFICI	VTTS leggeri	+20%	17,9%	47,4%	90,1%
BENEFICI	VTTS leggeri	-20%	-17,9%	-47,4%	-90,1%
BENEFICI	VTTS pesanti	+20%	6,2%	24,2%	37,4%
BENEFICI	VTTS pesanti	-20%	-6,2%	-24,2%	-37,4%
BENEFICI	Gas climalteranti	+20%	0,4%	-1,8%	-0,8%
BENEFICI	Gas climalteranti	-20%	-0,4%	1,8%	0,8%
BENEFICI	Emissioni inquinanti	+20%	0,3%	-0,4%	-0,2%
BENEFICI	Emissioni inquinanti	-20%	-0,3%	0,4%	0,2%
BENEFICI	Emissioni sonore	+20%	0,6%	-1,2%	-1,4%
BENEFICI	Emissioni sonore	-20%	-0,6%	1,2%	1,4%
BENEFICI	Incidentalità	+20%	0,2%	-0,6%	-0,1%
BENEFICI	Incidentalità	-20%	-0,2%	0,6%	0,1%

Legenda:
- variabile "critica" (elastica)
- variabile "di attenzione"
- variabile non critica (rigida)

Tabella 102 - Individuazione delle variabili critiche: variazione percentuale del VAN al variare (es. +20%) della singola variabile (es. Δveic*km, parametri unitari dei benefici come il valore del tempo VTTS o il costo unitario inquinamento, costi del progetto, tasso di sconto)

8. Logistica e trasporto delle merci

Al fine di soddisfare le esigenze derivanti dalla continua evoluzione del mercato, parte del mondo del trasporto è oggi in trasformazione. Peraltro, da alcuni anni vi è il fenomeno della globalizzazione ad interessare l'economia a tutti i livelli, a partire dalle singole aziende di trasformazione di beni sino ad arrivare alla scala planetaria. Oggi, l'attività industriale risulta articolata in più luoghi, addirittura in nazioni piuttosto distanti tra loro.

Il fenomeno della globalizzazione ha anche comportato una settorializzazione del processo produttivo in più impianti, ciascuno dei quali è specializzato in particolari lavorazioni ed è collocato in un luogo in cui possa accedere a manodopera a più basso costo. Ciò premesso, ne consegue una richiesta di trasporto di semilavorati e di prodotti finiti in misura superiore rispetto al passato, soprattutto in considerazione della ricomposizione del prodotto finale in vista della sua distribuzione sui mercati di consumo. Con riguardo ai fenomeni economici, politici e tecnologici descritti, le dinamicità e le flessibilità che oggi si richiedono per le modalità di trasporto sono maggiori. La qualità del servizio di trasporto deve essere più elevata, in modo da assicurare che i beni movimentati giungano sempre puntuali, in quantità sufficiente (ad alimentare il processo produttivo e a soddisfare i mercati), nonché in buone condizioni (sistema just in time).

Tali finalità possono essere perseguite solo continuando anche a ricorrere alle modalità di trasporto tradizionali quale, in particolare, il trasporto su strada. Tuttavia non si possono ignorare i costi diretti e indiretti (esternalità), elevati e tendenzialmente crescenti, che le modalità tradizionali di trasporto comportano. Dunque si assiste ad un graduale abbandono del concetto tradizionale di trasporto, inteso cioè come mera attività intermedia tra attività di trasformazione e/o commercializzazione, che non genera altro valore aggiunto se non quello legato allo spostamento della merce da un luogo ad un altro.

Sempre di più il trasporto viene oggi, invece, concepito come un'attività complessa che richiede uno specifico know-how. Difatti, diffuso è il fenomeno della terziarizzazione, ossia della cessione da parte delle aziende della gestione del trasporto a terzi per dedicarsi maggiormente al proprio core-business. Inoltre, si rileva anche l'impegno da parte della pubblica amministrazione ad introdurre nel settore del trasporto innovazioni di prodotto e di processo al fine di ridurre i costi.

Proprio da questo impegno a soddisfare le richieste di un mercato sempre più esigente, si è sviluppato nel settore delle merci il concetto di logistica, inteso come coordinamento spazio-temporale di tutte le attività, dall'approvvigionamento dei materiali passando per la distribuzione dei prodotti finiti sino ai servizi post-vendita.

8.1 I principi della logistica

I principi salienti della logistica sono sempre esistiti nel mondo della produzione, anche prima dell'avvento di questa suggestiva denominazione di origine militare. La merce doveva pur venire spostata, approvvigionata, spedita; e perché ciò potesse avvenire era necessario non solo pianificare tali operazioni, ma anche programmare la produzione compatibilmente con la disponibilità di materie prime e di componenti, la capacità degli impianti e la richiesta dei clienti. Tutte queste attività venivano svolte dalle imprese senza bisogno di parlare di logistica; ma venivano eseguite, molte volte, separatamente senza una visione di insieme (di sistema).

Come detto, la parola logistica (dal greco loghistiké: arte del fare i conti) è stata storicamente utilizzata nella disciplina militare; in particolare rappresenta *"quel ramo dell'arte militare che provvede in guerra a muovere l'esercito, in relazione alle esigenze delle operazioni e al rifornimento di quanto gli è necessario per manovrare nel campo strategico e per affrontare i combattimenti nelle migliori condizioni fisiche e morali*" (fonte: Enciclopedia Treccani).

La definizione di logistica si sposa perfettamente con l'attuale mondo della produzione. In un'azienda cosiddetta "tradizionale" ciascun reparto esegue il proprio lavoro ignorando i dati in possesso degli altri e questo può portare a delle inefficienze del sistema: ad esempio, gli approvvigionamenti vengono gestiti dai magazzini delle materie prime e dei componenti; si ordina quando le scorte scendono sotto il livello di guardia, senza alcun tentativo di stimare il consumo futuro. Questo modo di produrre è tollerabile fino a quando è praticato da tutti; diventa perdente quando qualcuno riesce a superarlo. Il crescente sviluppo della logistica è sicuramente provocato dal fatto che oggi sono disponibili strumenti avanzati e collaudati per governare in modo unitario e ottimale i flussi di materiali e di prodotti di una o più imprese. Ma questo non basta oggi. Infatti, la razionalizzazione della logistica si è trasferita anche ai servizi e alle attività immateriali, come concetto di coordinamento spazio-temporale delle attività in generale. All'origine di tutto ciò, oltre ad un miglioramento delle tecniche o della possibilità di utilizzare nuovi strumenti informatici e tecnologici, c'è un diverso orientamento della domanda. Infatti, chi storicamente ha intuito le evoluzioni della domanda ha ottenuto i maggiori successi. Due sono gli esempi storici più significativi. Prima Henry Ford capì che per l'industria dell'automobile era finita l'epoca in cui il vantaggio competitivo principale era costituito dalla capacità ingegneristica pura; bensì bisognava incominciare a costruire vetture accettabili e a basso costo. In seguito Alfred P. Sloan, fondatore della General Motors, sfidò con successo il modello fordista puntando sul marketing; aveva intuito che, soddisfatta la domanda di auto a basso costo, era giunto il momento di sfruttare il differenziale dei segmenti di domanda.

Oggi l'industria che vende sui mercati sviluppati ha a che fare con consumatori mediamente ricchi, non facilmente attirabili mediante prezzi bassi (che comunque sarebbe difficile abbassare fino ai valori praticati dai Paesi a basso costo del lavoro). L'unico modo per cercare di attrarre domanda - comunque, sempre inferiore all'offerta - è quello di proporre qualcosa di nuovo, ma soprattutto qualcosa di migliore (es. servizi post-vendita). Il consumatore dei Paesi sviluppati vuole qualità di servizio. La capacità di soddisfare le articolate esigenze del cliente, che non sono più semplicemente riconducibili al binomio qualità-prezzo, diventa fondamentale.

<u>La logistica può essere definita come il coordinamento spazio-temporale di tutte le attività, dall'approvvigionamento dei materiali fino alla distribuzione dei prodotti finiti, minimizzando il rapporto tra costo totale del bene (costo di produzione più costo logistico) e la reale soddisfazione percepita dal cliente (servizio al cliente).</u> Tale soddisfazione non è dettata solo dalla natura e quantità di ciò che l'utente riceve, ma dalla qualità ottenuta, dalle condizioni, dai tempi e dai modi con i quali lo si riceve e lo si può utilizzare. Tali considerazioni valgono sia per il cliente "consumatore finale" che per la clientela industriale nonché per gli utenti di servizi.

La logistica è solo uno dei fattori che concorrono a produrre la soddisfazione del cliente; ad essa si deve affiancare un'accurata definizione del prodotto e una corretta esecuzione della sua fabbricazione. Non è quindi sufficiente razionalizzare la logistica per produrre qualità di prodotto; ma è tuttavia una condizione indispensabile, senza la quale prodotti e processi produttivi all'avanguardia potrebbero non essere sufficienti a garantire competitività.

Essendo la logistica in tutte le fasi della produzione e della distribuzione, non è facile individuare i motivi per cui possa contribuire a fornire competitività ad una azienda. Stabilire i riflessi contabili della logistica è sicuramente un'impresa ardua; sicuramente fare logistica permette di ridurre i costi visibili;

aumentare la rotazione dei magazzini, ridurre il capitale immobilizzato, alleggerire il carico di semilavorati lungo il processo determinano evidenti vantaggi. Tuttavia i costi delle disfunzioni logistiche non sono sempre facilmente calcolabili; i tempi d'attesa superflui, le non saturazioni degli impianti, le disponibilità delle giacenze fanno lievitare i costi di produzione e le spese indirette. Per le aziende dinamiche, il cui obiettivo è l'acquisizione di nuove quote di mercato, l'assenza della logistica provoca costi assolutamente non misurabili; è corretto parlare, infatti, più che di costi, di perdite di opportunità, e quindi di diseconomie. Da questo punto di vista, una cattiva logistica è paragonabile ad una cattiva progettazione o ad una pubblicità scadente: il costo non si vede, ma comporta mancati profitti. È quindi più corretto affermare che la logistica non deve essere analizzata per i costi che comporta, piuttosto per il valore aggiunto che produce.

La logistica ha ormai varcato i confini dell'azienda ed ha dato vita a sistemi costituiti da reti di imprese. Oggi sempre più la produzione è assicurata da una piramide di aziende composta da produttori finali, da componentisti e da subfornitori di primo e di secondo livello. Il produttore finale ha bisogno che i principi della logistica siano applicati non solo all'interno della sua azienda, ma anche presso le organizzazioni dei suoi fornitori.

Più imprese collegate fra loro da connessioni di tipo logistico (ad esempio su supporto informatico) creano un legame molto stretto, pur mantenendo una propria indipendenza giuridica.

Parallelamente alla crescita dell'importanza della logistica, si sono moltiplicate le denominazioni e le definizioni adottate (Bramel e Simichi-Levi, 1997; Christopher, 1998; Cooper et alii, 1994; Di Meo, 1992; Ghiani e Musmanno, 2000; Handfield e Nichols, 1999; Lambert et alii, 1998; Ottimo e Vona, 2001; Rushton e Oxley, 1993; Stadtler e Kilger, 2002; Stock e Lambert,

2001). Alcuni dei termini alternativi impiegati per definire la logistica sono:
- catena logistica (supply chain);
- distribuzione fisica;
- logistica aziendale;
- logistica industriale;
- gestione dei materiali;
- rifornimento fisico;
- flusso di prodotti;
- marketing logistico;
- gestione della catena dei rifornimenti;
- e molti altri ancora.

In realtà non esiste un solo termine appropriato, perché la logistica interessa prodotti differenti, imprese differenti e sistemi gestionali differenti. La logistica è un processo dinamico che deve possedere caratteristiche di flessibilità e deve sapersi adattare alle varie situazioni e alle molteplici sollecitazioni a cui è sottoposta. Ed è per questa ragione che in letteratura si utilizzano termini così differenti, spesso intercambiabili.

In un'ottica generale, forse, i termini più appropriati per indicare il termine nella sua interezza sono: catena logistica, logistica aziendale o semplicemente logistica. A sua volta la catena logistica può essere scomposta nei sottosistemi: logistica interna (o logistica produttiva) e logistica esterna (si veda la Figura 62). La prima si riferisce allo stoccaggio dei materiali, produzione, movimentazione fino all'imballo dei prodotti finiti. La seconda è composta dalla logistica degli approvvigionamenti (a monte della produzione) e dalla logistica del rifornimento dei punti vendita e/o dei clienti (nota come logistica distributiva). Ciascun sottosistema, a sua volta, coinvolge attività di movimentazione e stoccaggio con le conseguenti esigenze di coordinamento.

Parallelamente alla logistica "diretta" si è sviluppata la **"logistica inversa"** (reverse logistics), che ha come obiettivi:

- la gestione dei vuoti (es. toner per stampanti/fotocopiatrici);
- la gestione dei danneggiati;
- la gestione dei finiti (es. copertoni usurati e sostituiti).

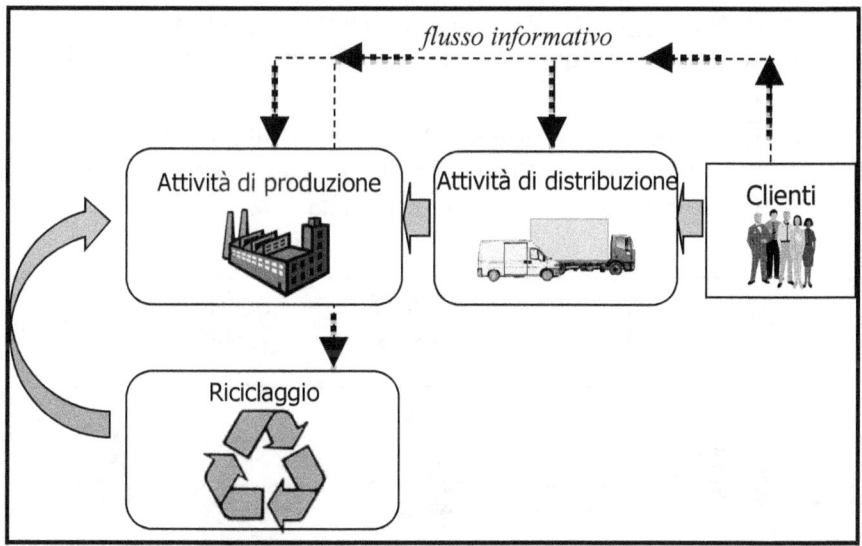

Figura 62 - I sottosistemi della "logistica inversa"

Oggi **i servizi di logistica** che un'azienda richiede sono prevalentemente:
1. **servizi base (o tradizionali):**
   - trasporto e distribuzione;
   - immagazzinaggio;
   - gestione ordini in magazzino;
   - gestione amministrativa;
2. **servizi avanzati (o a valore aggiunto):**
   - assemblaggio e/o equipaggiamento;
   - gestione dell'inventario;
   - assistenza alla clientela (pre e post vendita);
   - logistica inversa (riciclo o recupero).

Processi decisionali e Pianificazione dei trasporti

Come si osserva dalla
Figura 63, la definizione di logistica discende dall'esistenza di un insieme di attività che vanno gestite in maniera integrata e che sono investite da due flussi fondamentali:
1) il flusso fisico dei materiali (parti e prodotti finiti) che scorre dalle fonti di approvvigionamento sino ai clienti finali;
2) il flusso delle informazioni che si sviluppa parallelamente, ma in direzione opposta al flusso fisico, dai clienti sino ai fornitori e che ne coordina le attività.

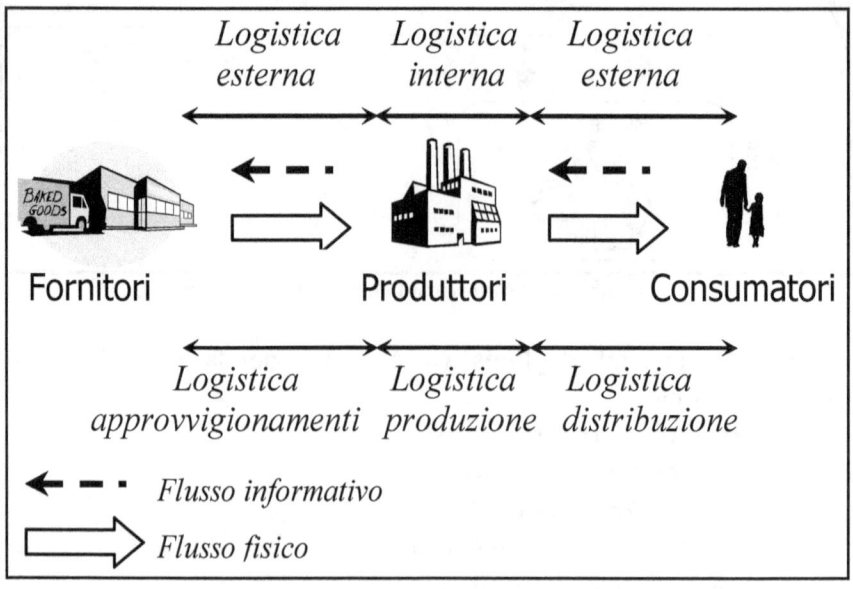

Figura 63 - I sottosistemi della "logistica diretta"

8.2 Gli obiettivi della logistica

Dalla definizione di logistica emergono quelli che sono gli obiettivi che un sistema logistico deve perseguire:
- soddisfare l'esigenza del cliente al minor costo globale di gestione;
- conseguire ciò nel luogo e nel momento giusto.

Il primo viene identificato come livello di servizio al cliente che l'azienda (o reti di aziende) vuole perseguire, mentre il secondo è associato ai costi logistici che l'azienda (o reti di aziende) sostiene.

Il livello di servizio offerto al cliente può essere perseguito tramite la valorizzazione qualitativa dei prodotti (servizi), ad esempio:
- garantire la puntualità del servizio;
- preservare l'integrità del prodotto;
- personalizzare l'offerta (flessibilità del servizio);
- fornire servizi aggiuntivi (tracking and tracing, packaging);
- ottimizzare i servizi post vendita (assistenza, ricambi, ecc.).

Per contro, il contenimento dei costi globali (costi sostenuti per garantire la disponibilità del prodotto al momento giusto nel luogo desiderato) può essere perseguito a condizione di trovare il corretto equilibrio fra le varie componenti del sistema (es. contenere troppo i costi può ridurre la durabilità del prodotto e quindi la qualità percepita dagli utenti) senza però trascurare le esigenze del cliente (puntualità e servizi) che penalizzerebbe la competitività dell'azienda. In definitiva, livello di servizio e costi logistici sono quindi strettamente interrelati: pertanto, la definizione degli obiettivi logistici aziendali consegue da un equilibrio tra livello di servizio desiderato e costi logistici che ne scaturiscono.

Da un punto di vista concettuale, il gestore dell'attività logistica dovrebbe valutare i ricavi addizionali generati da miglioramenti nella qualità del servizio. Ciò nella pratica è molto difficile; per tale motivo si preferisce definire il livello di servizio

Processi decisionali e Pianificazione dei trasporti

consono con le esigenze del mercato e dei clienti e focalizzarsi sull'analisi dei costi logistici associati al mantenimento di tale livello di servizio.

Ovviamente la scelta della strategia da intraprendere tra minimizzazione dei costi e massimizzazione della qualità del prodotto è diversa a seconda della tipologia di merce trattata. Come si può vedere dalla Figura 65, per materie prime e semilavorati si preferirà contenere il più possibile i costi, mentre per i deperibili (es. alimenti) si preferirà preservare la qualità del prodotto a discapito dei costi. In mezzo, tra le due startegie, vi sono le altre tipologie di merci, come ad esempio l'elettronica e l'abbigliamento.

Figura 64 – Obiettivi e strategie della logistica

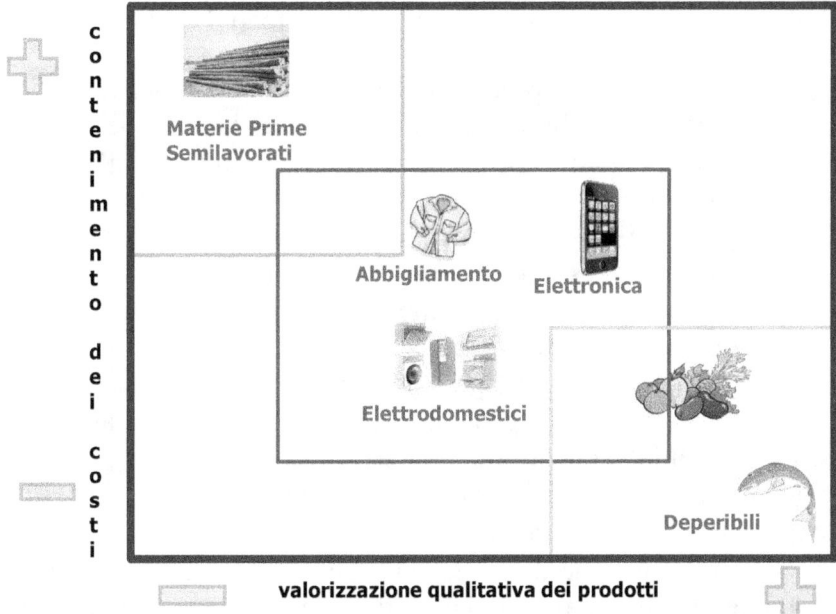

Figura 65 – La scelta della strategia logistica per le differenti tipologie merceologiche

8.2.1 La minimizzazione dei costi logistici

In passato, molte aziende associavano al concetto di costo logistico solo alcuni elementi, quali il costo di trasporto e i costi legati alla gestione dei magazzini. Solo recentemente è stato introdotto il concetto di costo logistico totale includente tutte quelle voci di costo che sono legate alle attività logistiche dell'impresa. Il costo di trasporto e quello di gestione dei magazzini rappresentano solo alcune delle voci di costo che concorrono a formare il costo logistico totale; ad esempio, le decisioni connesse al livello di servizio da assicurare al mercato influiscono sul livello delle scorte necessarie nel sistema logistico; pertanto il costo relativo al mantenimento di tali scorte rappresenta senz'altro un elemento del costo logistico totale. I possibili esempi sviluppabili a riguardo

potrebbero essere molteplici. È possibile classificare tali costi in (Di Meo, 1992):
1) <u>costi finanziari</u>, che rappresentano il costo o il mancato reddito del capitale immobilizzato nelle scorte, nell'ambito dell'intero processo logistico, sotto forma di materie prime, semilavorati, prodotti finiti;
2) <u>costi delle risorse impegnate</u> nelle diverse attività aziendali connesse alla gestione del processo logistico; esempi di tali costi sono quelli legati all'amministrazione delle vendite, alla gestione dei trasporti e dei magazzini, ecc.;
3) <u>costi delle opportunità perdute</u>, che sono i costi legati alle mancate vendite, alle penalità per ritardata consegna, ai ritorni dei prodotti dai clienti, ecc..

La stima dei costi logistici in una impresa non è sempre facile; ciò è dovuto a diversi fattori tra cui:
- la frammentazione delle responsabilità sulle attività logistiche tra le diverse entità organizzative dell'impresa non sempre contribuisce a rendere visibile il costo totale associato alle attività logistiche;
- i sistemi contabili tradizionali non sono sempre in grado di fornire quel livello di aggregazione dei dati che è necessario per effettuare una stima del costo logistico totale dell'impresa;
- la definizione delle voci di costo che devono concorrere alla formulazione del costo logistico totale dell'impresa non è sempre ben chiara e definita.

Tuttavia i risultati di alcune ricerche evidenziano l'importanza dell'incidenza economica del costo logistico sul totale dei costi dell'impresa o sul fatturato. Come si può osservare dalla Tabella 103, si riscontra, ad esempio, che nelle aziende del settore alimentare l'incidenza del costo logistico totale è del 31% del fatturato, mentre per le aziende del settore meccanico esso incide per circa il 13% del fatturato.

Settore	Fatturato (Mln €)	Incidenza % Costo logistica	Incidenza % Costo trasporto	Costo logistica (Mln €)	Costo trasporto (Mln €)	Costo logistica senza trasporto (Mln €)
Energia	75.919	20%	6%	15.184	4.555	10.629
Chimica	66.373	21%	8%	13.938	5.310	8.628
Meccanica	178.127	13%	3%	23.156	5.344	17.813
Alimentari	71.712	31%	10%	22.231	7.171	15.060
Tessili/abbigl.	52.354	23%	8%	12.041	4.188	7.853
Carta/gomma	45.537	19%	5%	8.652	2.277	6.375
Mezzi/trasporto	37.132	13%	3%	4.827	1.114	3.713
Varie manifatt.	28.730	15%	4%	4.309	1.149	3.160
Edilizia	43.055	25%	7%	10.764	3.014	7.750
Totale	**598.938**	**19%**	**6%**	**115.103**	**34.122**	**80.981**

Tabella 103 - Incidenza dei costi logistici sul fatturato aziendale (fonte: Confetra, 1998)

Analizzando la struttura dei costi logistici per due particolari filiere, quella degli elettrodomestici e quella del tessile/abbigliamento (si veda la Tabella 104), si osserva come nella prima i costi logistici incidono per il 18,5% sul totale dei costi di filiera, a fronte del 14% per la seconda. Sostanziale, invece, è l'incidenza delle diverse componenti che concorrono a formare il costo logistico (Tabella 105). Infatti, mentre per la filiera degli elettrodomestici le attività di trasporto ed handling incidono per il 66% sul costo logistico totale, per quella tessile-abbigliamento tale voce di costo non raggiunge il 16% del costo logistico totale.

Processi decisionali e Pianificazione dei trasporti

Costi	elettrodomestici	tessile/abbigliamento
Fornitori	2,0%	3,2%
Produttori	4,5%	3,3%
Distributori	12,0%	8,0%
Totale	**18,5%**	**14,5%**

Tabella 104 - Struttura dei costi logistici per singola filiera ed attività (fonte: Piano generale dei trasporti e della logistica, 2000)

Costi	elettrodomestici	tessile/abbigliamento
Trasporti e handling	66,0%	15,5%
Oneri finanziari scorte	16,0%	12,7%
Costi di obsolescenza	8,0%	49,5%
Costi di set-up e qualità	10,0%	22,3%

Tabella 105 - Le voci di costo logistico per singola filiera (fonte: Piano generale dei trasporti e della logistica, 2000)

Ovviamente il costo logistico varia da un settore industriale all'altro (ad esempio, i costi di trasporto/gestione delle scorte sono notevolmente influenzati dal valore del prodotto a metro cubo) e, all'interno dello stesso settore, da un'azienda all'altra (perché funzione, tra l'altro, delle politiche aziendali, della localizzazione geografica e della scelta del canale di distribuzione utilizzato). In conclusione, anche se di difficile determinazione, i costi logistici rappresentano una parte rilevante del processo decisionale nell'ambito della gestione logistica.

8.2.2 La soddisfazione del cliente

Il concetto di "servizio al cliente" si riferisce a tutta una serie di attività che tendono a migliorare il processo di collegamento tra l'azienda ed i suoi clienti. Dal punto di vista dell'attività di marketing e delle vendite, esso può significare servizio post-vendita, assistenza tecnica, tempestività di consegna, adattamento delle caratteristiche del prodotto alle richieste del cliente o, ancora, modalità di pagamento, sconti, ecc..

In effetti, con l'offerta di servizi, l'azienda si assume delle responsabilità e dei costi che altrimenti sarebbero sostenuti dal cliente (un esempio tipico è la durata del periodo assicurativo). L'offerta di servizio, quindi, comporta un aumento dei costi per l'azienda ma può essere efficacemente impiegato come parte attiva della strategia di marketing per migliorare la soddisfazione del cliente.

Con il termine "servizio al cliente" si intendono una molteplicità di elementi; tra questi ve ne sono alcuni, sintetizzabili nel termine "disponibilità di prodotto", che costituiscono il servizio al cliente in senso logistico, come obiettivo del sistema logistico.

Al termine "disponibilità di prodotto" è possibile associare tre elementi principali:
1. tempestività della consegna, intesa come intervallo di tempo che intercorre dal momento in cui il cliente formula l'ordine al momento in cui riceve il prodotto; tale intervallo di tempo è anche definito come tempo di evasione dell'ordine;
2. affidabilità della consegna, ovvero la regolarità del tempo di evasione dell'ordine che è, a volte, per il cliente più importante della brevità del tempo di consegna;
3. flessibilità della consegna, intesa come adattabilità del sistema logistico aziendale a variazioni nei tempi di consegna e nelle quantità ordinate.

8.3 Approccio sistemico e componenti della logistica aziendale

Il concetto di logistica pone in particolare risalto la gestione integrata delle attività logistiche connesse sia con il flusso dei materiali che con quello delle informazioni. Queste attività sono storicamente sotto la gestione di differenti strutture aziendali: acquisti, produzione, commerciale, distribuzione, ecc.. Una tale dispersione di responsabilità crea molte duplicazioni di attività, quindi inefficienze, e non consente una pianificazione sistemica, con conseguenti penalizzazioni di prestazione rispetto ai costi logistici e ai servizi al cliente.

La frammentazione delle responsabilità circa le attività logistiche spinge le singole aree funzionali dell'azienda (o di reti di più aziende) ad operare in un'ottica di massimizzazione degli obiettivi individuali. Numerosi potrebbero essere gli esempi fatti a riguardo; tutti discendono da una visione non sistemica del concetto di logistica aziendale. Essa, invece, essendo un sistema complesso, necessita di un approccio coordinato e globale che superi una semplice sub-ottimizzazione delle singole aree funzionali.

Avere un approccio sistemico alla logistica aziendale vuol dire esaminare le componenti specifiche e definire le interrelazioni fra esse in maniera analitica.

Il concetto di sistema è relativamente semplice, ma il suo trasferimento nel contesto logistico non è privo di difficoltà; spesso una gestione sistemica non è compatibile con la struttura organizzativa di un'azienda o di più aziende messe in rete.

In un'ottica sistemica, la logistica va vista come un insieme integrato di tutte le attività legate alla movimentazione e allo stoccaggio dei materiali, dalle fonti di approvvigionamento sino alla consegna finale del prodotto finito. Tali attività permettono al flusso dei materiali di fluire attraverso il processo di trasformazione per dar luogo al prodotto finito. Affinché tale flusso di materiali, parti componenti e prodotto finito, possa scorrere con continuità, nella maniera più veloce e più economica possibile, è necessario un alto grado di coordinamento e controllo di tutte le attività. Come si è già detto, un possibile modo per studiare un sistema logistico è quello di analizzare le diverse attività costituenti il sistema logistico secondo i due macroflussi: flusso fisico e flusso informativo.

Le attività relative al flusso fisico si riferiscono, generalmente, all'acquisto dei materiali e parti componenti, al loro trasporto agli stabilimenti utilizzatori, alla successiva trasformazione negli stabilimenti produttori, allo stoccaggio sotto forma di prodotto finito, al trasporto con fasi alternate di stoccaggio lungo il percorso di distribuzione fino a quando il prodotto non giunge al cliente finale.

Il flusso informativo si sviluppa parallelamente ma in verso opposto al flusso fisico, dai clienti ai fornitori. Sussiste una sostanziale differenza tra questi due flussi e la loro integrazione è forse il problema maggiore della gestione logistica. Nella Figura 66 è riportato uno schema generale dei flussi logistici relativamente ad aziende manifatturiere.

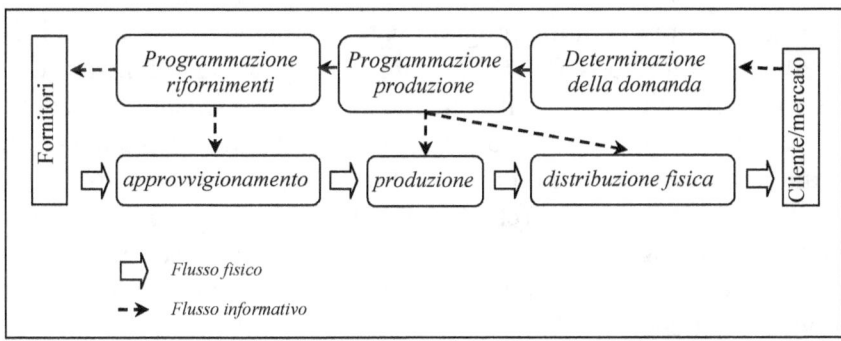

Figura 66 – I flussi logistici in aziende manifatturiere

8.3.1 Gli elementi del flusso informativo

Gli elementi che caratterizzano il flusso informativo sono:
a. <u>la determinazione della domanda</u>;
b. <u>la pianificazione e programmazione della produzione</u>;
c. <u>la programmazione dei fabbisogni di materiali</u>.

La prima attività del processo informativo è la determinazione della domanda che, sostanzialmente, consiste nella previsione della domanda di mercato. È necessario definire le attività future dell'impresa e prevedere le vendite dei singoli prodotti. Tale attività è di primaria importanza per pianificare e coordinare le operazioni logistiche dell'impresa. Data la criticità della sua funzione, occorre che la previsione della domanda sia una stima il più possibile attendibile degli eventi futuri. Esistono differenti tecniche di tipo matematico e statistico per lo sviluppo di tali previsioni, che molti autori raggruppano in tre categorie: il metodo di decomposizione, l'analisi delle serie storiche e l'analisi di regressione.

Sulla base delle previsioni della domanda, si sviluppano i piani e i programmi di produzione che definiscono cosa deve essere prodotto per soddisfare la domanda attesa. Dal programma di produzione scaturisce quindi il programma dei fabbisogni dei materiali. Tale programma definisce, nella sua sequenza temporale, il fabbisogno temporale di materiali e parti componenti richiesti per realizzare la produzione programmata. Il piano dei materiali è l'elemento informativo per l'attività di approvvigionamento dei materiali, che chiude così il ciclo logistico. Ovviamente, trascorre del tempo da quando si manifesta l'esigenza del mercato (sotto forma di previsione o di un ordine di un cliente) al momento in cui si attiva il flusso fisico (che si concluderà con la consegna dei prodotti finiti agli utilizzatori o ai mercati). La gestione di tale tempo costituisce un elemento rilevante nella pianificazione delle attività logistiche.

8.3.2 Gli elementi del flusso fisico

Il sistema del flusso fisico dei materiali considera le attività di:
- movimentazione dei materiali da tutte le sorgenti di rifornimento (*approvvigionamento*);
- movimentazione all'interno dello stabilimento e tra gli stabilimenti di produzione (*produzione*);
- distribuzione dei prodotti finiti a tutti i clienti e mercati dell'azienda (*distribuzione fisica*).

Per individuare il flusso fisico occorre muoversi in un'ottica di sistema, la cui complessità aumenta con l'aumentare del numero e delle distanze che intercorrono tra le sorgenti di rifornimento, gli stabilimenti di produzione e i clienti finali.

I principali elementi che caratterizzano il flusso fisico sono: gli impianti, i trasporti e le scorte. Con il termine impianti si intendono non solo gli impianti o gli stabilimenti di produzione, ma anche i depositi di distribuzione e i magazzini di vendita. Dal punto di vista del flusso fisico, tali elementi costituiscono i nodi di un reticolo complesso attraverso i quali sono movimentati e immagazzinati i materiali e i prodotti finiti. Nella Figura 67 è mostrato un esempio di schematizzazione grafica di un semplice reticolo logistico. La struttura e la complessità di questo reticolo sono legate alle decisioni che vengono prese relativamente alla localizzazione degli stabilimenti, dei magazzini e dei depositi di un'azienda (o sistemi di aziende). La scelta del reticolo logistico ha, molto spesso, notevole influenza sui costi logistici e costituisce un'attività di particolare importanza della pianificazione logistica di un'impresa (o di sistemi di imprese).

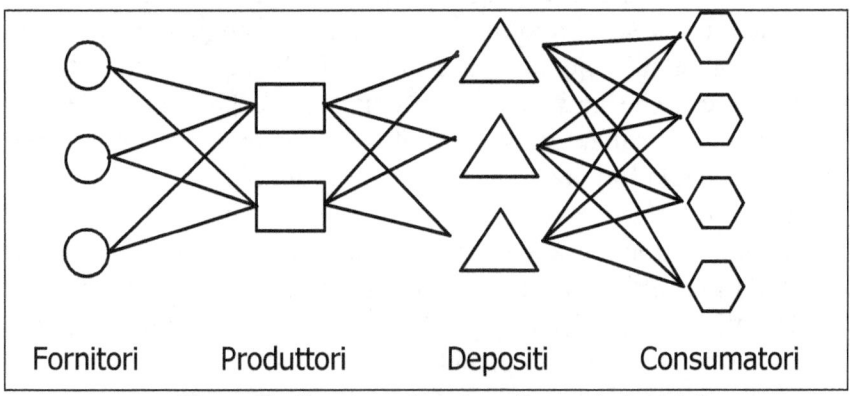

Figura 67 – La schematizzazione di un reticolo logistico

Il *trasporto* è l'attività che permette il collegamento tra i vari nodi del reticolo logistico. Le modalità di trasporto possono essere diverse ma la definizione della capacità del sistema per trasportare i materiali e i prodotti finiti, dalle sorgenti di rifornimento al consumatore finale, è da un punto di vista logistico maggiore rispetto ai singoli modi di trasporto. La capacità del sistema è funzione del costo del servizio, della velocità offerta e dell'affidabilità del servizio. Ovviamente esistono delle dipendenze tra questi tre elementi così come tra velocità e costo del servizio, secondo cui all'aumentare della prima aumenta, quasi sempre, anche il secondo (e diminuisce il tempo di transito del materiale). Esiste anche una dipendenza diretta tra affidabilità del servizio e livello delle scorte presenti nel sistema; infatti, ad una bassa affidabilità del servizio di trasporto corrispondono alti livelli di scorte necessari per prevenire eventuali mancanze di prodotti.

Le *scorte* sono presenti lungo tutto il flusso dei materiali e, com'è stato già detto, rappresentano la voce di costo che ha molto spesso la maggiore incidenza sul costo logistico totale. È chiaro quindi che una loro gestione efficace ha la capacità di influire in maniera significativa sull'efficienza del sistema logistico totale.

Approvvigionamento significa acquistare materiali e parti componenti. La sua importanza è legata all'incremento del costo dei materiali e all'incidenza del costo totale di acquisto sul fatturato di un'impresa che, talvolta, può raggiungere anche valori del 60-70%. La razionalizzazione dell'attività di approvvigionamento contribuisce alla formazione del profitto di un'azienda.

La produzione, vista come parte integrante del sistema logistico, contribuisce anch'essa a rendere più o meno efficiente il sistema. In un'ottica logistica occorre guardare con più attenzione a quelle attività del sistema produttivo che hanno un maggiore impatto sulle prestazioni logistiche.

Il sistema produttivo può essere definito come *"un processo di trasformazione che, attraverso la combinazione di lavoro manuale, di macchine e di energia, aggiunge valore alle materie prime acquistate, trasformandole in beni che abbiano un valore per il mercato"* (Di Meo, 1992: 78). In tale processo, si susseguono attività più o meno complesse che coinvolgono operazioni di lavorazioni su macchine, attività di movimentazione dei materiali tra i diversi centri di lavorazione, attività di stoccaggio di materie prime, di semilavorati e di prodotti finiti.

In termini generali, gli obiettivi del sistema produttivo sono sostanzialmente legati al produrre il prodotto desiderato, al ritmo richiesto, al minimo costo. Affinché la produzione possa essere in sintonia con il sistema logistico, è necessario che le sue caratteristiche strutturali ed i suoi sistemi di gestione siano tali da garantire le esigenze del mercato al minor costo delle attività logistiche di produzione; queste ultime sono principalmente legate alla movimentazione e all'immagazzinamento dei materiali attraverso tutto il processo di trasformazione. Il sistema produttivo deve, quindi, garantire la massima flessibilità e affidabilità di produzione con il minor utilizzo di scorte.

La distribuzione fisica può essere definita come un sistema costituito dalle unità organizzative aziendali (vendite, distribuzione, ecc.) e/o dagli operatori extra-aziendali (intermediari, grossisti, dettaglianti, distributori terzi, ecc.) attraverso cui i materiali, i prodotti finiti e i servizi vengono venduti e trasferiti al consumatore finale.

Negli ultimi anni la distribuzione ha assunto una grossa importanza, a causa della crescita dei costi connessi con le attività di distribuzione; questi, infatti, possono variare dal 20% al 50% del fatturato di un'azienda.

La gestione della logistica distributiva è interessata alla riduzione del costo totale della distribuzione fisica e non alla minimizzazione di una specifica componente di costo.

Le scelte connesse al trasporto delle merci, come la scelta dei veicoli da impiegare, i percorsi da seguire, ecc., subiscono l'influenza della determinazione delle modalità di distribuzione, le quali possono essere classificate in base al numero dei canali di distribuzione (Ballou, 1998; Ghiani e Musmanno, 2000; Stadtler e Kilger, 2002).

Per ciascun canale di distribuzione vi sono un certo numero e un certo tipo di intermediari tra produttore e cliente. Bisogna distinguere il caso in cui i clienti sono i consumatori da quello in cui sono utenti industriali.

I possibili canali di distribuzione sono molteplici, dalla distribuzione diretta (canale 1 di Figura 68), per esempio per le vendite door to door, fino a quello che vede più intermediari tra i produttori e i consumatori, come gli agenti, i grossisti e i dettaglianti (canali 2, 3 e 4).

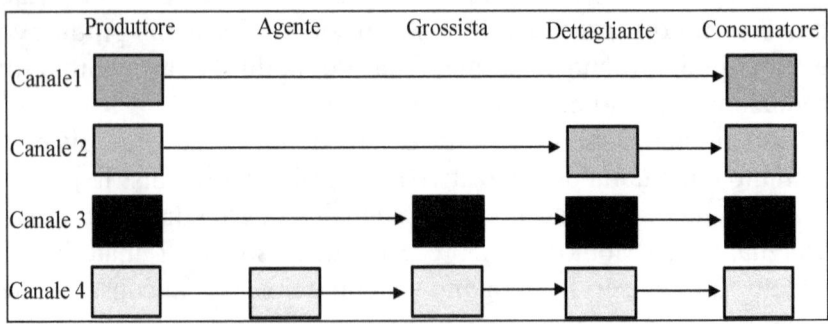

Figura 68 – Canali di distribuzione e flussi di merci per i prodotti al consumo (fonte: elaborazione a partire da Ghiani e Musmanno, 2000: 5)

8.4 Il trasporto delle merci e l'intermodalità

Il trasporto rappresenta una fase del ciclo logistico e, come tale, deve essere strettamente correlato ed integrato con tutte le altre fasi produttive e di servizio che consentono la realizzazione di un bene e/o di un servizio. A sua volta, il costo del trasporto costituisce parte integrante del costo del bene e, come tale, interessa sia il venditore che il compratore.

Nelle due figure seguenti si riporta l'andamento del costo del trasporto in funzione della distanza da percorrere, nel caso sia di spostamenti monomodali che di spostamenti combinati gommaferro. Come si può osservare dalla Figura 69, il trasporto stradale è più conveniente rispetto a quello ferroviario sulle brevi distanze. La distanza $d_{limit,f}$ rappresenta la soglia oltre la quale inizia la convenienza del trasporto ferroviario. Nella Figura 70 è possibile apprezzare il vantaggio del trasporto combinato, che sfrutta i bassi costi della strada sulle brevi distanze (per portare le merci ai terminali la strada è più economica) e poi i vantaggi del ferro (basso costo a chilometro del trasporto) per le lunghe distanze da percorrere. Come si può osservare, la soglia $d_{limit,c}$ tra trasporto combinato e tutto-strada è significativamente più bassa di quella tutto-ferro $d_{limit,f}$, producendo significative riduzioni nei costi del trasporto.

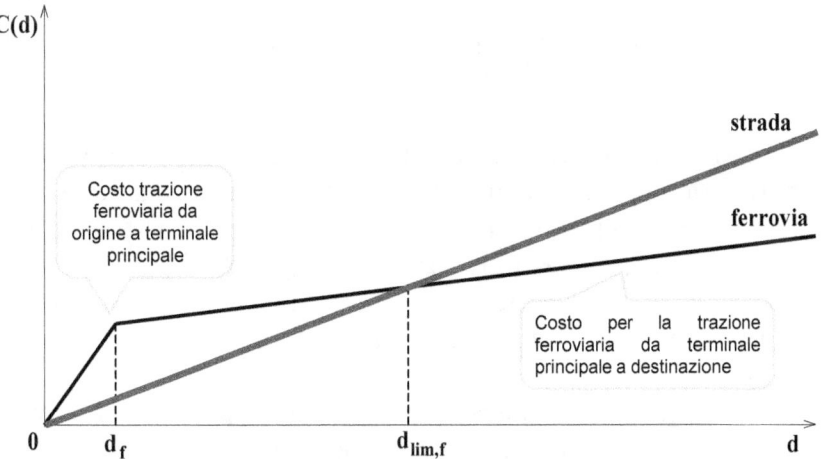

Figura 69 – Il costo del trasporto in funzione della distanza da percorrere utilizzando un unico modo di trasporto

Processi decisionali e Pianificazione dei trasporti

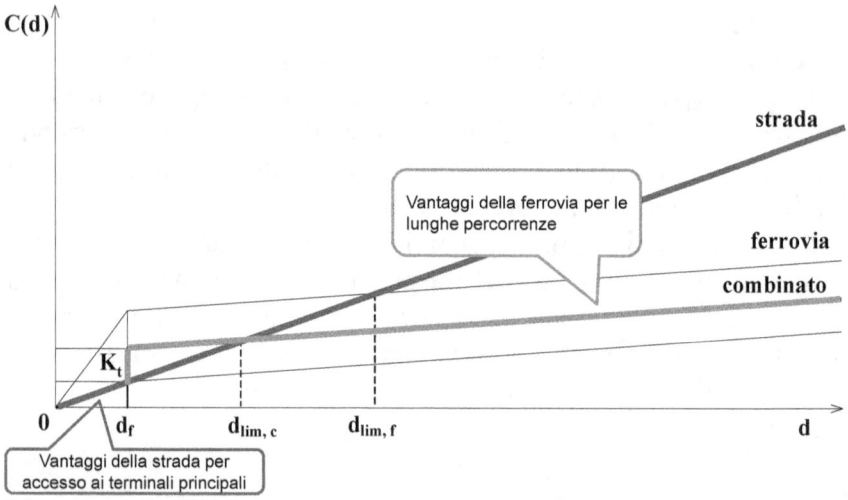

Figura 70 – **Il costo del trasporto in funzione della distanza da percorrere nel caso di trasporto combinato strada-ferrovia**

È possibile individuare un trasporto interno (handling) ed un trasporto esterno (raccolta di materiali e distribuzione dei prodotti).

Il trasporto delle merci è quindi un sottosistema del sistema logistico e per esso è possibile parlare di <u>logistica dei trasporti</u>.

Alla logistica dei trasporti interessa la ripartizione della domanda non solo tra i modi disponibili ma anche tra le infrastrutture.

Nella logistica dei trasporti non ha senso parlare dei singoli modi di trasporto, ma di <u>prestazioni da garantire</u> (indipendentemente da quanti e quali modi di trasporto devono essere utilizzati per garantire una certa qualità di servizio). In quest'ottica, il concetto di prezzo del trasporto tende a passare in secondo piano rispetto ad altri parametri di qualità come la <u>rapidità</u>, l'<u>affidabilità</u> e la <u>capacità di adattamento</u>.

Sostanzialmente la logistica dei trasporti significa razionalizzazione <u>dell'intermodalità</u> (ovvero la possibilità di passaggio da un modo di trasporto all'altro) e dell'informatica (lo strumento che più di tutti contribuisce a favorire l'intermodalità, garantendo il trasferimento di dati in tempo reale) che sono alla base della politica dei trasporti sia nazionale (Piano generale dei trasporti e della logistica, 2000) che europea (Libro Bianco, 2001).

L'intermodalità non va considerata come mera multimodalità (sequenza di trasporti monomodali) ma integrazione funzionale e cioè connessione dei vari modi di trasporti per realizzare un unico processo operativo.

La logistica dei trasporti è sostanzialmente costituita da una rete di vettori e da utenti che operano congiuntamente per trasferire persone e merci tra luoghi differenti del territorio attraverso più modalità di trasporto (es. strada-rotaia, strada-mare, treno-mare). Nel trasporto delle merci non vi è, quindi, un unico decisore che sceglie se effettuare lo spostamento, quando effettuarlo, con quale modo di trasporto e secondo quale itinerario (così come avviene nel trasporto passeggeri), bensì un insieme complesso e articolato di decisori responsabili di tutte le attività necessarie per spostare le merci dai fornitori ai consumatori. Le scelte compiute rispetteranno una certa gerarchia (ad esempio, prima di effettuare una scelta sul modo di trasporto, sarà necessario stabilire l'unità di carico da utilizzare per lo spostamento) e si condizioneranno reciprocamente (ad esempio, la scelta del quantitativo di merce da spedire influenzerà la scelta dell'unità di carico da utilizzare e così via).

8.4.1 Alcune definizioni nel trasporto delle merci

Nel trasporto delle merci vengono spesso utilizzate terminologie specifiche riguardanti sia le unità di carico sia i veicoli del trasporto merci, nonché i luoghi fisici di attraversamento e le attività a cui sono sottoposte le merci. Di seguito si fornisce al lettore un utile glossario dei termini più frequentemente utilizzati.

8.4.1.1 Pallet

Unità pre-assemblata che unisce più elementi singoli (colli), con un ingombro standardizzato per dimensioni (ingombro).

Figura 71 – Il pallet

8.4.1.2 Unità di carico intermodale

Ne fanno parte contenitori, casse mobili e semirimorchi, utilizzati nel trasporto intermodale delle merci.

Contenitore

Un contenitore (o container) è una cassa con struttura rinforzata e riutilizzabile, impilabile ed agganciabile su ogni lato (per agevolare la movimentazione). Il contenitore da 20 piedi è detto TEU (Twenty-foot Equivalent Unit) e rappresenta l'unità standard (ISO) del sistema internazionale. Esistono contenitori di numerosi dimensioni, ma quelli più diffusi sono quelli di lunghezza da 20 e 40 piedi (Tabella 106).

Figura 72 – Il contenitore

Contenitore	[piedi]	[mm]
lunghezza	10 20 30 40	2.991 6.085 9.125 12.192
profondità	8	2.438
altezza	8	2.438

Tabella 106 - Dimensioni standardizzate dei contenitori

Semirimorchio

È un rimorchio collegato ad una motrice in modo da formare un autoarticolato, ovvero un veicolo merci con capacità molto superiore a quella dei semplici autocarri (camion). Questa unità di carico non può essere impilata e può essere movimentata solo agganciandola dal basso (minore flessibilità).

Figura 73 – Il semirimorchio

Cassa mobile

È una cassa prefabbricata che può essere trainata solo se caricata su apposito rimorchio. Anche questa unità di carico non può essere impilata e può essere movimentata solo agganciandola dal basso.

Figura 74 – La cassa mobile

8.4.1.3 Unità di trasporto

Si tratta dei veicoli adibiti al trasporto delle merci tra i terminali di trasporto. Nell'ambito del trasporto intermodale delle merci si parla spesso di UTI (Unità di Trasporto Intermodale).

Le diverse unità di trasporto utilizzate nel trasporto delle merci differiscono a secondo dei luoghi fisici di attraversamento (strada, ferro, mare, aereo).

Unità di trasporto stradale

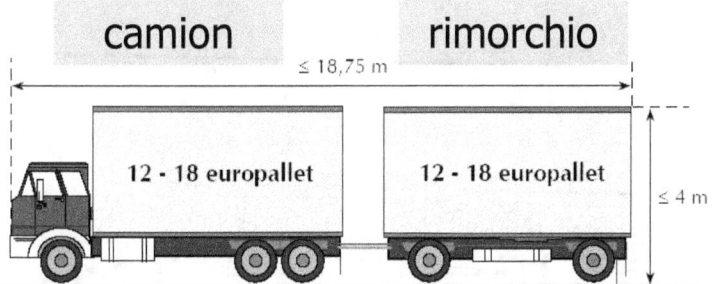

Figura 75 – Autotreno

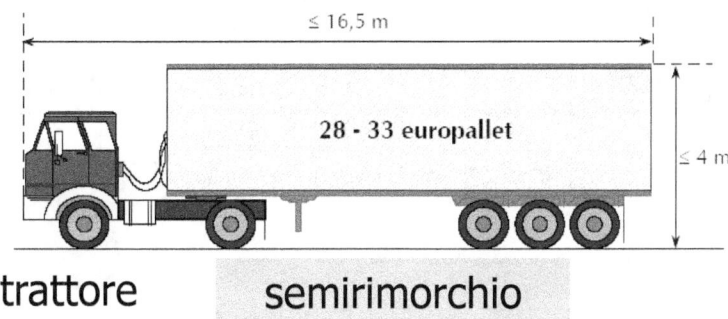

Figura 76 – Autoarticolato

Unità di trasporto ferroviario

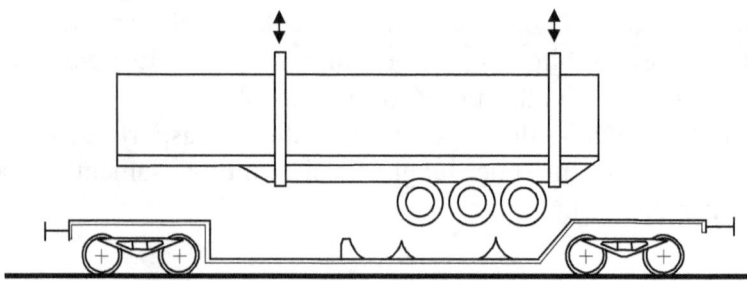

Figura 77 – Pocket wagon (carro con tasca)

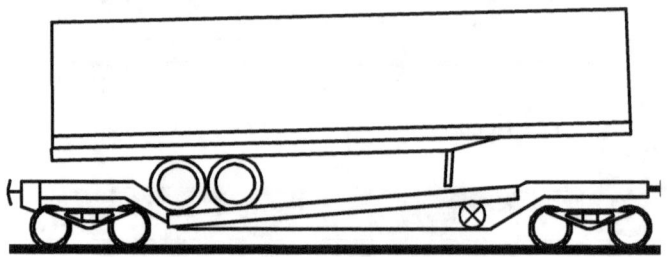

Figura 78 – Basket wagon (carro cestino)

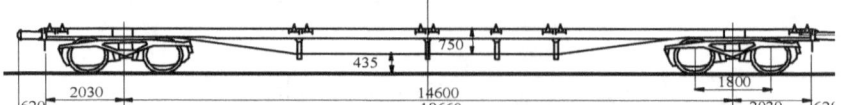

Figura 79 – Spine wagon (carro pianale)

Unità di trasporto marittimo

Figura 80 – Nave LO-LO (Lift On-Lift Off)

caratteristiche	unità	Feeder	Panamax	Post Panamax
Lunghezza	metri	87	210-290	> 290
Profondità	metri	15-22	22-32	42
Pescaggio	metri	12	12	16
TEU	numero	500	2.000	4.000

Tabella 107 – Caratteristiche tecniche delle navi LO-LO

Figura 81 – Nave RO-RO (Roll On-Roll Off)

Processi decisionali e Pianificazione dei trasporti

Unità di trasporto aereo

Figura 82 – Air cargo

8.4.1.4 Unità di movimentazione

Figura 83 – Mobile harbour crane (gru a sbraccio)

Figura 84 – Gantry crane (gru a portale)

Figura 85 – Straddle carrier (carello cavaliere)

Figura 86 – Reach stacker (carrello impilatore)

Figura 87 – Front loader truck (carrello impilatore)

Figura 88 – Fork lift truck (carrello elevatore)

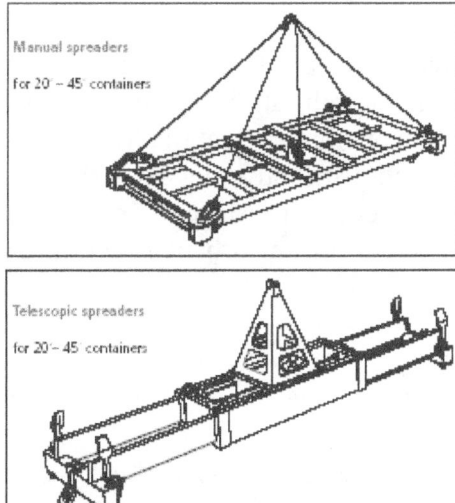

Figura 89 – Spreader (per agganciare uno o più contenitori contemporaneamente)

8.4.1.5 Tipologie di trasporto

Trasporto monomodale
È il trasferimento di merce da una origine *o* (nodo/terminale) verso una destinazione *d*, utilizzando un unico modo di trasporto.

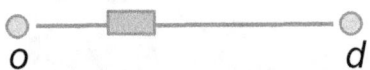

Il trasporto monomodale può essere:
- Semplice: di solito su strada, ma non sempre;

- Complesso (con rottura di carico): di solito su strada; in tal caso possibili fattori di convenienza sono:
    - economie di scala sulle trazioni principali (es. reti distributive dei corrieri);
    - vincoli di capacità nell'ultimo miglio (es. distribuzione urbana in centri storici).

Il vettore è colui che si occupa, dietro pagamento di un corrispettivo, a trasferire merci da un luogo all'altro; il vettore fornisce il solo servizio di trasporto puro, detto vezione.
Il vettore può fornire un servizio:
- di linea: esercita un servizio regolare con frequenza prefissata;
- su misura: effettua un trasporto (di solito "dedicato") su precisa richiesta di un cliente.

Il vettore si caratterizza per modalità di trasporto adottata, acquisendo, di volta in volta, nomi diversi a seconda del modo di trasporto:
- strada: autotrasportatori, trasportatori, padroncini, ecc.;
- mare: compagnie di navigazione;
- ferro: imprese ferroviarie, trazionisti, ecc..

Trasporto multimodale
È il trasferimento di merce utilizzando due o più modi (vettori) di trasporto e con manipolazione della merce[59].

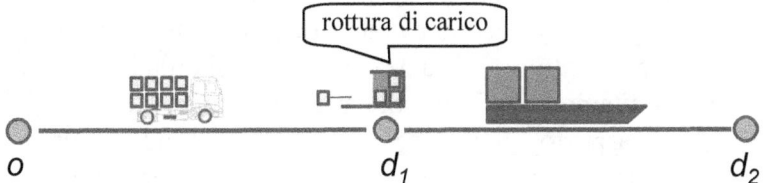

Trasporto intermodale
È il trasferimento di merce mediante medesima unità di carico (es. container o casse mobili) utilizzando due o più modi (vettori) di trasporto e senza la manipolazione della merce.

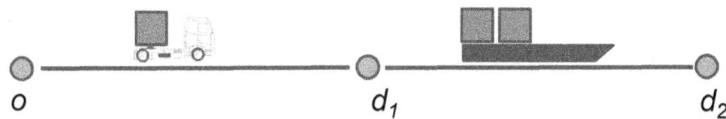

---

[59] Fonte: European Conference of Ministers of Transport; United Nations/Economic Commision for Europe; European Commision (2001).

Processi decisionali e Pianificazione dei trasporti

Trasporto combinato

È un trasporto intermodale, in cui la maggior parte del tragitto si effettua per ferrovia, vie navigabili o per mare, mentre i percorsi iniziali e/o finali, i più corti possibili, sono realizzati su strada.

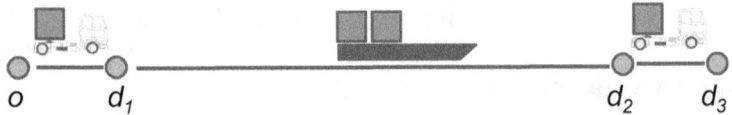

Nel trasporto combinato si può avere (Figura 90):
1. <u>Trasporto accompagnato</u>: quando l'unità di trasporto (es. trattore stradale) viene trasbordata e spostata unitamente all'unità di carico che trasporta;
2. <u>Trasporto non accompagnato</u>: quando l'unità di trasporto non viene trasbordata unitamente all'unità di carico che trasporta.

Combinato non accompagnato:
viaggia solo l'unità di carico

Combinato accompagnato:
viaggia il mezzo, autista e carico

Figura 90 – Trasporto combinato accompagnano e non accompagnato

8.4.1.6 Ulteriori definizioni

Terminali (nodi) di trasporto

Sono luoghi fisici attrezzati per il trasferimento di merci da un modo di trasporto ad un altro, in cui è possibile prevedere anche attività di stoccaggio (deposito).

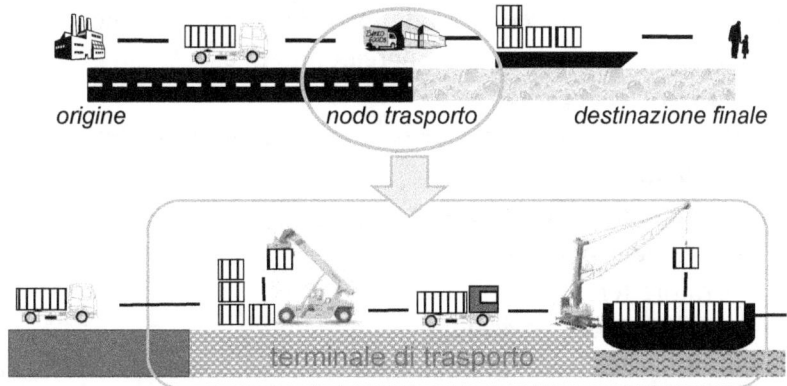

Figura 91 – Terminale di trasporto

Interporti, piattaforme logistiche e scali merci

Sono luoghi fisici adibiti al trasferimento delle merci da veicoli stradali a veicoli ferroviari e/o viceversa.

Figura 92 – Scalo ferroviario merci

L'assetto organizzativo di un interporto prevede una società di gestione dell'interporto che ha il compito di gestire e pianificare le operazioni e lo sviluppo dell'interporto. È un soggetto privato che opera nel mercato e che, in regime di concessione e/o altra forma contrattuale, gestisce il terminal e i magazzini. La società di gestione può essere a capitale pubblico e/o privato. La natura dei rapporti tra la società di gestione e i soggetti operanti nel sedime interportuale ne definisce il modello di business e ne condiziona fortemente il posizionamento di mercato; tra questi:
- immobiliare logistico;
- pianificazione territoriale e promozione intermodale;
- attività logistiche "interne";
- attività logistiche "esterne";
- attività intermodali ferroviarie;
- operatore ferroviario.

Il terminal ferroviario prevede:
- uno scalo ferroviario: nodo operativo della struttura su rotaia; può essere completamente autonomo oppure coincidere con una stazione di smistamento. Una parte importante dello scalo è rappresentata dal fascio di binari di presa e consegna, che hanno lo scopo di consentire una sosta tecnica per svolgere attività come il cambio delle locomotive diesel/elettriche, operazioni di verifica del caricamento e il controllo dei documenti. Lo scalo ferroviario è, inoltre, dotato di binari di collegamento al terminal intermodale e di binari di raccordo con le strutture di stoccaggio;
- un terminal intermodale;
- dei raccordi di servizio diretti ai magazzini.

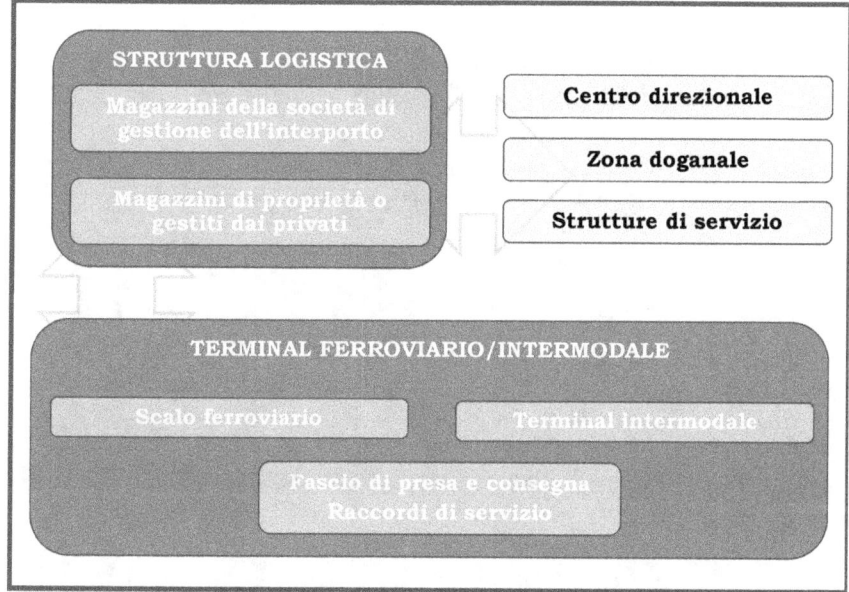

Figura 93 – Schema funzionale degli interporti

I servizi offerti da un interporto comprendono:
- il trasporto ferroviario (composizione e movimentazione dei treni, trasbordo delle UTI, ecc.);
- il trasporto stradale (organizzazione dei trasporti stradali);
- servizi del terminal intermodale (carico/scarico dei treni, tracking/tracing delle spedizioni);
- servizi accessori (es. dogana, assistenza fiscale e assicurativa);
- servizi ai veicoli (es. parcheggi, manutenzione e assistenza ai veicoli e alle unità di carico);
- servizi al carico (es. stoccaggio, dogana);
- servizi alle persone (es. servizi commerciali, pubblici esercizi, servizi bancari, ristorazione);
- servizi generali (es. centri direzionali, pulizia, guardianaggio).

I terminal contenitori sono luoghi fisici adibiti al trasferimento delle merci da veicoli stradali o ferroviari su nave e/o viceversa.

Figura 94 – Terminal contenitori

I flussi di merci in un terminal contenitori possono essere:
- Import (flussi in ingresso);
- Export (flussi in uscita);
- Transhipment (flussi in transito).

Le funzioni presenti in un terminal contenitori marittimo possono essere:
- Operative: attività di trasbordo, raccolta, distribuzione, composizione/scomposizione merci, sosta e parcheggio veicoli e unità di carico;
- Gestionali: adempimenti di management, amministrativi, fiscali e normativi, per permettere l'incontro tra domanda e offerta di trasporto;

- Sicurezza e controllo: norme circolazione, controlli doganali, soccorso stradale, vigili del fuoco, ecc.;
- Ausiliarie ed assistenziali: banca, posta, ristorazione, officine meccaniche, rifornimento, ecc..

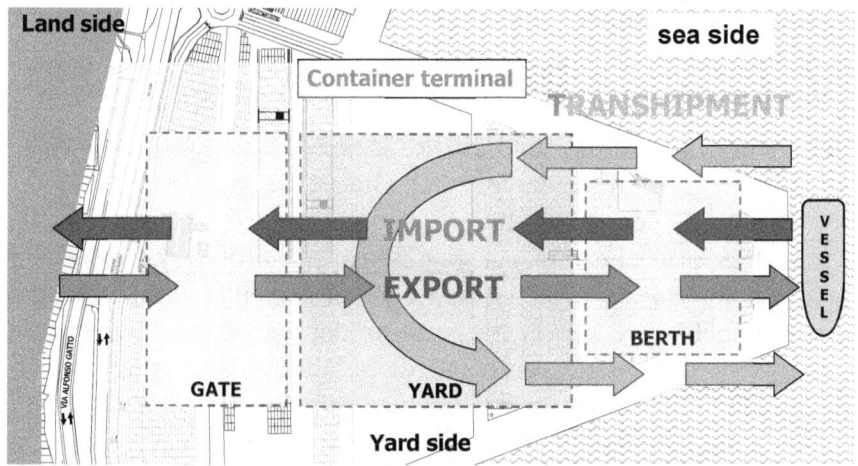

Figura 95 – Flussi di merci in un terminal contenitori

Le operazioni (attività) avvengono nello spazio e nel tempo con conseguenti problemi di:
- disponibilità: ogni attività utilizza risorse che non sono più disponibili per altre attività (es. capacità limitata mezzi movimentazione);
- simultaneità (congestione): più attività contemporaneamente;
- non-stazionarietà: numero di attività in contemporanea non costanti nel tempo (ore di punta e di morbida).

Le attività di business prevalenti in un terminal portuale sono:
- allocazione delle navi/treni alle banchine/binari;
- allocazione delle gru alle navi/treni;
- allocazione dei mezzi di movimentazione:
  - all'interno delle banchine/stazioni ferroviarie;

- tra le banchine/stazioni e i piazzali di stoccaggio;
- all'interno dei piazzali di stoccaggio;
- allocazione dei contenitori nelle cataste all'interno dei piazzale;
- gestione della congestione stradale interna al terminale.

8.4.2 Il mercato dei servizi di logistica e di trasporto

Nel corso degli anni si sono diffuse, e sempre più specializzate, le aziende che offrono servizi logistici. Queste possono essere:
1. aziende/società specializzate in servizi logistici e di trasporto che offrono **spedizioni in conto terzi**, ovvero il trasporto di cose da parte di un'azienda cha ha come oggetto sociale il trasporto o comunque la fornitura di servizi logistici per conto di un'altra azienda o di privati (fonte: www.dizionariologistica.com);
2. singole aziende produttrici di beni o servizi che effettuano le **spedizioni in conto proprio**, ovvero il trasporto di merce propria (o comunque legata alla propria attività, ad esempio il ritiro di merce acquistata o la consegna di merce venduta) da parte dell'azienda stessa.

In un mercato sempre più competitivo e globalizzato sono andate modificandosi le esigenze (competitività) di logistica per le aziende. Tra quelle che oggi vengono maggiormente richieste vi sono:
- maggiori esigenze di movimentazione di materiali, componenti e prodotti finiti per quantità e per complessità;
- aumento della domanda di trasporto, in termini di numero di spostamenti che una stessa merce deve subire;
- diminuzione delle quantità unitarie movimentate e minor certezza sui vincoli temporali di richiesta e/o di disponibilità dei prodotti;

- difficoltà per le aziende di fare "massa critica" per evitare che ogni singola spedizione sia antieconomica;
- richiesta di maggiori competenze e di un maggior livello di specializzazione, anche per le sole attività di trasporto.

Tali esigenze del mercato hanno fatto nascere nuove aziende specializzate in queste attività di terziarizzazione (outsourcing). Esistono diversi livelli di outsourcing logistico, crescenti per grado di specializzazione dei fornitori di servizi di trasporto merci e logistica, dai soli servizi legati al trasporto, passando ai servizi elementari su prodotti e ciclo logistico sino alla completa gestione integrata di tutto il ciclo produttivo. È aumentato nel tempo il bisogno delle aziende di avere un unico riferimento, che risponde di costi e risultati della logistica (quello che si chiama *one-stop-shopping*, ovvero l'acquisto di tutto con una sola fermata). In passato questo bisogno era percepito soprattutto per le spedizioni, mentre oggi questo bisogno si riferisce sempre di più all'insieme dei costi e prestazioni dell'intera catena logistica (competitività). Da questa esigenza sono nate nuove aziende di servizi, come gli MTO per la gestione delle spedizioni o i 4PL per la gestione più ampia della competitività aziendale derivante da una buona logistica.

Le aziende che oggi offrono servizi logistici possono essere classificate per specializzazione crescente in (fonte: www.dizionariologistica.com):

1. **LSP (Logistics Service Provider)**: vettore fornitore di un singolo servizio (es. vettore di trasporto stradale, ferroviario).
2. **3PL (Third Party Logistic Service Provider)**: fornitore di servizi logistici integrati. Differisce da un LSP perché offre un insieme integrato di attività, di solito contigue fra loro, come ricevimento, magazzinaggio, preparazione ordini, confezionamento, trasporto e consegna finale. Un 3PL di solito non trasporta la merce, ma si avvale di uno o

più subfornitori (LSP) per le attività elementari (es. vettori stradali e/o ferroviari). Risponde direttamente al cliente del risultato complessivo anche per le attività svolte dai subfornitori. Si possono avere:
   a) <u>3PL asset-based</u>: servizio incentrato sugli aspetti fisici (mezzi di trasporto, movimentazione, ecc.);
   b) <u>3PL management-based</u>: servizi logistici di consulenza (know-how) gestionale.
3. **Spedizioniere** (FF, Freight Forwarder o Forwarder): è un 3PL che si occupa di spedizioni internazionali. Ad esempio, in export deve curare/definire:
   - l'imballo della merce e l'unità di carico da utilizzare (es. contenitore o cassa mobile);
   - curare la documentazione e la pratica di export;
   - contrattare il nolo col vettore (strada, ferrovia, mare, aereo) o coi vettori, se ne servono più di uno, e prenotare gli spazi o i mezzi;
   - preparare la documentazione di trasporto e consegnarla ai vettori;
   - far sì che il trasporto avvenga come previsto;
   - pagare tutti i trasportatori/vettori (LSP).

A volte lo spedizioniere esegue anche il ritiro della merce presso il cliente e la porta nel suo magazzino, dove effettua un consolidamento.

4. **MTO (Multimodal Transport Operator)**: grande operatore logistico polisettoriale, che comprende l'attività di Logistics Service Provider (LSP), Third Party Logistic Service Provider (3PL)/spedizioniere e spesso anche quella di vettore intermodale o comunque organizzatore di traffico intermodale, soprattutto combinato. Il mercato italiano è caratterizzato da sette grandi players tra cui DHL (25% del mercato), Ceva (15%), Savino del Bene

(12%), Saima Avandero (11%) (circa 85% dei ricavi totali del settore – fonte: dati Confetra).
5. **Corrieri ed express couriers**: trasporto e consegna di pacchi e piccole quantità (LTL, Less Than Truck Load) con tempi di consegna molto brevi; tra questi gli express couriers (copertura globale) e i corrieri (copertura geografica limitata). Le loro quote di mercato sono in costante crescita anche grazie alla diffusione dell'e-commerce. Le modalità di trasporto utilizzate sono:
    a) monomodale complesso su strada per copertura nazionale;
    b) multimodale/intermodale su scala globale e/o per tempi di resa elevatissimi.

    I player principali di mercato fungono da MTO e forniscono a volte anche servizi logistici a valore aggiunto.
    Nel mercato europeo ci sono 3 principali express couriers: DHL (17,6% del mercato), UPS (9,6%) e TNT (7,7%). Nel 2012 UPS ha acquistato TNT per 5,6 miliardi di €, nel 2013 l'antitrust UE ha bloccato l'operazione (su richiesta di DHL). In Italia hanno quote di mercato rilevanti Bartolini e SDA (Poste Italiane). A livello mondiale un altro player principale è FedEx specializzato nel trasporto merci via aerea[60].
6. **LLP (Lead Logistics Partner)**: fornitore leader di servizi logistici, in genere coordina, sotto contratto unico per conto dell'azienda, più 3PL e LSP.

---

[60] Si racconta un aneddoto su FedEx, secondo cui l'idea del corriere espresso via aerea fu alla base della tesi di laurea di Fred Smith (fondatore della FedEx). La tesi ebbe un brutto voto, perché il servizio fu ritenuto quasi impossibile da realizzare. Fred Smith, molto alterato, andò dal ricco papà e si fece finanziare l'avvio dell'azienda (Federal Express, oggi FedEx), che oggi dispone della più grande flotta aerea cargo del mondo ed un giro d'affari di 22.4 miliardi di dollari.

7. **4PL (Fourth Party Logistic Service Provider)**: fornitore di servizi logistici integrati in partnership con l'azienda cliente. Si tratta di un 3PL evoluto, che prende in mano tutta la logistica del cliente, la ristruttura ed affida poi l'esecuzione delle attività operative a subfornitori (LSP o 3PL). Risponde al cliente dei risultati complessivi (es. costo totale delle logistica aziendale, capitale investito in logistica, scorte incluse, ecc.). Rappresenta la risposta nuova al bisogno di one-stop-shopping (partecipa alla competitività dell'azienda). Il leader mondiale del settore, C. H. Robinson Worldwide, fattura oltre 5 miliardi di dollari all'anno e gestisce catene logistiche complesse. In Italia la pratica del 4PL è ancora poco diffusa.

Nella Figura 96 si riporta una possibile classificazione delle tipologie di aziende che oggi offrono servizi logistici, anche se spesso vi sono molte sovrapposizioni tra le diverse tipologie precedentemente introdotte.

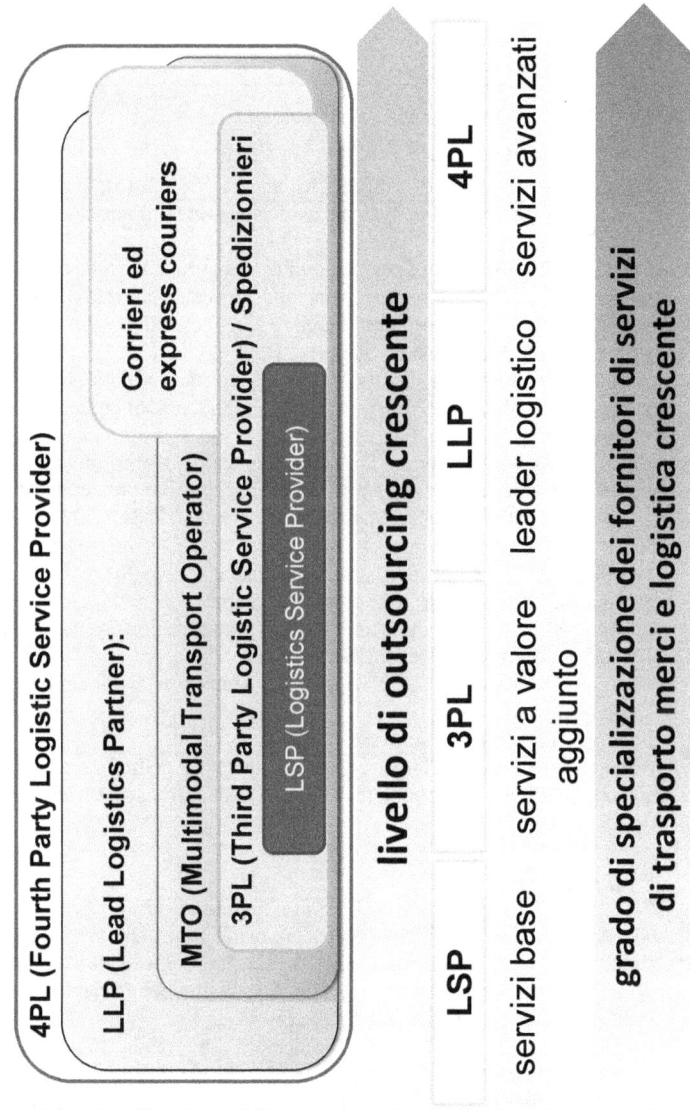

Figura 96 – Una possibile classificazione delle tipologie di aziende che offrono servizi logistici

Bibliografia

CAPITOLO 1

Cascetta, E., Cartenì, A., Pagliara F., Montanino, M. (2015); A new look at planning and designing transportation systems as decision-making processes; Transport Policy 38. pp. 27–39.
Cascetta, E. (2006); Modelli per i sistemi di trasporto – Teoria e applicazioni; UTET.
Flyvbjerg Bent (2007). Cost Overruns and Demand Shortfalls in Urban Rail and Other Infrastructure; Transportation Planning and Technology, Vol. 30, No. 1, pp. 9-30.
Flyvbjerg Bent, Holm Mette Skamris, Buhl Søren (2002); Underestimating Costs in Public Works Projects. Error or Lie? APA Journal, Vol. 68, No. 3.
Gardner, J., Rachlin, R., Sweeny A. (1986). Handbook of strategic planning, Wiley, New York.
Hall, P. (1980). Great Planning Disasters. University of California Press.
Kahneman, Daniel e Tversky, Amos (1979). "Intuitive prediction: biases and corrective procedures". TIMS Studies in Management Science. 12: 313–327.
Knoflacher, H. (2007). Success and failures in urban transport planning in Europe— understanding the transport system, Sadhana, 4, 293–307.
Legambiente (2015 e 2016); Rapporto Pendolaria.
Manheim, M.L. (1979). Fundamentals of transportation systems analysis. MIT Press, Cambridge, Massachusetts, USA.
Meyer, M. D., Miller, E. J. (2001). Urban Transportation Planning: a decision-oriented approach. McGraw-Hill.
Modelling Transport, 4th Edition
Ortúzar Juan de Dios, Willumsen Luis G. (2001); Modelling Transport. Wiley.
Winston, C. (2000). Government Failure in Urban Transportation. Fiscal Studies, 4, 403-425.

CAPITOLO 2

ACI - Automobile Club d'Italia (2016); Annuario statistico.
Cartenì A., Pariota L., Henke I. (2015); The High Speed Rail accessibility of the main Italian cities: comparisons and indicators estimation. Scientific Seminar / Seminario Scientifico SIDT; Torino, 14-15 settembre.
Cartenì, A. (2014). Accessibility indicators for freight transport terminals. Arabian Journal for Science and Engineering, Vol 39, No. 11; pp. 7647-7660.
Cartenì A. (2014); Il valore della bellezza per le stazioni ferroviarie: il caso della Campania; in Le metropolitane ed il futuro delle città, a cura di E. Cascetta e B. Gravagnuolo; CLEAN edizioni.
Cascetta, E., Cartenì, A., Montanino, M. (2016); A behavioral model of accessibility based on the number of available opportunities. Journal of Transport Geography 51, pp. 45–58.

Fadda P. (2002), Concezione dei processi di trasporto in ambiente sistemico; Rubettino.
ISFORT (2016); 13° Rapporto sulla mobilità in Italia.
Ministero delle Infrastrutture e dei Trasporti (2016); Conto Nazionale dei Trasporti e delle Infrastrutture.
Webster, F.V. (1958). Traffic Signal Settings. Road Research Technical Paper No. 39. London: Great Britain Road Research Laboratory.

CAPITOLO 3

Cartenì, A. (2014). Urban sustainable mobility. Part 1: Rationality in transport planning. Transport Problems, 9 (4); pp. 39 - 48. ISSN 1896-0596
Cascetta, E., Cartenì, A., Pagliara F., Montanino, M. (2015); A new look at planning and designing transportation systems as decision-making processes; Transport Policy 38. pp. 27–39.
Cohen, Michael D., James G. March, Johan P. Olsen (1972), A Garbage Can Model of Organizational Choice. Administrative Science Quarterly, Vol. 17, No. 1., pp. 1-25.
Elster, J. (1986), Rational Choice, Oxford: Blackwell Publisher, pp. 1-33.
Kelly, J., Jones, P., Barta, F., Hossinger, R., Witte, A., Christian, A. (2004) Successful transport decision-making – A project management and stakeholder engagement handbook. Guidemaps consortium.
Manheim, M., J. Suhrbier, E. Deakin, L. A. Neumann, F. C. Colcord Jr. and A. T. Reno Jr. (1972). Transportation Decision-Making: A Guide to Social and Environmental Considerations, NCHRP Report 156.
Susskind, L., Cruikshank. J. (1987); Breaking the Impasse. Consensual Approach-es to Resolving Public Disputes; Basic Books.
Zabieglik, Stefan (2002). The Origins of the Term Homo Oeconomicus, Gdansk, 123-130.

CAPITOLO 4

Bobbio, L. (2006); Dilemmi della democrazia partecipativa; Democrazia e diritto, 4, pp. 11-26.
Bobbio, L., Lewanski (2007); Una legge elettorale scritta dai cittadini; Reset, 101, pp. 76-77.
Cascetta, E. (2006); Modelli per i sistemi di trasporto – Teoria e applicazioni; UTET.
Cascetta, E., Cartenì, A., Pagliara F., Montanino, M. (2015); A new look at planning and designing transportation systems as decision-making processes; Transport Policy 38. pp. 27–39.
Cascetta E., Pagliara F. (2015); Le infrastrutture di trasporto in Italia: cosa non ha funzionato e come porvi rimedio; Aracne.
Decreto del Presidente del Consiglio dei Ministri (DPCM) n. 273 del 3 agosto 2012 in materia di linee guida per la valutazione degli investimenti relativi ad opere pubbliche.
Edelenbos, J., R. Monnikhof (eds) (2001), Local interactive policy development; Utrecht: Lemma.

Processi decisionali e Pianificazione dei trasporti

Mitchell, R. K., Agle, B. R., Wood, D. J. (1997). Toward a theory of stakeholder identification and salience: defining the principle of who and what really counts. Academy of Management Review, 4, 853-886.
Gardner, J., R., Rachlin, R. Sweeny, A. (1986); Handbook of strategic planning; Wiley, New York.
Susskind, L., Cruikshank. J. (1987); Breaking the Impasse. Consensual Approaches to Resolving Public Disputes; Basic Books.
Susskind, L., Elliot M. (1983); Paternalism, Conflict and Coproduction; Plenum Press, New York.

CAPITOLO 5

Bifulco G.N., Cartenì A. e Papola A. (2010); An activity-based approach for complex travel behaviour modeling; European Transport Research Review Vol. 2, Issue 4; pp. 209-221; Springer.
D'Acierno L., Cartenì A., Montella B. (2009); Estimation of urban traffic conditions using an Automatic Vehicle Location (AVL) System; European Journal of Operational Research 196 (2), pp. 719-736. Elsevier B.V.; Kidlington, UK.
Cantarella G.E.; de Luca S., Cartenì A. (2015); Stochastic equilibrium assignment with variable demand: theoretical and implementation issues; European Journal of Operational Research.
Cartenì, A. Cascetta E., de Luca S. (2016); A random utility model for park & carsharing services and the pure preference for electric vehicles, Transport Policy 48, pp. 49-59
Cartenì, A. (2015); Urban sustainable mobility. Part 2: Simulation models and impacts estimation; Transport Problems, 10 (1), pp. 5-16. ISSN 1896-0596
Cartenì, A., Pariota L., Henke, I. (2016); The effects of High Speed Rail on the touristic attractiveness of the main Italian cities [Gli effetti dell'alta velocità ferroviaria sull'attrattività turistica delle principali città italiane]. Ingegneria Ferroviaria, 71 (3), pp. 229-245.
Cartenì, A., Cascetta F., Campana S. (2015). Underground and ground-level particulate matter concentrations in an Italian metro system. Atmospheric Environment. Volume 101. pp. 328–337.
Cartenì, A. (2015); Renewing Bus Fleet into Diesel Plug-in Hybrid Electric Vehicles: Environmental Implications in a Medium-Size City in Italy. WSEAS Transactions on Environment and Development; Vol. 11, Art. #30, pp. 272-281.
Cartenì, A. (2015); Urban sustainable mobility. Part 2: Simulation models and impacts estimation; Transport Problems, 10 (1), pp. 5-16.
Cartenì, A. (2014). Urban sustainable mobility. Part 1: Rationality in transport planning. Transport Problems, 9 (4); pp. 39 - 48.
Cartenì, A., de Luca S. (2014); Greening the transportation sector: a methodology for assessing sustainable mobility policies within a sustainable energy action plan. International Journal of Powertrains, Vol. 3, No. 4. pp. 354-374. ISSN: 1742-4267.
Cartenì A., de Luca S. (2014); Calibration and transferability of travel time cost functions for urban and suburban roads: a case study in Italy; in Urban Street Design & Planning, Edited by A. Pratelli; WitPress. pp.19-30.

Cartenì A. (2012); Emissioni zero e sostenibilità ambientale: il Sustainable Energy Action Plan (SEAP) come strumento operativo per la pianificazione di interventi ecorazionali su di un sistema dei trasporti; in Città senza petrolio, Collana Governo del territorio e progetto urbano - Studi e Ricerche, Moccia, F.D. (a cura di); Edizioni Scientifiche Italiane, pp. 35-45.

Cartenì A. e Punzo V. (2007); Travel time cost functions for urban roads: a case study in Italy; in Urban Transport XIII: Urban Transport and the Environment in the 21st Century; C.A.BREBBIA (Eds.). WIT Press, Southampton, UK; pp. 233-243.

Cascetta, E. (2006); Modelli per i sistemi di trasporto – Teoria e applicazioni; UTET.

Cascetta, E., Cartenì, A. (2014). The hedonic value of railways terminals. A quantitative analysis of the impact of stations quality on travellers behaviour. Transportation Research Part A vol. 61, pp. 41-52.

Cascetta, E., Cartenì, A. (2014). A quality-based approach to public transportation planning: theory and a case study. International Journal of Sustainable Transportation, Taylor & Francis, Vol. 8, Issue 1. pp. 84-106.

Cascetta, E. (2006); Modelli per i sistemi di trasporto – Teoria e applicazioni; UTET.

Caserini, S. (2011); Stime delle percorrenze di automobili, mezzi leggeri, mezzi pesanti e motocicli in funzione dell'età; Expert Panel Emissioni da Trasporto 20-21 giugno, Milano.

Coppola P. and Cartenì A. (2001); A study on the elasticity of longrange travel demand for passenger transport; European Transport \ Trasporti Europei, International Journal of Transport Economics, Engineering and Law; anno VII, n.19. Artigraficheriva srl Trieste; pp.32-42.

De Luca, S., Cartenì, A. (2013). A multi-scale modelling architecture for estimating of transport mode choice induced by a new railway connection: The Salerno-University of Salerno-Mercato San Severino Route [Un'architettura modellistica multi-scala per la stima delle ripartizioni modali indotte da un nuovo collegamento ferroviario: il caso studio della tratta Salerno-Università di Salerno-Mercato San Severino]. Ingegneria Ferroviaria, 68 (5), pp. 447-473.

Istituto Superiore per la Protezione e la Ricerca Ambientale - ISPRA (2015); Dati trasporto stradale 1990-2014.

Lowry, Ira S. (1964); A Model of Metropolis RAND Memorandum 4025-RC.

Montella, A., Imbriani, L.L., Marzano, V., Mauriello, F. (2014); Effects on speed and safety of point-to-point speed enforcement systems: Evaluation on the urban motorway A56 Tangenziale di Napoli. Accident Analysis and Prevention, 75, pp. 164-178.

Wilson, A. G. (1970); Entropy in urban and regional modelling. London: Pion.

CAPITOLO 6

Cartenì, A. Cartenì, Henke (2016); Consenso pubblico ed analisi economico-finanziaria nel "progetto di fattibilità": Linee guida ed applicazione al progetto di riqualificazione della Linea ferroviaria Formia-Gaeta", Lulu International.

Commissione Europea, Libro Verde (2004) – viene introdotta l'idea di un Piano di trasporto urbano sostenibile per tutte le città con più di 100 mila abitanti

Processi decisionali e Pianificazione dei trasporti

Commissione Europea, Piano d'azione sulla mobilità urbana (2010) – vengono introdotti i PUMS some strumento di supporto (non obbligo) e di incentivazione alla mobilità urbana sostenibile

Commissione Europea, Libro Bianco sui Trasporti (2011) – si propone la possibilità di rendere obbligatori i PUMS per le città di una certa dimensione sulla base di standard nazionali basati su Linee Guida Europee.

Commissione Europea, Guidelines (2013) - Developing and Implementing a Sustainable Urban Mobility Plan

Decreto del Presidente della Repubblica (DPR) n. 207 del 5 ottobre 2010 in materia di Codice degli Appalti pubblici relativi a lavori, servizi e forniture.

Decreto Legislativo n. 50 del 18 aprile 2016 - Nuovo Codice degli Appalti.

Decreto Legislativo n. 228 del 2011 in materia di valutazione degli investimenti relativi ad opere pubbliche.

Decreto Legislativo n. 152 del 2008 - Codice dei contratti pubblici.

Decreto Legislativo n. 152 del 3 aprile 2006 - Norme in materia ambientale.

Decreto Legislativo n. 163 del 2006 - Codice dei contratti pubblici relativi a lavori, servizi e forniture

Legge n. 415 del 1998 (cd. legge Merloni-ter). Finalità di contenere la spesa pubblica e fornire una modalità alternativa alla finanza d'impresa per la realizzazione di opere pubbliche.

Legge n. 166 del 2002 (cd. legge Merloni-quater), che ha ampliato il numero dei potenziali soggetti promotori (includendovi le Camere di commercio e le fondazioni bancarie), abolisce il limite temporale di durata della concessione.

Legge n. 18 del 2005 (cd. legge comunitaria 2004). Adeguamento standard europei

Ministero dell'Economia e delle Finanze (2016); Allegato: Strategie per le infrastrutture di trasporto e logistica al Documento di Economia e Finanza – DEF.

CAPITOLO 7

Cartenì, A. Cartenì, Henke (2016); Consenso pubblico ed analisi economico-finanziaria nel "progetto di fattibilità": Linee guida ed applicazione al progetto di riqualificazione della Linea ferroviaria Formia-Gaeta", Lulu International

Cascetta, E. (2006); Modelli per i sistemi di trasporto – Teoria e applicazioni; UTET.

COPERT 4 (2012); Computer programme to calculate emissions from road transport - User's Manual; European Topic Centre on Air and Climate Change.

European Commission (2014); Guide to Cost-benefit Analysis of Investment Projects; Economic appraisal tool for Cohesion Policy 2014-2020.

European Commission (2008), Decreto Regio nell'ambito del System of regional models for impact assessment of EU cohesion policy.

Fondo Monetario Internazionale (2016); Stime PIL periodo 2019-2024.

Guida NUVV (2003), Guida per la certificazione da parte dei Nuclei regionali di valutazione e verifica degli investimenti pubblici.

HEATCO - Developing Harmonised European Approaches for Transport Costing and Project Assessment (2006); Deliverable 5: Proposal for Harmonised Guidelines.

ISTAT (2016), Indici nazionali dei prezzi al consumo per le famiglie di operai e impiegati.

Istituto per la Vigilanza sulle Assicurazioni – IVASS (2014); Relazione sull'attività svolta dall'Istituto nell'anno 2014

Istituto Superiore per la Protezione e la Ricerca Ambientale - ISPRA (2015); Dati trasporto stradale 1990-2014.

Delibera CIPE n. 96 del 20 dicembre 2004 nell'ambito della programmazione economica

Legge di Stabilità 2015, legge n. 190 del 23 dicembre 2014 nell'ambito di disposizioni per la formazione del bilancio annuale e pluriennale dello Stato.

Mansueto, A., Scarano, A., Cavegna, D. (2007), Il Metodo Montecarlo nell'Analisi Finanziaria. Rivista AIAF - Associazione italiana degli Analisti Finanziari, Fascicolo 62; pp. 33 – 38.

Ministero dello Sviluppo Economico - Direzione Generale per il Mercato, la Concorrenza, il Consumatore, la Vigilanza e la Normativa Tecnica (2016); Div. V "Monitoraggio dei prezzi e statistiche sul commercio e sul terziario".

Regione Lombardia (2014); Interventi infrastrutturali: linee guida per la redazione di studi di fattibilità.

Regolamento Europeo n. 480 del 3 marzo 2014 recante disposizioni comuni sul Fondo europeo di sviluppo regionale, sul Fondo sociale europeo, sul Fondo di coesione, sul Fondo europeo agricolo per lo sviluppo rurale e sul Fondo europeo per gli affari marittimi e la pesca e disposizioni generali sul Fondo europeo di sviluppo regionale, sul Fondo sociale europeo, sul Fondo di coesione e sul Fondo europeo per gli affari marittimi e la pesca.

Regolamento Europeo n. 207 del 20 gennaio 2015 recante disposizioni comuni sul Fondo europeo di sviluppo regionale, sul Fondo sociale europeo, sul Fondo di coesione, sul Fondo europeo agricolo per lo sviluppo rurale e sul Fondo europeo per gli affari marittimi.

Ministero delle Infrastrutture e dei Trasporti (2016); Decreti, Documenti e Linee Guida di settore, tra cui il Nuovo codice degli Appalti, Le Strategie per le Infrastrutture di Trasporto e Logistica (ex Allegato Infrastrutture al DeF), Linee guida per la valutazione degli investimenti in opere pubbliche;

Ricardo-AEA DG MOVE (2014); Update of the Handbook on External Costs of Transport. Final Report. Report for the European Commission.

Unione Petrolifera Italiana (2007); Rapporto APAT.

Unità di Valutazione, DG Politica Regionale e Coesione, Commissione Europea (2003); Guida all'analisi costi-benefici dei progetti di investimento, Fondi Strutturali, fondi di coesione e ISPA.

Unità di Valutazione degli investimenti pubblici - UVAL (2014); Lo studio di fattibilità nei progetti locali realizzati in forma partenariale: una guida e uno strumento.

Wardman, M., Chintakayala, P., de Jong, G. (2012); European wide meta-analysis of Values of Travel Time; University of Leeds report.

Processi decisionali e Pianificazione dei trasporti

CAPITOLO 8

Ballou R. (1998), Business logistics management: planning, organizing and controlling the supply chain, Prentice Hall.
Ben Akiva M. e Lermand S. (1985), Discrete Choice Analysis: Theory and Application ti Travel Demand, MIT Press, Cambridge, Mass.
Bramel J. e Simichi-Levi D. (1997), The Logic of Logistic, Springer.
Cartenì, A., de Luca S. (2012); Tactical and strategic planning for a container terminal: Modelling issues within a discrete event simulation approach; Simulation modeling and practice, Elsevier; Volume 21, Issue 1; pp. 123-145.
Cartenì, A., de Luca S. (2010); Analysis and modeling of container terminal handling activities: European Transport/Trasporti Europei, Issue 46, pp. 52-71.
Cartenì A. (2010); Prediction reliability of container terminal simulation models: a before and after study; in Service Science and Logistics Informatics: Innovative Perspectives; Zongwei Luo (Eds.). IGI Publishing (IGI Global), Hershey PA, USA; pp. 315-335.
Cartenì A. (2005); La logistica ed il trasporto delle merci: un'architettura modellistica, Rassegna Economica, Quaderni Di Ricerca N.16, Ass. Studi e Ricerche per il Mezzogiorno; pp. 33-58; ISSN 1720-2515.
Cartenì A. e Russo F. (2004), A distribution regional freight demand model, atti del Tenth International Conference on Urban Transport and the Environment in the 21st Century, Dresden, Germany.
Cartenì A. (2003), Modelli e metodi per la simulazione della mobilità delle merci e della logistica a scala regionale, Tesi di dottorato di ricerca in "Infrastrutture viarie e sistemi di trasporto" XVI ciclo, Università degli studi di Napoli, tutore prof. Ing. Marino de Luca.
Cascetta, E. (2006); Modelli per i sistemi di trasporto – Teoria e applicazioni; UTET.
Cascetta E. (2001), Transportation systems engineering: theory and methods, Kluwer Academic Publishers.
Cascetta E. e Iannò D. (2000), "Calibrazione aggregata di un sistema di modelli di domanda merci a scala nazionale". Metodi e Tecnologie dell'Ingegneria dei Trasporti a cura di Cantarella G. E. e Russo F., Franco Angeli.
Cascetta E., Nuzzolo A., Biggiero L. and Russo F. (1995), Passenger and freight demand models for the Italian transportation system, proceeding of 7 World Conference on Transport Research, Sydney.
Christopher M. (1998), Logistics and Supply Chain Management, Prentice Hall, Financial Time.
Cooper J., Browne M. e Peters M. (1994), European Logistics - Market, Management and Strategy, Blackwell Business.
Confetra (1998), Fattura Italia.
Di Meo E. (1992), "La gestione logistica integrata", Manuale di logistica, vol.1 cap.1, UTET.
Enciclopedia Treccani (2003), Istituto della enciclopedia italiana.
Ghiani G. e Musmanno R. (2000), Modelli e metodi per l'organizzazione dei sistemi logistici, Pitagora Editrice, Bologna.

Hague Consulting Group (1992). The Netherlands National Model 1990: The National Model System for Traffic and Transport. Ministero dei Trasporti e dei Lavori Pubblici, Olanda.

Handfield R.B. e Nichols E.L. Jr. (1999), Introduction to Supply Chain Management, Prentice Hall, Upper Saddle River, New Jersey.

Harker P.T. (1985), Spatial price equilibrium: advances in theory, computation and application, Springer Verlag, Heidelberg.

Lambert D.M., Stock J.R. e Ellram L.M. (1998), Fundamentals of Logistics Management, McGraw-Hill Irwin.

Libro Bianco (2001), La politica europea dei trasporti fino al 2010: il momento delle scelte, Commisione delle comunità europee, Bruxelles.

Modenese Vieira L.F. (1992), The value of service in freight transportation, Ph.D. thesis, MIT, Boston.

Nuzzolo A., Russo F. (1998), A logistic approach for freight modal choice models, 26th PTRC, European Transport Forum, PTRC, London.

Ogden K.W. (1992), Urban goods movement, a guide to policy and planning, Ashgate.

Oppenheim N. (1995), Urban travel demand modelling, Wiley-International Publication.

Ottimo E. e Vona R. (2001), Sistemi di logistica integrata, Egea, Milano.

Piano generale dei trasporti e della logistica (2000), Documento tecnico; Ministero dei Trasporti e della Navigazione, Servizio di Pianificazione e Programmazione.

Regan A.C. e Garrido R. A. (2000), Modeling freight demand and shipper behaviour: state of the art, future directions, IATBR.

Rushton A., Oxley J. (1993), Manuale di logistica distributiva, Franco Angeli.

Russo F. e Comi A. (2002), A general multi-step model for urban freight movements, Proceeding of PTRC, Europe Transport Forum, London.

Stadtler H., Kilger C. (2002), Supply Chain Management and Advanced Planning, Sprinter.

Stock J.R. e Lambert D.M. (2001), Strategic Logistics Management, McGraw-Hill Irwin.